电力电缆施工、运维与故障检测

DIANLI DIANLAN SHIGONG YUNWEI
YU GUZHANG JIANCE
SHIYONG JISHU

实用技术

主　编　李洪涛
副主编　王新宇　孙志强
参　编　董琳萍　牛太煜　樊　超　牛元泰
　　　　王　斌　刘大伟　赵笑琦　邢家康
主　审　拜克明

中国电力出版社
CHINA ELECTRIC POWER PRESS

内 容 提 要

本书主要介绍了电力电缆的施工工艺、日常运行维护项目。全书共九章，分别介绍了电力电缆的发展历程、分类及特性，电力电缆敷设，电力电缆附件的制作安装，电力电缆试验，带电检测故障测寻，运行管理与维护，列举了电力电缆各种有关作业指导书，附录中给出了电力电缆作业样本和案例。

本书内容全面，实用性强，可供电力电缆运行维护人员、施工人员、管理人员学习参考。

图书在版编目（CIP）数据

电力电缆施工、运维与故障检测实用技术/李洪涛主编 . —北京：中国电力出版社，2020.5（2024.7 重印）
ISBN 978-7-5198-3933-8

Ⅰ. ①电⋯ Ⅱ. ①李⋯ Ⅲ. ①电力电缆—电缆敷设 Ⅳ. ①TM757

中国版本图书馆 CIP 数据核字（2019）第 256274 号

出版发行：中国电力出版社
地　　址：北京市东城区北京站西街 19 号（邮政编码 100005）
网　　址：http：//www.cepp.sgcc.com.cn
责任编辑：崔素媛（010－63412392）
责任校对：黄　蓓　马　宁
装帧设计：张俊霞
责任印制：杨晓东

印　　刷：固安县铭成印刷有限公司
版　　次：2020 年 5 月第一版
印　　次：2024 年 7 月北京第四次印刷
开　　本：787 毫米×1092 毫米　16 开本
印　　张：20
字　　数：441 千字
定　　价：59.00 元

电力电缆与架空线路相比，安全可靠性突出，对城市建设环境影响小，目前电力电缆的应用范围越来越广泛，尤其是在城市配电网的建设中。

早期的电力电缆一般是纸质充油电缆，在运行过程中易发生渗漏油现象，在缺油部分由于绝缘降低引发故障，所以充油电缆逐步淘汰。近年来，随着新的绝缘材料的应用和量产，交联聚乙烯电缆被广泛应用。本书系统介绍了电力电缆敷设、电力电缆附件制作与安装、电力电缆试验、电力电缆带电检测与故障测寻、电力电缆运行管理与维护，介绍了电力电缆故障的查找及故障定位方法和安全分析，介绍了高压电力电缆检测技术的最新应用。

由于高压电缆发生故障后修复时间长，停电影响范围大，加强对高压电缆的运行检测和故障预判十分重要。从电力电缆故障情况分析，电力电缆终端接头及中间接头部分的故障率占比较多，且容易引发多条电缆火灾，扩大事故。实践证明，严格的电缆附件的制作工艺和规范施工，是提高电力电缆安全运行水平的关键。本书重点介绍了各电压等级电缆终端头、中间接头的制作工艺，介绍了一些新的检测方法和检测手段，但有些检测试验方法的实效性、有效性还需要经过长时间运行的经验积累和验证。为了增强图书的实用性，本书列举了电力电缆相关作业指导书；在附录中，给出了电力电缆作业样本和案例。

限于作者水平，本书编写过程中难免还有诸多不足之处，希望读者批评指正。

作　者

2020 年 3 月

目 录

电力电缆基础知识

第一节 电力电缆概述

一、电力电缆简述及其发展历史

电力电缆是电力系统中传输和分配电能的主要设备。电力电缆线路一般都是埋入地下（水下）或敷设于管道、沟道、隧道中。随着我国电力工业高速发展，在输电线路中，电力电缆是架空输电线路的重要补充，实现架空输电线路无法完成的任务。同时，在城市配电网中电缆已经逐步取代架空配电线路，在配电网中占主导地位。

1890 年世界上第一条电力电缆在英国投入运行，距今已有 140 年的历史。我国电力电缆的生产是从 20 世纪 30 年代开始的，到 1949 年，电力电缆生产的规模还很小，能力比较薄弱，曾生产过 6.6kV 橡胶绝缘铅护套电力电缆。1951 年研制成功了 6.6kV 铅护套低绝缘电力电缆，后在此基础上，生产了 35kV 及以下油浸纸绝缘电力电缆的系列产品。1966 年生产了第一条充油电力电缆。1968 年至 1971 年间先后研制、生产了 220kV 和 330kV 充油电力电缆，并先后在刘家峡、新安江、渔子溪、乌江渡等水电站投入运行。1983 年研制成功 500kV 充油电力电缆，并在辽宁省投入运行。目前 220kV 及以下交联聚乙烯电缆得到了十分广泛的应用，已完全取代了充油电缆。

二、电力电缆线路的优缺点

在电力系统中传输分配大功率电能的设备有架空线路和电力电缆两种方式。架空线路具有结构简单、投资小、便于维护等优点，而电力电缆能适应地下、水底等各种敷设环境，能满足长期、安全传输电能的需要。与架空线相比，电力电缆线路主要有以下优点：

（1）维护工作量小，不需频繁地巡视检查。

（2）不易受周围环境和污染的影响，供电可靠性高。

（3）线间绝缘距离小，占地少，无干扰电波。

（4）运行可靠，由于安装在地下等隐蔽处，受外力破坏小，发生故障的机会较少，供电安全，不会给人身造成危害。

（5）美化城市环境，不影响地面绿化和美观。

（6）有助于提高功率因数。

因此，在城镇市区人口稠密的地方，如大型工厂、发电厂、交通拥挤区、电网交叉区等，要求占地面积小，安全可靠，电网对交通运输、城市建设的影响小时，一般多采用电缆供电；在严重污染区，为了提高输送电能的可靠性，多采用电缆供电；对于跨度大，不宜架设架空线的过江、过河线路，或为了避免架空线路对船舶通航或无线电干扰，也多采用电缆供电；有的国防与军事工程，为了避免暴露目标而采用电缆供电，也有的因建筑与美观的需要而采用电缆供电。

电力电缆线路具有上述优点，但也存在着不足之处：

（1）电力电缆线路比架空线路成本高，一次性投资费用高出架空线路7～10倍。

（2）电缆线路建成后不容易改变，电缆分支也很困难。

（3）电缆故障测寻与检修困难，需要大量人力、物力、且非常费时。

第二节　电力电缆的分类及结构

一、电力电缆的分类

电力电缆的品种和规格有很多，分类方法多种多样。下面介绍常用的几种电缆的分类方式。

1. 按电压等级分类

由于电缆运行情况及绝缘材料的不同，需要不同的电压等级，电力电缆都是按一定的电压等级制造的。我国电力电缆的电压等级有0.6/1、1/1、3.6/6、6/6、6/10、8.7/10、8.7/15、12/15、12/20、18/20、18/30、21/35、26/35、36/63、48/63、64/110、127/220、190/330、290/500kV共19种。

若从施工技术要求、电缆头结构及运行维护等方面考虑，可分为三类：1kV及以下为低压电力电缆；6～35kV为中压电力电缆；110kV及以上为高压电力电缆。与之相对应的电缆附件也就称为低压电缆附件、中压电缆附件和高压电缆附件。

2. 按所用绝缘材料分类

通常按绝缘材料不同，可分为纸绝缘电缆、挤包绝缘电缆和压力电缆三类。

（1）纸绝缘电缆

纸绝缘电力电缆应用历史非常悠久，在20世纪80年代之前是应用最广和最常用的一种电缆。由于其成本低，寿命长，耐热、耐电性能稳定，在各种电压，特别是在高电压等级的电缆中被广泛采用。纸绝缘电力电缆的绝缘是一种复合绝缘，它是以纸为主要绝缘体，用绝缘浸渍剂充分浸渍制成的。

根据浸渍情况和绝缘结构的不同，纸绝缘电力电缆又可分为以下几种。

1）普通黏性油浸纸绝缘电缆。普通黏性油浸纸绝缘电缆的浸渍剂是由低压电缆油和松香混合而成的黏性浸渍剂。根据结构不同，这种电缆又分为统包型、分相铅包型和分相屏蔽型。此电缆多用于10～35kV电压等级。

2）不滴流油浸纸绝缘电缆。不滴流油浸纸绝缘电缆的构造、尺寸与普通黏性油浸纸绝缘电缆相同，但用不滴流浸渍剂浸渍制造。不滴流浸渍剂是低压电缆油和某些塑料及合成地蜡的混合物。不滴流油浸纸绝缘电缆适用于 35kV 及以下高落差电缆线路。

3）滴干绝缘电缆。滴干绝缘电缆是绝缘层厚度增加的黏性浸渍纸绝缘电缆，浸渍后经过滴出浸渍剂制成。滴干绝缘电缆适用于 10kV 及以下电压等级和落差较大的环境。

（2）挤包绝缘电缆

挤包绝缘电缆又称为固体挤压聚合电缆，它是以热塑性或热固性材料挤包形成绝缘的电缆。挤包绝缘电缆有聚氯乙烯（PVC）电缆、聚乙烯（PE）电缆、交联聚乙烯（XLPE）电缆和乙丙橡胶（EPR）电缆等。聚氯乙烯电缆用于 1～6kV；聚乙烯电缆用于 1～400kV；交联聚乙烯电缆用于 1～500kV；乙丙橡胶电缆用于 1～35kV。交联聚乙烯电缆应用最广泛，是 20 世纪 60 年代以后技术发展最快的电缆品种，它与纸绝缘电缆相比，在加工制造和敷设应用方面有不少优点。其制造周期较短、安装工艺较为简便、导体工作温度可达到 90℃。目前，在 220kV 及以下电压等级，交联聚乙烯电缆已逐步取代了纸绝缘电缆。国外已在长距离线路上安装使用 500kV 交联聚乙烯电缆，国内短距离 500kV 交联聚乙烯电缆线路于 1998 年投入运行。

（3）压力电缆

压力电缆是指在电缆中充以能够流动、并具有一定压力的绝缘油或气的电缆。油浸纸绝缘电缆的纸层间，在制造和运行过程中，不可避免地会产生气隙。气隙在电场强度较高时，会出现游离放电，最终导致绝缘层击穿。压力电缆的绝缘处在一定压力状态下（油压或气压），抑制了绝缘层中形成气隙，使电缆绝缘工作场强明显提高，可用于 110kV 以上电压等级的电缆线路。

3. 按特殊需求分类

按对电力电缆的特殊需求，主要有输送大容量电能的电缆、防火电缆、水底电缆和光纤复合电力电缆等品种。

（1）输送大容量电能的电缆

1）管道充气电缆。管道充气电缆（GIC）是以压缩的六氟化硫气体为绝缘的电缆，也称六氟化硫电缆。这种电缆适用于电压等级在 400kV 及以上的超高压、传送容量 100 万 kVA 以上的大容量电能传输，比较适用于高落差和防火要求较高的场所。管道充气电缆安装技术要求高，成本较大。对六氟化硫气体的纯度要求很严，仅被用于电厂或变电站内短距离的电气联络线路。

2）超导电缆。利用超低温下出现失阻现象（超导状态）的某些金属及其合金作为导体的电缆称为超导电缆。

（2）防火电缆

防火电缆是具有防火性能的电缆总称。它包括一般阻燃电缆和耐火电缆两类。防火电缆是以材料氧指数≥28 的聚烯烃作为外护套，具有阻滞延缓火焰沿着其外表蔓延，使火灾不扩大的电缆（其型号冠以 ZR-阻燃）。在电缆比较密集的隧道、竖井或电缆夹层中，为防止电缆着火酿成严重事故，35kV 及以下的电缆应选用防火电缆。考虑到一旦发生火灾，消防人员能够进行及时扑救，有条件时应选用低烟无卤或低烟低卤护套的防火电缆。

（3）水底电缆

水底电缆是能够承受纵向较大的拉力，且具有较强的防水、防蚀、防机械损伤、防磨损的电缆。

（4）光纤复合电力电缆

光纤复合电力电缆是将光纤组合在电力电缆的结构层中，使其同时具有电力传输和光纤通信功能的电缆。

二、电力电缆型号

电力电缆型号是以字母和数字组合表示。其中，以字母表示电缆的产品系列、导体、绝缘、护套、特征及派生代号，以数字表示电缆外护层。完整的电缆型号还应包括电缆额定电压、线芯数、标称截面等。即：电缆型号＝产品系列＋导体＋线芯数＋护套＋特征＋外护套。

1. 产品系列

纸绝缘电缆：Z（Zhi）；

橡胶电缆：X（Xiang）；

丁基橡胶电缆：XD（X. Ding）；

自容式充油电缆：CY（Chong you）；

聚乙烯电缆：Y；

交联聚乙烯电缆：YJ（Y jiao）；

聚氯乙烯电缆：V；

阻燃电缆：ZR（ZuRan）；

耐火电缆：NH（NaiHuo）。

2. 导体代号

铝导体代号为 L（lU），而铜导体代号为 T（tong）可省略。

3. 绝缘层代号

绝缘层代号与产品类别代号相同时，可以省略，例如黏性纸绝缘电缆，绝缘层代号"Z"可省略，但自容式充油纸绝缘电缆的绝缘层代号"Z"就不可省略。

4. 护套代号

铅护套：Q；

铝护套：L；

聚氯乙烯护套、聚乙烯护套：Y。

5. 特征代号

用以表示电缆产品某一结构特征，例如，分相铅包以 F（fen）表示，不滴流以 D（di）表示。

6. 外护层代号

外护层代号编制规则是：

（1）内衬层结构基本相同，在型号中不予表示。

（2）一般外护层按铠装层和外被层结构顺序以两个阿拉伯数字表示，每一个数字表示所采用的主要材料。

（3）充油电缆外护层型号按加强层、铠装层和外被层的顺序，通常以三个数字表示。每一个数字表示所采用的主要材料。电缆外护层代号见表1-1。

表 1-1　　　　　　　　　　　　　　电缆外护层代号表

代号	加 强 层	铠 装 层	外被层（或外护套）
0		无	
1	径向铜带	联锁钢带	纤维外被
2	径向不锈钢带	双钢带	聚氯乙烯外套
3	径、纵向铜带	细圆钢丝	聚乙烯外套
4	径、纵向不锈钢带	粗圆钢丝	
5		皱纹钢带	
6		双铝带或铝合金带	

7. 电缆型号应用实例

（1）YJV32-101/3×185 表示铜芯、交联聚乙烯绝缘、细钢丝铠装、聚氯乙烯护套、额定电压 10kV、三芯、标称截面积为 185mm^2 电力电缆。

（2）CYZQ102-220/1×630 表示铜芯、纸绝缘、铅护套、铜带径向加强、无铠装、聚氯乙烯护套、额定电压 220kV、单芯、标称截面积为 630mm^2 的自容式充油电缆。

图 1-1～图 1-6 为不同电压、不同绝缘、不同构造的几种电缆分层主要结构图。

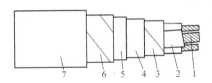

图 1-1　1kV 三芯油浸纸绝缘电缆

1—导体；2—油纸导体绝缘；3—油纸统包绝缘；

4—铅护套；5—衬垫层；6—钢带铠装；

7—麻或聚氯乙烯外被层

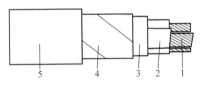

图 1-2　三芯聚氯乙烯绝缘内钢带铠装电缆

1—导体；2—聚氯乙烯绝缘；3—聚氯乙烯

内护套；4—钢带铠装；5—聚氯乙烯外护套

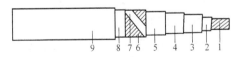

图 1-3　35kV 单芯交联聚乙烯电缆

1—导体；2—屏蔽层；3—交联聚乙烯绝缘层；

4—屏蔽层；5—内护层；6—铜线屏蔽；7—铜

带层；8—铠箔；9—聚氯乙烯护套

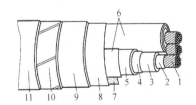

图 1-4　三芯分相铅套油纸绝缘铠装电缆

1—导体；2—屏蔽层；3—油纸绝缘；

4—屏蔽层；5—铅护套；6—聚氯乙烯带；

7—填料；8—玻璃丝带；9—沥青黄麻层；

10—钢丝铠装层；11—沥青黄麻层

三、电力电缆的结构

电力电缆主要由导体、绝缘层和护层三大部分组成，对于 6kV 及以上电缆，导体外和绝缘层外还有屏蔽层结构。

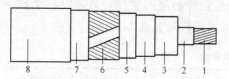

图 1-5 单芯交联聚乙烯绝缘电缆
1—导体；2—屏蔽层；3—交联聚乙烯绝缘；
4—屏蔽层；5—保护层；6—铜线屏蔽；
7—保护层；8—聚氯乙烯外护套

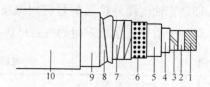

图 1-6 单芯纸绝缘皱纹铝套充油电缆
1—导体；2—屏蔽层；3—保护层；4—屏蔽层；
5—油纸绝缘；6—金属化纸屏蔽；7—保护层；
8—皱纹铝护套；9—衬
垫层；10—聚氯乙烯外护套

1. 电缆导体

（1）导体材料及性能

电缆导体的作用是传送电流，为了起到减少线路损耗和电压降的作用，电缆导体通常采用高电导系数的金属铜或铝制造。铜的电导率大，机械强度高，易于进行压延、拉丝和焊接等加工。所以，铜是电缆导体最常用的一种材料。铝的电导率仅次于银、铜和金，它是地壳中含量最多的元素之一，仅次于硅和氧，所以用来代替铜作为导电材料。表 1-2 是铜和铝的主要性能比较。

表 1-2 铜和铝的主要性能比较

参　数	铜	铝
20℃时的密度	8.89g/cm^3	2.70g/cm^3
20℃时的电阻率	$1.724 \times 10^{-8} \Omega \cdot \text{m}$	$2.80 \times 10^{-8} \Omega \cdot \text{m}$
电阻温度系数	$0.00393/℃$	$0.00407/℃$

（2）导体结构

电缆导体一般由多根导丝绞合而成。采用绞合导体结构，是为了满足电缆的柔软性和可曲度的要求。当导体沿某一半径弯曲时，导体中心线圆外部分被拉伸，中心线圆内部分被压缩，绞合导体中心线内外两部分可以相互滑动，使导体不发生塑性变形。

从绞合导体的外形来分，有圆形、扇形、腰圆形和中空圆形等种类。

圆形绞合导体几何形状固定，稳定性好，表面电场比较均匀。20kV 及以上油纸电缆，10kV 及以上文联聚乙烯电缆，一般都采用圆形绞合导体结构。

10kV 及以下多芯油纸电缆和 1kV 及以下多芯塑料电缆，为了减小电缆直径，节约材料消耗，可以采用扇形或腰圆形导体结构。

中空圆形导体用于自容式充油电缆，其圆形导体中央以硬铜带螺旋管支撑形成中心油道，或者以形线（Z 形线和弓形线）组成中空圆形导体。

在由多根导丝经绞合而构成的电缆导体中必然存在空隙。导体的实际截面积，即每根导丝的截面积之和 A_1，要比它的外接圆所包含的面积 A 小。A_1 和 A 之比值，称为导体的填充系数，通常又称为紧压系数，用 η 表示，对于圆形绞合导体

$$\eta = \frac{A_1}{A} = \frac{\sum\limits_{i=1}^{i=z} A_i}{\frac{\pi}{4}D^2}$$

式中　A_1——每根导丝截面积；

　　　z——导丝总根数；

　　　D——绞合导体外直径。

绞合导体经过紧压模（辊）紧压，导体结构更加紧凑，可节约材料消耗，降低成本。导体经过紧压，每根导丝不再是圆形，而呈现不规则形状。如图 1-7 所示为圆形导体紧压前后的截面图。

我国电缆的非紧压导体的紧压系数 $\eta = 0.73 \sim 0.77$；经过紧压之后，一般 η 可达到 $0.88 \sim 0.93$。对于交联聚乙烯电缆，为阻止水分沿纵向进入导体内部，η 值应大一些。国标规定，交联聚乙烯电缆导体的 η 要达到 $0.93 \sim 0.94$，美国、日本的电缆导体的 η 达到了 $0.95 \sim 0.97$。因此，在电缆安装时应选用合适的紧压线芯的金具，否则压接质量不好，容易引起连接部位发热。

对于大截面的电缆导体，为了减小其肌肤效应，常采用分割导体结构，各个分割单元用绝缘材料隔开，如图 1-8 所示。

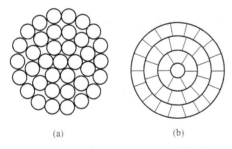

图 1-7　圆形导体紧压前后的截面图

(a) 导体线芯紧压前；(b) 导体线芯紧压后

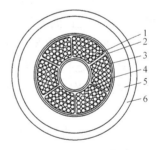

图 1-8　线芯由六个扇形导体组成的
大截面单芯充油电缆的截面图

1—油道支撑螺旋管；2—隔开扇形导体的半导电纸；
3—扇形导体；4—线芯屏蔽；5—纸绝缘；6—铅护套

2. 电力电缆的绝缘层

20 世纪 80 年代之前电力电缆的绝缘几乎全为油浸纸绝缘，随着我国电力工业的快速发展，现今，各个电压等级电力电缆中几乎全都采用聚乙烯绝缘电缆。但油纸绝缘优良的性能，多少年来使用中建立起来的可靠性和丰富的运行经验，是其他电缆所不及的，故仍占有一定份额，特别是超高压电力电缆方面，仍然大量采用油浸纸绝缘。

电力电缆的绝缘层的主要性能应具有较高的击穿强度、较低的介质损耗角正切、极高的绝缘电阻、优良的耐树枝放电性能、具有一定的柔软性和机械强度，以及满足电缆绝缘性能长期安全稳定。

常用的电力电缆绝缘材料有纸绝缘、挤包绝缘和压力电缆绝缘三种。

（1）纸绝缘电缆的绝缘层

纸绝缘电缆的绝缘层是采用窄条电缆纸带（通常纸宽为 5～25mm），一层层地包绕在电缆导体上，经过真空干燥后浸渍矿物油或合成油而形成的。纸带的包绕方式，除紧靠导体和绝缘层最外的几层外，均采用间隙式绕包，这使电缆在弯曲时，在纸带层间可以相互移动，在沿半径为电缆本身半径的 12～25 倍的圆弧弯曲时，不至于损伤绝缘。

电缆纸是木质纤维纸，经过绝缘浸渍剂浸渍之后成为油浸纸。油浸纸绝缘实际上是木质纤维素与浸渍剂的夹层结构。35kV 及以下的油纸电缆采用黏性浸渍剂，即松香光亮油复合剂。这种黏性浸渍剂的特性是，在电缆工作温度范围内具有较高的黏度以防止流失，而在电缆浸渍温度下，则具有较低的黏度，以确保良好的浸渍性能。

（2）挤包绝缘电缆的绝缘层结构及其材料性能

挤包绝缘材料的各类塑料、橡胶是高分子聚合物，经挤包工艺一次成型紧密地挤包在电缆导体上。塑料和橡胶属于均匀介质，这是与油浸纸的夹层结构完全不相同的。聚氯乙烯、聚乙烯、交联聚乙烯和乙丙橡胶的主要性能如下。

1）聚氯乙烯塑料是以聚氯乙烯树脂为主要原料，加入适量配合剂、增塑剂、稳定剂、填充剂、着色剂等经混合塑化而制成的。聚氯乙烯具有较高的电气性能和较高的机械强度，具有耐酸、耐碱、耐油性能，工艺性能也比较好。缺点是耐热性能较低，绝缘电阻率较小，介质损耗较大，因此只能用于 6kV 及以下的电缆绝缘。

2）聚乙烯具有优良的电气性能，介电常数小、介质损耗小、加工方便。缺点是耐热性差、机械强度低、耐电晕性能差。

3）交联聚乙烯是聚乙烯经过交联反应后的产物。采用交联的方法，将线形结构的聚乙烯加工成网状结构的交联聚乙烯，从而改善了材料的电气性能、耐热性能和机械性能。

聚乙烯交联反应的基本机理是，利用物理的方法（如用高能粒子射线辐照）或者化学的方法（如加入过氧化物化学交联剂）来夺取聚乙烯中的氢原子，使其成为带有活性基的聚乙烯分子。而后带有活性基的聚乙烯分子之间交联成三度空间结构的大分子。

4）乙丙橡胶是一种合成橡胶。用作电缆绝缘的乙丙橡胶是由乙烯、丙烯和少量第三单体共聚而成。乙丙橡胶具有良好的电气性能、耐热性能、耐臭氧和耐气候性能。缺点是不耐油，可以燃烧。

（3）充油电缆的绝缘层结构及其材料性能

充油电缆是利用补充浸渍剂原理来消除气隙，以提高电缆工作场强的一种电缆。按充油通道不同，充油电缆分为两类，一是自容式充油电缆，另一是钢管充油电缆。运行经验表明，自容式充油电缆具有电气性能稳定、使用寿命较长的优点。自容式充油电缆油道位于导体中央，油道与补充浸渍剂的设备（供油箱）相连，电缆温度升高时，浸渍油膨胀，多出的某一体积的油通过油道流至供油箱。而当电缆温度降低时，浸渍剂收缩，供油箱中的浸渍剂又通过油道返回绝缘层，以填补空隙。这样既消除了气隙的产生，又防止电缆中产生过高的压力。为使媒介剂能够流动顺畅，浸渍剂采用低黏度油，如十二烷基苯等。充油电缆中浸渍剂压力必须始终高于大气压。在一定的压力下，不仅使电缆工作场强提高，而且可以有效防止一旦护套破裂潮气侵入绝缘层。

3. 电缆屏蔽层

电缆屏蔽层可以分为内半导电屏蔽层、外半导电屏蔽层和金属屏蔽层。所谓"屏蔽"，实质上是一种改善电场分布的措施。

（1）内半导电屏蔽层、外半导电屏蔽层

电缆导体由多根导丝绞合而成，它与绝缘层之间易形成气隙，导体表面不光滑，会造成电场集中。在导体表面加一层半导电材料的屏蔽层，它与被屏蔽的导体等电位，并与绝缘层良好接触，从而避免在导体与绝缘层之间发生局部放电。这一层屏蔽，又称为内屏蔽层。

在绝缘表面和护套接触处，也可能存在间隙，电缆弯曲时，电缆绝缘表面易造成裂纹，这些都是引起局部放电的因素。在绝缘层表面加一层半导电材料的屏蔽层，它与被屏蔽的绝缘层有良好接触，与金属护套等电位，从而避免在绝缘层与护套之间发生局部放电。这一层为外半导电屏蔽层。

半导电屏蔽层的材料是半导电材料，其体积电阻率为 $10^3 \sim 10^6 \Omega \cdot m$。油纸电缆的屏蔽层为半导电纸，这种纸是在普通纸中加入了适量胶体碳黑粒子。半导电纸还有吸附离子的作用，有利于改善绝缘电气性能。挤包绝缘电缆的屏蔽层材料是加入碳黑粒子的聚合物。没有金属护套的挤包绝缘电缆，除半导电屏蔽层外，还要增加用钢带或铜丝绕包的金属屏蔽层。这个金属屏蔽层的作用，在正常运行时通过电容电流；当系统发生短路时，作为短路电流的通道，同时也起到屏蔽电场的作用。在电缆结构设计中，要根据系统短路电流的大小，对金属屏蔽层的截面积提出相应的要求。

半导电屏蔽层厚度一般为 $1 \sim 2mm$，根据国家标准，10kV 及以下电缆的外半导电层为可剥离层，35kV 以上为不可剥离层，这种要求的主要原因是因为可剥离层的存在使电缆抗局部放电能力降低，会在微小局部造成气隙。

（2）金属屏蔽层

电缆金属屏蔽层，又称铜带屏蔽，它将对电缆故障电流提供回路并提供一个稳定的地电位，铜带（丝）的截面可按故障电流大小、持续时间，以及接地为一端还是两端选定。

4. 电缆的护层

电缆护层的作用是保护绝缘在敷设、运行过程中，免受机械损伤和各种环境因素如水、日光、生物、火灾等引起的破坏，以保证电缆长期稳定的电气性能。所以作为电缆三大组成部分的护套直接影响到电缆的使用寿命。

第三节　电缆绝缘击穿机理和老化机理

一、绝缘击穿机理

1. 绝缘击穿种类

绝缘击穿形式有三种：电击穿、热击穿和滑移击穿三种。电击穿是电场对绝缘直接作用引起的；热击穿是当电缆发热大于散热时，电缆处于不稳定状态，温度越来越高，最终使绝缘丧失承受电压的能力而引起的；滑移击穿是由于绝缘层间的局部滑移放电逐步延伸，最后形成击穿通道而引起的。

2. 电缆绝缘厚度的确定

（1）工艺上允许的最小厚度

根据制造工艺的可能性，绝缘层必须有一个最小厚度。例如，黏性纸绝缘的层数不得少于 5～10 层，聚氯乙烯最小厚度是 0.25mm。

（2）电缆在制造和使用过程中承受的机械力

电缆在制造和使用过程中，要受到拉伸、剪切、压、弯、扭等机械力的作用。电缆绝缘应在上述正常机械力作用下不被破坏，必须有一定的厚度。截面积较大的低压电缆，所承受机械力也较大。因此，其绝缘厚度也要稍大一点。

（3）电缆绝缘材料的击穿强度

电压等级在 6kV 及以上电缆的绝缘厚度，主要决定因素是绝缘材料的击穿强度。由电缆结构设计确定的绝缘厚度，必须满足电缆在使用寿命期限内能安全承受电力系统各种电压，包括工频和冲击两种类型的过电压。按工频和冲击电压分别计算确定的绝缘厚度不相等时，应取其厚的值。

二、交联聚乙烯电缆绝缘老化机理

绝缘材料的绝缘性能随时间不可逆下降称为绝缘老化。主要表现形式有：击穿强度下降、介质损失角正切值增加，机械强度下降等性能。经过近十几年的聚乙烯绝缘电缆的运行经验和研究工作表明，树枝老化是导致聚乙烯绝缘最后发生击穿的主要原因。根据产生的原因，树枝可分为以下三类。

1. 电树枝

在绝缘介质夹层或内部如果存在气隙或气泡，在交变电场下气隙或气泡的电场强会比邻近绝缘介质内的场强大得多，而气体的起始电离场强又比固体介质低得多，所以在该气隙或气泡内很容易发生电离。

气隙或气泡的分离，会造成邻近绝缘物的分解、破坏（表现为变酥、炭化等形式），并沿电场方向逐渐向绝缘层深处发展，在有机绝缘材料中放电发展通道会呈树枝状，称为"电树枝"。

2. 电化树枝

它的产生原因基本与电树枝相同，只不过在空隙中渗进了其他化学溶液。因为聚乙烯绝缘电缆一般没有完全密封的金属护套，土地中的化学成分就可以渗透过电缆的护套、绝缘层而到达线芯表面，与导体材料发生化学反应，其生成物（如亚硫酸铜、硫化溶液等）在电场作用下蔓延伸入绝缘层形成树枝状物，称为化学树枝或电化学树枝。

3. 水树枝

如果在两极之间的绝缘层中存在液态导电物质（例如水），则当该处场强超过某定值时，该液体会沿电场方向逐渐深入到绝缘层中，形成近似树枝状的痕迹，称为"水树枝"，水树枝呈绒毛状的一片或多片，有扇状、羽毛状、蝴蝶状等多种形式。

产生和发展"水树枝"所需的场强比产生和发展"电树枝"所需的场强低得多。产生水树枝的原因是水或其他电解液中离子在交变电场下反复冲击绝缘物，使其发生疲劳损坏和化学分解，电解液便随之逐渐渗透、扩散到绝缘深处。

综上所述，目前交联聚乙烯绝缘电力电缆的交联工艺，使用内、外半导电层和绝缘层三层同时挤出的方法，其优点是：

（1）可以防止在主绝缘层与导体屏蔽以及主绝缘层与绝缘屏蔽之间引入外界杂质。

（2）在制造过程中防止导体屏蔽和主绝缘层可能发生的意外损伤，因而可以防止由于半导电层的机械损伤而形成突刺。

（3）使内外半导电层和绝缘层紧密结合在一起，从而提高起始游离放电电压。

第四节　电缆载流量计算

电缆载流量计算有两个假设条件，一是假定电缆导体中通过的电流是连续的恒定负载（即100%负载率）；二是假定在一定的敷设环境和运行状态下，电缆处于热稳定状态，即电缆加上负载后，导体温度逐渐上升到一个稳定值，这时电缆的发热和散热达到平衡。也就是说，导体、绝缘层、护层中产生损耗所发出的全部热量，能够及时通过周围媒质散发，导体温度不超过最高允许工作温度。

1. 电缆额定载流量

根据热流场概念，由热流场富氏定律可导出热流与温升、热阻的关系，即热流与温升成正比、与热阻成反比。推导可得出

$$I = \sqrt{\frac{(\theta_c - \theta_0) - nW_i \cdot \frac{1}{2}(T_1 + T_2 + T_3 + T_4)}{nR[T_1 + (1+\lambda_1)T_2 + (1+\lambda_1+\lambda_2)(T_3+T_4)]}} \tag{1-1}$$

式中　　　　I——电缆连续额定载流量，A；

θ_c——电缆导体允许最高温度，℃；

θ_0——周围媒质温度，℃；

R——单位长度导体在θ_c温度时的电阻，Ω；

T_1、T_2、T_3、T_4——分别为单位长度电缆绝缘层、内衬层、外被层、周围媒质热阻，m·K/W；

λ_1、λ_2——分别为电缆护套损耗系数、电缆铠装损耗系数；

W_i——电缆绝缘介质损耗，W/m；

n——在一个护套内电缆芯数。

对于三芯电缆$n=3$；C为单位长度电容，μF/km；λ_1和λ_2为护套损耗及铠装损耗

$$W_i = 2\pi f C_n u^2 / (3\tan\delta) \times 10^5 \text{W/cm}$$

环境变化时，电缆载流量修正系数见表1-3。

长期允许工作温度 θ_c	环境温度 θ_0	实际使用温度											
		-5	0	5	10	15	20	25	30	35	40	45	50
80	25	1.25	—	1.17	1.13	1.04	1.05	1.00	0.96	0.91	0.85	0.80	0.74
	40	1.46	—	—	—	1.27	1.23	1.18	1.12	1.07	1.00	0.94	0.87
90	25	1.21	1.18	—	—	1.04	1.10	0.96	0.96	0.92	0.88	0.83	0.78
	40	1.38	1.34	—	—	1.18	1.14	1.09	1.09	1.05	1.00	0.95	0.90

表 1-3 　　　　　　　　　电缆载流量修正系数　　　　　　　　　单位：℃

电缆在电缆沟、管道中和架空敷设时，由于周围介质热阻不同，散热条件不同，可对载流量进行校正，而对直埋电缆，因土壤条件不同，如泥土、沙地、水池附近、建筑物附近等，也要通过实际条件进行载流量校正。

2. 10kV 及以上 XLPE 电力电缆载流量校正系数

电力电缆由于敷设状态等因素不同，因而实际的载流量也有所不同，必须以一定条件为基准点，而代表这些基准点的参数为：电缆导体最高允许工作温度为 90℃，短路温度为 250℃，敷设环境温度为 40℃（空气中），25℃（土壤中）；直埋 1m 时土壤热阻率为 $1.0 m \cdot K/W$，绝缘热阻率为 $4.0 m \cdot K/W$，护套热阻率为 $7.0 m \cdot K/W$。

电缆载流量计算公式为

$$I_{总} = n k_1 k_2 k_3 k_4 k_5 I \tag{1-2}$$

式中　$I_{总}$——电缆长期允许载流量总和；

n——电缆并列条数；

k_1——环境温度修正系数（见表 1-4）；

k_2——并列电缆架上敷设校正系数（见表 1-5）；

k_3——土壤热阻率校正系数（见表 1-6）；

k_4——敷设深度校正系数（见表 1-7）；

k_5——土壤热阻校正系数（见表 1-8）；

I——电缆载流量。

表 1-4 　　　　　　　　　　环境温度修正系数 k_1

空气温度（℃）	25	30	35	40	45
校正系数	1.14	1.09	1.05	1.0	0.95
土壤温度（℃）	20	25	30	35	40
校正系数	1.04	1.0	0.98	0.92	—

表 1-5 　　　　　　　　　并列电缆架上敷设校正系数 k_2

敷设根数	敷设方式	$s=d$	$s=2d$	$s=3d$
1	并排平行	1.00	1.00	1.00
2	并排平行	0.85	0.95	1.00
3	并排平行	0.80	0.95	1.00
4	并排平行	0.70	0.90	0.95

表 1-6			土壤热阻率校正系数 k_3				
土壤热阻率（m·K/W）	0.6	0.8	1.0	1.2	1.4	1.6	2.0
校正系数	1.17	1.08	1.00	0.94	0.89	0.84	0.77

表 1-7		电缆敷设深度校正系数 k_4		
敷设深度（m）	0.8	1.0	1.2	1.4
校正系数	1.017	1.0	0.985	0.972

表 1-8	各种土壤热阻校正系数 k_5	
土壤类别	土壤热阻（Ω·m）	校正系数
湿度在 4% 以下沙地，多石的土壤	300	0.75
湿度在 4%～7% 沙地，湿度在 8%～12% 多沙的黏土	200	0.87
标准土壤，湿度在 7%～9% 沙地，湿度在 12%～14% 多沙黏土	120	1.0
湿度在 9% 以上沙区，湿度在 14% 以上黏土	80	1.05

第五节　电缆绝缘厚度的计算

电缆的绝缘厚度，一般是根据电缆在设计使用期限内能安全承受电力系统中各种电压（工频、冲击、操作、故障过电压等）这一条件来确定的，根据目前的电力系统情况，额定电压在 400kV 及以下时能承受系统中所规定的工频电压和冲击电压的电缆绝缘层，基本都能承受规定的操作过电压、故障过电压。因此电缆绝缘层厚度主要根据工频电压和冲击电压分别计算，并且取两种计算结果中的厚度大的。

1. 用最大场强公式计算绝缘厚度

电缆绝缘层中，最大场强出现在线芯表面，若所用绝缘材料的击穿强度大于最大场强，利用最大场强公式可计算绝缘厚度

$$\frac{G}{m} \geqslant E_{\max} \tag{1-3}$$

取等值有

$$\frac{G}{m} = \frac{U}{r_c \ln \dfrac{R}{r_c}} \tag{1-4}$$

换算后得

$$\Delta = R - r_c = r_c \left[\exp\left(\frac{mU}{Gr_c}\right) - 1 \right] \tag{1-5}$$

式中　U——长期试验电压（工频或冲击），kV；

$\quad\quad\ G$——绝缘层长期击穿强度（工频或冲击），kV/mm；

$\quad\quad\ m$——安全裕度系数，一般取 1.2～1.6；

$\quad\quad\ r_c$——线芯屏蔽半径，mm；

$\quad\quad\ R$——绝缘外半径，mm；

Δ——绝缘层厚度，mm。

对式（1-5）中几个物理量取值做以下说明。

（1）U 的取值。在工频电压或冲击电压时的取值不同。

1）在工频电压时，取 $(2.5\sim3)U_{ph}$，U_{ph} 为相电压。

2）在冲击电压时，主要依据雷电冲击耐受电压来计算，一般取 $(7\sim10)U_{ph}$，表 1-9 中所列的是电力电缆的雷电冲击耐受电压值，即基本绝缘水平（BIL）。计算时基本绝缘水平的取值不应超过相应电压等级中所列雷电冲击耐受电压的最高值。如需更高的绝缘水平，可用更高电压等级电缆。

（2）G 的取值。对不同电缆，工频击穿强度和冲击击穿强度都有不同规定。

1）对于黏性油浸纸绝缘电缆，G 的取值一般规定为：

长期工频击穿强度取 10V/mm；

冲击击穿强度取 100kV/mm。

表 1-9　　　　　　　　　　　电缆的雷电冲击耐受电压　　　　　　　　　　单位：kV

额定电压	3	6	10	15	20	35	63	110	220	330	500
允许最高工作电压	3.5	6.9	11.5	17.5	23.0	40.5	69.0	126	253	363	550
标准雷电冲击耐受电压	—	—	105	125	200	325		450 550 1050	850 950	1050 1175 1300	1425 1550 1675

2）对于 35kV 及以下塑料、橡皮电缆，G 的取值有如下规定：

长期工频击穿强度取 10kV/mm；

冲击击穿强度取 40~60kV/mm。

2. 以平均场强公式计算绝缘厚度

绝缘层材料的击穿强度受线芯半径影响，半径越大，材料击穿强度越低。根据最大场强公式，线芯越大，最大场强减小，导致绝缘厚度减薄，但材料击穿强度的降低，又反过来导致绝缘加厚，为兼顾两方面性能要求，可采用平均场强公式进行绝缘厚度的计算。特别对于塑料、橡胶、充气电缆的绝缘厚度的计算，常采用平均场强公式进行绝缘厚度的计算。

在工频电压作用下

$$\Delta = \frac{U_{phm}}{G_1} K_1 K_2 K_3 \tag{1-6}$$

在冲击电压作用下

$$\Delta = \frac{\text{BIL}}{G_2} K_1' K_2' K_3' \tag{1-7}$$

式中　Δ——绝缘厚度，mm；

　　　BIL——基本绝缘水平，kV；

U_{phm}——最大工作相电压，kV；

K_1、K_1'——工频电压、冲击电压下击穿强度的温度系数，通过室温下和90℃时的击穿
　　　　　强度比值取得，一般各取1.1、1.1～1.2；

K_2、K_2'——工频电压、冲击电压下的老化系数，根据各种电缆自身的寿命曲线得出，
　　　　　一般各取4、1.1；

K_3、K_3'——工频电压、冲击电压下的安全系数；

G_1、G_2——工频电压、冲击电压下橡塑绝缘材料的击穿强度，其取值见表1-10。

表 1-10　　　　　　　　　　交联聚乙烯电缆绝缘材料的击穿强度

电压等级（kV）	击穿强度（kV/mm）	
	G_1	G_2
35 及以下	10～15	40～50
66	20	50
154	20	50
275	30	60
500	31	65

[例 1-1] 已知35kV、线芯截面为400mm 交联聚乙烯单芯电缆，其线芯屏蔽层的外半径11.7mm。试设计计算其绝缘厚度。

解：由于是塑料电缆，故采用平均场强公式计算。

在承受工频电压时，根据式（1-6）得

$$\Delta = \frac{U_{phm}}{G_1} K_1 K_2 K_3$$

取 $U_{phm} = 1.15 \times 35/\sqrt{3}$ kV；K_1 取 1.1；K_2 取 4；K_3 取 1.1；G_1 取 10kV/mm，代入得

$$\Delta = \frac{1.15 \times 35}{10 \times \sqrt{3}} \times 1.1 \times 4 \times 1.1$$

$$= 10.23 \text{mm}$$

在承受冲击电压时

$$\Delta = \frac{\text{BIL}}{G_2} K_1' K_2' K_3'$$

根据表1-9，35kV 电缆标准雷电冲击耐受电压为200kV，BIL 取200kV；G_2 取40kV/mm 代入得

$$\Delta = \frac{200}{40} \times 1.2 \times 1.1 \times 1.1 = 7.26 \text{mm}$$

答：绝缘厚度以在工频电压下计算为准，取 10.23mm，绝缘层外取半径21.93mm。

第六节　改善电场分布的方法

电缆终端或电缆接头处金属护套或屏蔽层断开处的电场发生畸变，为了改善绝缘屏蔽层切断开处的电场分布，解决方法有几何法（采用应力锥和反应力锥）和参数法两种。在高压或超高压电缆附件上，还有采用电容锥的方法缓解绝缘屏蔽切断点的电场强度集中的问题。

一、几何法

1. 应力锥

应力锥是用来增加高压电缆绝缘屏蔽直径的锥形装置，以将接头或终端内的电场强度控制在规定的设计范围内。应力锥是最常见的改善局部电场分布的方法，从电气的角度上看，也是最可靠有效的方法。应力锥通过将绝缘屏蔽层的切断点进行延伸，使零电位形成喇叭状，改善了绝缘屏蔽层的电场分布，降低了电晕产生的可能性，减少了绝缘的破坏，从而保证了电缆线路的安全运行。在电缆终端和接头中，自金属护套边缘起绕包绝缘带（或者套橡塑预制件），使得金属护套边缘到增绕绝缘外表之间，形成一个过渡锥面的构成件即应力锥（在设计中，锥面的轴向场强应是一个常数）。如图1-9所示。

应力锥能够改善金属护套末端电场分布、降低金属护套边缘处电场强度，现简述原理如下。

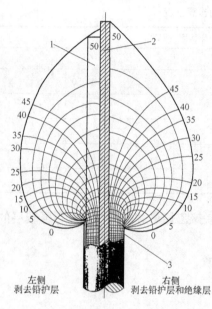

图 1-9　电缆端部的电场分布
1—导体；2—绝缘层；3—金属护套

电缆终端和接头端部，在剥去金属护套后，其电场分布与电缆本体相比发生了很大变化，金属护套边缘处的电场强度 E 可用与剥切长度 L 有关的双曲余切函数表示

$$E = U_0 \sqrt{\frac{\varepsilon}{R_e \varepsilon_m K}} \, \text{cth}\left(\sqrt{\frac{\varepsilon}{R_e \varepsilon_m K}} \times L\right) \tag{1-8}$$

$$R_e = R \ln \frac{R}{r_c}$$

式中　U_0——导体对地电压；

ε——电缆绝缘层材料的相对介电常数；

ε_m——周围媒质的相对介电常数；

R_e——等效半径；

R——绝缘层外半径；

r_c——导体半径；

K——与周围媒质和绝缘层表面有关的常数；

L——剥去金属护套长度。

当 L 达到一定数值时，双曲余切函数 $\mathrm{cth}\left(\sqrt{\dfrac{\varepsilon}{R_\mathrm{e}\varepsilon_\mathrm{m}K}}\times L\right)\approx1$，由上式可简化为

$$E=U_0\sqrt{\frac{\varepsilon}{R_\mathrm{e}\varepsilon_\mathrm{m}K}} \tag{1-9}$$

从式（1-9）可知，为了减小金属护套边缘处的电场强度，可采用增绕绝缘以增大等效半径 R_e。

有了应力锥后，在锥面绝缘厚度逐渐增加，绝缘表面的电场强度逐渐递减，于是疏散了电力线密度，提高了过渡界面的游离电压。

应力锥锥面形状是按其表面轴向场强等于或小于允许最大轴向场强设计的。图 1-10 是应力锥电气计算的说明图。图中以电缆导体中心线为 x 轴，以应力锥起始点为 y 轴。

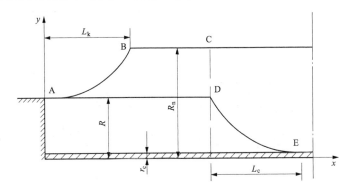

图 1-10　应力锥电气计算说明图

R—电缆本体绝缘半径，mm；L_k—电缆轴向长度，mm；R_n—增绕绝缘半径，mm；

r_c—导体半径，mm；E—应力锥表面轴向场强，kV/mm

设沿应力锥表面轴向场强为一常数 E_1，增绕绝缘半径为 R_n，电缆本体绝缘半径为 R，导体半径为 r_c，U 为相电压。假定增绕绝缘的介电常数和电缆绝缘介电常数相等。经数学推导，应力锥面上沿电缆轴向长度 L_k 可用下列简化公式表示

$$L_\mathrm{k}=\ln\left(\frac{\ln\dfrac{R_\mathrm{n}}{r_\mathrm{c}}}{\ln\dfrac{R}{r_\mathrm{c}}}\right) \tag{1-10}$$

式（1-10）表明，应力锥的锥面曲线应是复对数曲线。它取决于电缆的运行电压、结构尺寸、电缆和增绕绝缘的厚度和材料性能。决定应力锥锥面的几个要素相互间有以下关系：

（1）轴向场强 E_1 越小，应力锥长度 L_k 越长。因此，设计时为减少接头尺寸，应取 E_1 为绝缘层最大允许轴向场强。

（2）当 L_k 确定时，增绕绝缘半径 R_n 越大，轴向场强越大，所以增绕绝缘的"坡度"不能太陡。

（3）当 U 和 E_1 确定后，增绕绝缘半径 R_n 随应力锥长度 L_k 加长而增大，而且当 L_k

越是增大时，R_n的斜率也随之增大。

2. 反应力锥

在电缆接头中，为了有效控制电缆本体绝缘末端的轴向场强，将绝缘末端削制成与应力锥曲面恰好反方向的锥形曲面称为反应力锥。反应力锥是接头中填充绝缘和电缆本体绝缘的交界面，这个交界面是电缆接头的薄弱环节，如果设计或安装时没有处理好，容易发生沿着反应力锥锥面的移滑击穿。

反应力锥的形状是根据沿锥面轴向场强等于或小于电缆绝缘最大轴向场强来设计的。图 1-11 是电缆反应力锥电气计算说明图。图中以电缆导体中心线为 x 轴，以反应力锥起始点为 y 轴。

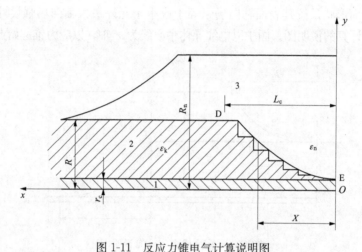

图 1-11　反应力锥电气计算说明图

R—电缆本体绝缘半径，mm；L_c—反应力锥锥面沿电缆轴向长度，mm；

R_n—增绕绝缘半径，mm；r_c—导体半径，mm；E—应力锥表面轴向场强，kV/mm

设沿反应力锥锥面上轴向场强为一常数 E_T，增绕绝缘半径为 R_n，电缆本体绝缘半径为 R，导体半径为 r_c，U 为相电压。并假定增绕绝缘的介电常数和电缆绝缘介电常数相等。经数学推导，反应力锥面上沿电缆轴向长度 L_c，可用下列简化公式表示

$$L_c = \frac{U}{E_1} \times \frac{\ln \dfrac{R}{r_c}}{\ln \dfrac{R_n}{r_c}} \tag{1-11}$$

为了简化施工工艺，一般反应力锥采用直线锥面形状。交联聚乙烯电缆用切削反应力锥的卷刀削成"铅笔头"形状。油纸绝缘电缆则采用呈梯步锥面形状的近似锥面，在靠近导体处的锥面应比较平坦，靠近本体绝缘处锥面比较陡一些，剥切绝缘梯步不可切伤不应剥除的电缆纸，更不应切伤导体。

式（1-11）表明，应力锥的锥面曲线是复对数曲线，它取决于电缆的运行电压、结构尺寸、电缆增绕绝缘的厚度及材料性能。决定应力锥锥面的几个要素相互间有以下关系。

（1）轴向场强越小，应力锥长度越长。

（2）当L_k确定时，增绕绝缘半径越大，轴向场强越大。因此，增绕绝缘的"坡度"不能太陡。

（3）当U_0和E_t确定后，增绕绝缘随应力锥长度L_k加长而增大，而且当L_k越是增大时，R_n的斜率也随之增大。

在110kV及以上的电缆附件中，采用由工厂生产的预制应力锥，这种应力锥的锥面比较接近于理论计算曲线。

二、参数法

1. 高介电常数法

随着高分子材料的发展，不仅可以用形状来解决电缆绝缘屏蔽层切断点电场集中分布的问题，还可以采用提高周围媒质的介电常数解决绝缘屏蔽层切断点电场集中分布的问题。

10～35kV交联聚乙烯电缆终端，可用高介电常数材料制成的应力管代替应力锥。采用应力管，简化了现场安装工艺，并缩小了终端外形尺寸。

根据JB 7829《额定电压26/35kV及以下电力电缆户内型、户外型热收缩式终端》的要求，应力控制管的介电常数应大于20。根据《额定电压26/35kV及以下XLPE电缆附件选用导则》对热缩应力控制管的要求，应力控制管的介电常数应大于20，体积电阻率$10^5 \sim 10^7 \Omega \cdot m$。

应力控制管的应用，要兼顾应力控制和体积电阻两项技术要求。虽然在理论上介电常数是越高越好，但是介电常数过大引起的电容电流也会产生热量，会促使应力控制管老化。所以推荐介电常数取25～30，体积电阻率控制在$10^6 \sim 10^8 \Omega \cdot m$。详见图1-12和图1-13。

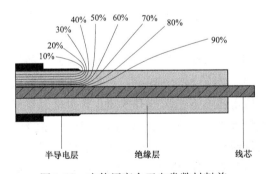

图1-12　未使用高介电常数材料前，电缆绝缘屏蔽层切断处电场分布

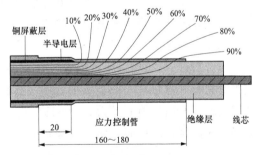

图1-13　使用高介电常数材料前，电缆绝缘屏蔽层切断处电场分布

2. 非线性电阻材料的应用

非线性电阻材料（FSD）是近期发展起来的一种新型材料，用于解决电缆绝缘屏蔽层切断点电场集中分布的问题。非线性电阻材料具有对不同的电压有变化电阻值的特性。当电压很低的时候，呈现出较大的电阻性能；当电压很高的时候，呈现较小的电阻。

采用非线性电阻材料能够生产出较短的应力控制管，从而解决电缆采用高介电常数应力控制管终端无法适用于小型开关柜的问题。

采用非线性电阻材料可以制成应力控制管，亦可制成非线性电阻片（应力控制片），直接绕包在电缆绝缘屏蔽切断点上，缓解这点的应力集中的问题。

第七节　金属护层感应电压

当电缆线芯流过交流电流时，在与导体平行的金属护套中必然产生感应电压。三芯电缆金属护套感应电压相互抵消，在正常运行情况下其金属护套各点的电位基本相等接近零电位，而由三根单芯电缆组成的电缆线路中则不同，会产生感应电压。

一、金属护层感应电压概念及产生原因

单芯电缆在三相交流电网中运行时，当电缆导体中有电流通过时，导体电流产生的一部分磁通与金属护套相交链，与导体平行的金属护套中必然产生纵向感应电压。这部分磁通使金属护套产生感应电压数值与电缆排列中心距离和金属护套平均半径之比的对数成正比，并且与导体负荷电流、频率以及电缆的长度成正比。在等边三角形排列的线路中，三相感应电压相等；在水平排列线路中，边相的感应电压较中相感应电压高。

二、金属护套感应电压对单芯电缆的影响

单芯电缆金属护套如采用两端接地后，金属护套感应电压会在金属护套中产生循环电流，此电流大小与电缆线芯中负荷电流大小密切相关，同时，还与间距等因素有关。循环电流致使金属护套因产生损耗而发热，将降低电缆的输送容量。

如果采取金属护套单端接地，另一端对地绝缘，护套中没有电流流过。但是，感应电压与电缆长度成正比，当电缆线路较长时，过高的感应电压可能危及人身安全，并可能导致设备事故。因此必须妥善处理金属护套感应电压这个问题。

三、改善电缆金属护套电压的措施

金属护套感应电压与其接地方式有关，我们可通过金属护套不同的接地方式，将感应电压合理改善。《电力工程电缆设计规程》GB 50217—2007 规定，单芯电缆线路的金属护套只有一点接地时，金属护套任一点的感应电压（未采取能有效防止人员任意接触金属层的安全措施时）不得大于 50V；除上述情况外，不得大于 300V，并应对地绝缘，如果大于此规定电压时，应采取金属护套分段绝缘或绝缘后连接成交叉互联的接线。为了减小单芯电缆线路对邻近辅助电缆及通信电缆的感应电压，应尽量采用交叉互联接线。

对于电缆线路不长的情况下，可采用单点接地的方式，同时为保护电缆外护层绝缘，在不接地的一端应加装护层保护器。

对于较长的电缆线路，应用绝缘接头将金属护套分隔成多段，使每段的感应电压限制在小于 50V 的安全范围以内。通常将三段长度相等或基本相等的电缆组成一个换位段，其中有两套绝缘接头，每套绝缘接头的绝缘隔板两侧不同相的金属护套用交叉跨越法相互连接。

金属护套交叉互联的方法是：将一侧 A 相金属护套连接到另一侧 B 相；将一侧 B

相金属护套连接到另一侧 C 相；将一侧 C 相金属护套连接到另一侧 A 相。

金属护套经交叉互联后，举例说，第 I 段 C 相连接到第 II 段 B 相，然后又接到第 III 段 A 相。由于 A、B、C 三相的感应电动势的相角差为 120°，如果三段电缆长度相等，则在一个大段中金属护套三相合成电动势理论上应等于零。如图 1-14 所示。

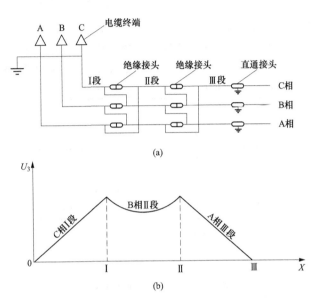

(a)

(b)

图 1-14　单芯电缆金属护套交叉互联原理接线图
(a) 交叉互联接法示意图；(b) 沿线感应电压分布图

金属护套采用交叉互联后，与不实行交叉互联相比较，电缆线路的输送容量可以有较大提高。为了减少电缆线路的损耗，提高电缆的输送容量，高压单芯电缆的金属护套，一般均采取交叉互联或单点互联方式。

单芯电缆金属护套的常见连接方式如下：

1. 金属护套两端接地

当电缆线路长度不长（一般小于 100m）、负荷电流不大时，金属护套上的感应电压很小，造成的损耗不大，对载流量的影响也不大。如图 1-15 所示。

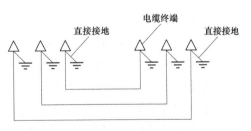

图 1-15　金属护套两端接地电缆示意图

2. 金属护套一端接地

当电缆线路长度不长（一般小于 500m）、负荷电流不大时，电缆金属护套可以采用一端直接接地、另一端经保护器接地的连接方式，使金属护套不构成回路，消除金属护套上的环行电流，详见图 1-16。

金属护套一端接地的电缆线路，还必须安装一条沿电缆线路平行敷设的导体，导体两端接地，称为回流线。

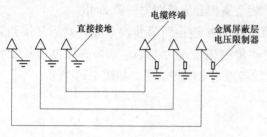

图 1-16　金属护套一端接地电缆线路示意图

当单芯电缆线路的金属护套只在一处互联接地时，在沿线路间距内敷设一根阻抗较低的绝缘导线，并两端接地，该接地的绝缘导线称为回流线（D）。回流线的布置如图 1-17 所示。

当电缆线路发生接地故障时，短路接地电流可以通过回流线流回系统的中性点，这就是回流线的分流作用。同

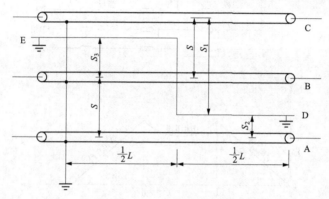

图 1-17　回流线布置示意图

时，由于电缆导体中通过的故障电流在回流线中产生的感应电压，形成了与导体中电流逆向的接地电流，从而抵消了大部分故障电流所形成的磁场对邻近通信和信号电缆产生的影响，所以，回流线实际又起了磁屏蔽的作用。

在正常运行情况下，为了避免回流线本身因感应电压而产生以大地为回路的循环电流，回流线应敷设在两个边相电缆和中相电缆之间，并在中点处换位。根据理论计算，回流线和边相、中相之间的距离，应符合 3∶7 的比例，即回流线到各相的距离应为：$S_1 = 1.7S$，$S_2 = 0.3S$，$S_3 = 0.7S$，S 为边相至中相中心距离。

安装了回流线之后，可使邻近通信、信号电缆导体上的感应电压明显下降，根据计算，仅为不安装回流线的 27% 左右。

一般选用铜芯大截面的绝缘线为回流线。

在采取金属护套交叉互联的电缆线路中，由于各小段护套电压的相位差位 120°，而幅值相等，因此两个接地点之间的电位差是零，这样就不可能产生循环电流。电缆线路金属护套的最高感应电压就是每一小段的感应电压。当电缆发生单相接地故障的时候，接地电流从护套中通过，每相通过 1/3 的接地电流，这就是说，交叉互联后的电缆金属护套起了回流线的作用，因此，在采取交叉联的一个大段之间不必安装回流线。

3．金属护套中点断开接地

当电缆线路长度大于 500m，且不足 1000m 时，电缆金属护套可采用金属护套中点断开接地方式，该方式是在电缆线路的中部装设一个绝缘接头，使其两侧电缆的金属护

套在轴向断开并分别经保护器接地，电缆线路的两端直接接地。此接地方式又称为"绝缘假接头接地方式"。护套断开电缆线路接地示意图如图1-18所示。

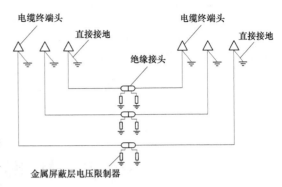

图 1-18　护套断开电缆线路接地示意图

4. 金属护套交叉互联

电缆线路长度较长时，金属护套应交叉互联。这种方法是将电缆线路分成若干大段，每一大段原则上分成长度相等的二小段，每小段之间装设绝缘接头，绝缘接头处三相金属护套用同轴电缆进行换位连接，绝缘接头处装设一组保护器，每一大段的两端金属护套直接接地。金属护套交叉互联电缆线路示意图见图1-19。

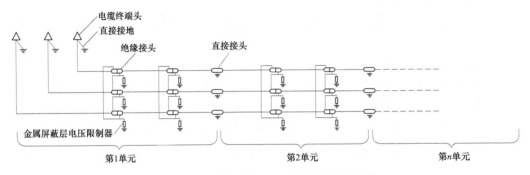

图 1-19　金属护套交叉互联电缆线路示意图

电 力 电 缆 敷 设

第一节 电缆的敷设方式

一、电缆的敷设方式及其特点

电缆敷设的常用方式，可分为直埋式、隧道式、电缆沟式、排管式、竖井式、桥架式等。

1. 直埋敷设的特点

直埋敷设是将电缆线路直接埋设在地面下 0.7～1.5m 深的敷设方式，如图 2-1 所示。一般用在电缆线路不太密集和交通不太拥挤的城市地下走廊。它不需要前期土建工程，是一种较为经济的敷设方式。它的优点是：施工时间短、便于维护、线路输送容量较大；缺点是：容易受到机械性外力损坏、更换电缆困难、容易受周围土壤化学或电化学腐蚀。

2. 隧道及综合管廊敷设的特点

隧道是将电缆敷设在地下隧道内的敷设方式。图 2-2 所示为电缆隧道结构示意图。它主要用于电缆线路较多和电缆线路较短且不易开挖的场所。它具有方便施工、巡视、检修和方便更换电缆等较多优点，其缺点是前期投资大、隧道施工期长、且要求严格防火设施等。

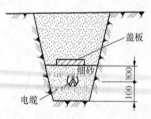

图 2-1 直埋敷设结构
示意图（单位：mm）

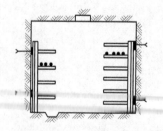

图 2-2 电缆隧道
结构示意图

综合管廊即地下城市管道综合走廊，即在城市地下建造一个特殊隧道空间，将电力、通信、燃气、供热、供水等各种工程管线集于一体，设有专门的检修通道及检测系统，实现统一规划、统一设计、统一建设和管理，是保障城市运行的重要基础设施和生命线，图 2-3 所示为综合管廊结构示意图。

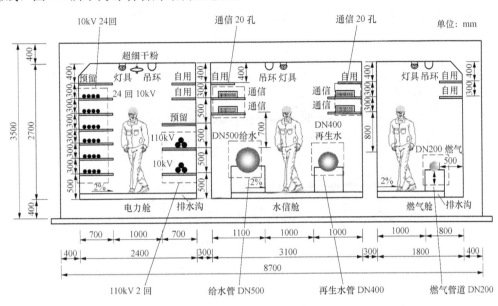

图 2-3 综合管廊结构示意图

3. 电缆沟敷设的特点

电缆沟敷设是将电缆敷设在预先砌好的电缆沟中的一种敷设方式。图 2-4 所示为电缆沟结构示意图。它适用于地面载重负荷较轻的电缆线路路径，如人行道、工厂内的场地等。它具有投资省、占地少、走向灵活、能容纳较多条电缆等优点；其缺点是盖板承压强度较差，不能使用在车行道上，且电缆沟离地面太近，降低了电缆的载流量，检修维护不便利，容易遭受腐蚀。

4. 电缆排管及顶管敷设的特点

电缆排管敷设是将电缆敷设在预先埋设于地下的管子中的一种敷设方式。图 2-5 所示为电缆排管结构示意图。通常用于交通频繁、工矿企业地下走廊较为拥挤的地段。其优点是：土建工程一次完成，其后在同一途径陆续敷设电缆，不必重复开挖道路，此外不易受到外力损坏；缺点是：土建工程投资较大，工期较长，而且因散热不良，易降低电缆载流量，在电缆敷设、检修和更换时不方便。

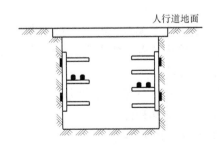

图 2-4 电缆沟结构示意图

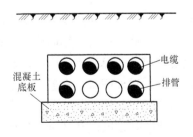

图 2-5 电缆排管结构示意图

顶管敷设就是在工作井内借助顶进设备产生的顶力，克服管道与周围土壤的摩擦力，将管道按设计顶入土中，并将土方运走。图 2-6 所示为顶管示意图。

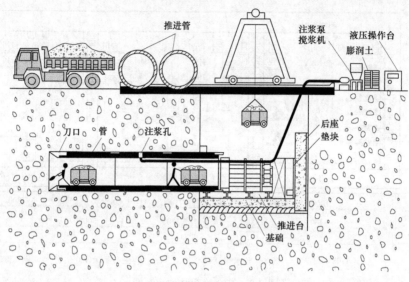

图 2-6 顶管示意图

5. 电缆竖井敷设特点

电缆竖井敷设是将电缆敷设在竖井中的一种敷设方式，主要用于高层建筑水电站及高层室内变电站作为输电线路的竖井中，或者用在较深层电缆隧道的出口竖井中。其优点是：节省了土建的大量投资，以利于电缆的敷设；缺点是：若发生火灾，易扩大事态，在竖井内要放电缆固定装置。

6. 电缆桥架敷设的特点

电缆桥架敷设是将电缆敷设在专用的电缆桥架上的一种敷设方式。其优点是：简化了地下设施，避免了与地下管道交叉碰撞；易定型生产，外观整齐美观；可密集敷设大量电缆，能够有效利用空间；同时它还有利于防火、防爆、防干燥。缺点是：施工、检修较困难，与架空管道易交叉，前期投资较大。

二、电缆敷设的方法

电缆敷设一般由两个阶段组成：一是准备阶段，二是施工阶段。

1. 准备阶段

（1）现场勘察，路径复测。根据现场勘察情况来决定电缆敷设的方式及方法。

（2）制订施工计划，编制施工方案，以确定电缆接头位置、敷设电缆的次序、跨越或穿越各种道路和障碍物的措施以及安全运送电缆的办法。

（3）进行对外联系。根据路径情况和已确定施工方案，对各种公用设施产生影响的要取得有关部门的协助，以及有关部门和单位的协议、批准和许可。

（4）检查敷设电缆及其所需各种材料、工器具是否合格和齐全。

2. 施工阶段

可采用机械牵引或人工牵引进行电缆敷设。

第二节 电缆敷设施工

电力电缆的安装敷设工程是一项技术性很强、工艺水平很高的重要工作，为了保证电缆线路安全可靠、经济合理地运行，电力电缆在安装敷设过程中做了具体、明确的各项有关规定，以确保电力电缆敷设施工中的技术质量要求。

一、电缆敷设的基本要求

（1）电缆敷设前，应首先核对电缆的型号、规格是否与设计相符，试验是否合格，合格后才允许敷设。

（2）敷设时遇有中间接头、终端头以及弯道处，应根据实际情况适当留有余量，以作为电缆故障后处理时备用。

（3）在电缆线路转弯处敷设过程中，为防止弯曲过度而损坏，电缆的弯曲半径不应小于表 2-1 所示的规定或者按厂家规定执行。

表 2-1   电缆最小允许弯曲半径与其外径的倍数

电缆类别	护层结构		多 芯	单 芯
油纸绝缘电缆	铅 包	有铠装	15D	20D
		无铠装	20D	
	铝 包		30D	
交联聚乙烯绝缘电缆			15D	20D
聚氯乙烯绝缘电缆			10D	10D

注 D 为电缆外径。

（4）当采用机械牵引无法敷设大截面和较长的电缆时，其最大允许牵引强度不应超过有关规定。

（5）在寒冷季节敷设电缆时，在敷设前 24h 内的平均温度以及现场的温度低于 0℃时，应将电缆进行预先加热处理。敷设时间最好选择在中午气温最高时进行。

（6）在电缆中间接头和终端接头处，电缆的铠装、铅包和金属接头盒应有良好的电气连接，使其处于等电位。

二、电缆的路径选择

（1）选择线路路径，要考虑路径诸多方面，如沿线地形、地质、地貌及城市规划，路径长短，另外还应考虑施工、运行、交通等因素，进行方案综合比较，择优录取，做到安全可靠、经济合理。

（2）路径长度要短，起止点间线路实际路径长度与起止点间的航空直线距离相比，曲折系数愈小愈好，尽量趋向 1。

（3）电力电缆线路在改变线路方向的转弯处，要留有余度。各种电缆线路在安装敷设中，为防电缆扭伤和过度弯曲，要保证最小允许弯曲半径与电缆外径的比值，一般为 10D～20D，尤其是在城市内狭窄地段，选择线路路径要考虑合适。

(4) 沿线路纵断面高差，电缆线路高差有三层意思：一是电缆线路起止两终端点的水平位置高差；二是电缆线路沿线地形变化的相对高差；三是电缆线路上最高与最低点的位置高差。高差是电缆线路设计的重要数据，在路径选择时，沿线有坡度的地段，考虑坡度不得超过30°。

(5) 大型发电厂和枢纽变电站的进出线，应根据厂、所总体布置统一规划，选择路径。

(6) 对洪水冲刷地段、沼泽地区和重雪山头等，电缆线路应尽量避让，若不能避让时，应有防范措施。

(7) 对沿线建筑物和有关障碍物的关系要处理好，并与有关方面取得书面协议。

(8) 少拆房屋，少砍树木，少占农田，注意保护名胜古迹、绿化带和果树等。

三、电缆的运输与装卸

(1) 在电缆运输过程中，不应使电缆及电缆盘受到损伤。电缆盘严禁平放储存，平放运输。

(2) 用汽车运输电缆时，电缆应尽量放在车斗前方，并用钢丝绳绑牢固定，以防汽车启动或紧急刹车时，撞坏车体或挤伤人员。

(3) 装卸电缆时，不允许将吊装绳直接穿入电缆盘轴孔内吊装，以防止轴孔损坏使电缆造成损伤。

(4) 电缆运至的存放地点应干燥，地基坚实、平整，易于排水，便于敷设。

四、电缆的敷设施工工机具

电缆敷设施工工机具种类一般包括：电缆盘放线支架和电缆盘轴、千斤顶、电动卷扬机、滑轮组、电缆牵引头和电缆钢丝牵引网套、电缆盘制动装置、安全防护遮栏及红色警示灯，通信工具等，下面分别对上述机具进行介绍。

(1) 电缆盘放线支架和电缆盘轴：用以支撑和施放电缆盘。其电缆放线支架高低和电缆盘轴长短视其电缆重量而定。为了能将重几十吨的电缆盘从地面抬起，并在盘轴上平稳滚动，特制的电缆支架是施工电缆时必不可少的机具。它不但要满足现场使用轻巧的要求，并且当电缆盘转动时它应有足够的稳定性，不致倾倒。通常电缆支架的设计，还要考虑能适用于多种电缆盘直径的通用。

(2) 千斤顶：敷设时用以顶起电缆盘。千斤顶按工作原理可分为螺旋式和液压式两种类型。螺旋式千斤顶携带方便，维修简单，使用安全。起重高度为110~200mm，有3、5、8、10、……、100t。液压式千斤顶起重量大，工作平稳，操作省力，承载能力大，自重轻，搬运方便，起重高度为100~200mm，有3~320t。

(3) 电动卷扬机：敷设电缆时用以牵引电缆端头。电动卷扬机起重能力大，速度可快可慢，体积小，操作方便、安全。

(4) 滑轮组：敷设电缆时将电缆放于滑轮上，以避免电缆在地上擦伤并可减轻牵引力。滑轮分直线滑轮和转角滑轮两种。前者适用于直线牵引段，后者适用于电缆线路转弯处。滑轮组的数量，按电缆线路长短配备，滑轮组之间的间距一般为1.5~2m。

(5) 电缆牵引头和电缆钢丝牵引网套：敷设电缆时用以拖拽电缆。专用的电缆牵引头不但是电缆端部的一个密封套头，而且是在牵引电缆时将牵引力过渡到电缆导体的连接件，适用于较长线路的敷设。电缆钢丝牵引网套，适用于电缆线路不长的线路敷设。因为用钢丝牵引网套套在电缆端头，它只是将牵引力过渡到电缆护层上，而护层的允许牵引强度较小，因此它不能代替电缆牵引头。在专用的电缆牵引头和钢丝牵引网套上，还装有防捻器。它是消除用钢丝绳牵引电缆时电缆的扭转应力的。因为在拉动电缆时，电缆有沿其轴心自转的趋势，电缆越长，自转的角度越大。

（6）电缆盘制动装置：在使用机械牵引电缆的过程中，经常需要暂停牵引，而正在转动的电缆盘，由于惯性较大，如不及时制动，容易损伤刚离盘的一段电缆。此外，当电缆盘转速大于牵引速度时，盘上的电缆容易下垂与地面摩擦，损伤绝缘层，因此电缆盘上必须装设有效的制动装置。

（7）安全防护遮栏及红色警示灯：施工现场的周围应设置安全防护遮栏和警告标志。红色警示灯仅在夜间使用。

（8）通信工具：在施工过程中，是否有良好的通信手段会直接影响到电缆敷设的质量。当线路较长而且环境复杂的情况下，电缆牵引头处经常要停下来调整位置，机械操作人员要及时能把机器停止运行，特别当有多台机械同时作业时，更要强调动作的一致。因此，良好的通信是非常关键的。

第三节　直埋电缆敷设

直埋电缆敷设是沿已确定的电缆路径，挖掘线路沟道，将电缆直接埋入地下，不需要其他设施，施工简便，造价低，电缆散热性能好，一般电缆根数较少，敷设距离较长时多采用此种敷设方法。

一、直埋电缆敷设规定

（1）直埋电缆的埋设深度。一般由地面至电缆外护套顶部的距离不小于 0.7m，穿越农田或在车行道下时不小于 1m。在引入建筑物、与地下建筑物交叉及绕过建筑物时可浅埋，但应采取保护措施。

（2）敷设于冻土地区时，宜埋入冻土层以下。当无法深埋时，可埋设在土壤排水性好的干燥冻土层或回填土中，也可采取其他防止电缆线路受损的措施。

（3）电缆相互之间，电缆与其他管线、构筑物基础等最小允许间距应符合表 2-2 的规定。严禁将电缆平行敷设于地下管道的正上方或正下方。

（4）电缆周围不应有石块或其他硬质杂物以及酸、碱强腐蚀物等，沿电缆全线上下各设 100mm 厚的细土或沙层，并在上面加盖保护板，保护板覆盖宽度应超过电缆两侧各 50mm。

（5）直埋电缆在直线段每隔 30～50m 处、电缆接头处、转弯处、进入建筑物等处，应设置明显的路径标志或标桩。

表 2-2　　　　　电缆与电缆或管道、道路、构筑物等相互间容许最小净距　　　　单位：m

电缆直埋敷设时的配置情况		平　行	交　叉
控制电缆间		—	0.5
电力电缆之间或与控制电缆之间	10kV 及以下	0.1	0.5
	10kV 以上	0.25	0.5
不同部门使用的电缆间		0.5	0.5
电缆与地下管沟及设备	热力管沟	2.0	0.5
	油管及易燃气管道	1.0	0.5
	其他管道	0.5	0.5
电缆与铁路	非直流电气化铁路路轨	3.0	1.0
	直流电气化铁路路轨	10.0	1.0
电缆与公路边		1.0	—
电缆与排水沟		1.0	—
电缆与树木的主干		0.7	—
电缆与 1kV 以下架空线电杆		1.0	—
电缆与 1kV 以上架空线杆塔基础		4.0	—

二、直埋电力电缆敷设过程

1. 挖样洞

电缆沟在全面挖掘前，在设计的电缆线路上先挖试探样洞，以了解土壤和地下管线的分布设置情况。若发现问题，及时提出解决办法，样洞的大小一般为 0.5m，宽与深为 1m。开样洞的数量可根据地下管道的复杂程度来决定，一般直线部分每隔 40m 左右开一个洞，在线路转弯处、交叉路口和有障碍物的地方均需开挖样洞。开挖样洞时要仔细，不要损坏地下管线设施。

2. 放样

电缆沟开挖前，根据图纸和开挖样洞的资料决定电缆的走向，用石灰粉画出开挖线路的范围。

3. 敷设电缆过路导管

电缆线路需要穿越道路或铁路时，应事先将过路导管全部敷设完毕，为电缆敷设时顺利进行做好准备。

4. 挖土

电缆沟挖土时，应垂直开挖，不可上狭下宽，也不能掏空挖掘。挖出的土放在距沟边的两侧。施工地点处于交通道路附近或繁华地区，其周围应设置遮栏和警告标志。电缆沟的挖掘还要保证电缆敷设后的弯曲半径不小于规程的规定。

5. 敷设电缆

敷设电缆的准备工作就绪，整理完毕土沟，在沟底部铺上 100mm 厚的细砂或筛过的软土作电缆的垫层。然后在沟内放置滚柱，其间距与电缆长度及重量有关，一般可按每 3～5m 放置滑轮，且在电缆转弯处应加放一个滑轮，以不使电缆下垂碰地为原则。

电缆放在沟底时，边敷设边检查电缆有无损伤，电缆展放长度不要扣得太紧，应按全长预留 1％～2％ 的裕度，并做波浪状敷设在沟内，在电缆接头处也要留有一定的裕度。电缆铺设完毕后，在电缆上面覆盖 100mm 的细砂或软土，然后覆盖保护板或砖，覆盖宽度要超出电缆两侧 50mm，保护板连接处应靠紧。回土前沟内有积水时应抽干。覆盖土时去掉砖石、杂物，然后要分层夯实，最后清理场地。做好电缆走向记录，并在电缆引出端、终端、中间接头处，进出建筑物处及直线段每隔 100m 处、拐弯处挂标志牌，并注明线路编号、电压等级、电缆型号、截面、起止地点、线路长度等内容，以便维护。电缆直埋敷设效果如图 2-7 所示。

图 2-7　电缆直埋敷设图

第四节　电缆在排管内敷设

图 2-8　电缆排管

排管内敷设电缆就是将预制好的排管（见图 2-8），按需要的孔数以一定形式排列，再用水泥浇成一个整体，适用于塑料护套或裸铅包的电力电缆使用。

一、电力电缆排管敷设规定

（1）选择排管路径时，尽可能取直线，在转弯和折角处，应增设工井。在直线部分，两工井之间的距离不宜大于 150m，排管在工井处的管口应封堵。

（2）工井尺寸应考虑电缆弯曲半径和满足接头安装的需要，工井高度应使工作人员能站立操作，工井底应有集水坑，向集水坑泄水坡度不应小于 0.3％。

（3）在敷设电缆前，应疏通检查排管内壁有无尖刺或其他障碍物，防止敷设时损伤电缆。

（4）管的内径不宜小于电缆外径或多根电缆包络外径的 1.5 倍，一般不宜小于 150mm。

（5）在 10％ 以上的斜坡排管中，应在标高较高一端的工井内设置防止电缆因热伸缩而滑落的构件。

二、挖沟、下排管工作

挖沟，下排管，应首先选好路线，按设计要求挖沟至要求深度后，在沟底垫上素土夯实，再铺上以比例为 1∶3 的水泥砂浆的垫层垫平，下排管之前，先清除管块孔内积灰、杂物，打磨孔的边缘毛刺，使管块内壁光滑。

下排管时应使管块排列整齐，并对电缆进入方向有一个不小于1‰的坡度，以防管内积水。排管连接时，管孔应对正，接口处缠上纸条或塑料胶粘布，再用比例为1：3的水泥砂浆封实。在承重地段排管外侧可用混凝土做80mm厚的保护层。

三、敷设电缆

将电缆盘放在电缆人孔井口的外边（井底较高一侧），先用表面无毛刺的钢丝绳的一端连接，钢丝绳的另一端穿过排管，引至另一人孔井的机械设备上，拖拉电缆的力量要均匀，也可在排管内壁或电缆护层上涂无腐蚀性的润滑剂。

四、管块内径要求

敷设电缆的管块内径不应小于电缆外径的1.5倍，且不得小于150mm。注意一根管内只能穿入一根电力电缆。

五、排管敷设方式及规模

排管敷设方式及规模共分12种方式，简述如下。

1. 高强度管无混凝土包封

排管顶深：≥0.5m；

1×3 孔(ϕ150mm)，2×3 孔(ϕ150mm)，3×3 孔(ϕ150mm)。

2. 高强度管无混凝土包封

排管顶深：≥0.5m；

1×4 孔(ϕ150mm)，2×4 孔(ϕ150mm)，3×4 孔(ϕ150mm)，4×4 孔(ϕ150mm)；采用ϕ175mm，减一孔。

3. 高强度管无混凝土包封

排管顶深：≥0.5m；

1×6 孔(ϕ150mm)，2×6 孔(ϕ150mm)，3×6 孔(ϕ150mm)；采用ϕ175mm，减一孔。

4. 高强度管无混凝土包封

排管顶深：≥0.5m；

1×8 孔(ϕ150mm)，2×8 孔(ϕ150mm)；采用ϕ175m 减一孔。

5. 高强度管无混凝土包封

1×10 孔(ϕ150mm)；

2×10 孔(ϕ150mm)，采用ϕ175mm，减一孔。

6. 高强度管混凝土包封

排管顶深：≥0.5m；

1×3 孔(ϕ150mm)，2×3 孔(ϕ150mm)，3×3 孔(ϕ150mm)。

7. 高强度管混凝土包封

排管顶深：≥0.5m；

1×4 孔(ϕ150mm)，2×4 孔(ϕ150mm)，3×4 孔(ϕ150mm)，4×4 孔(ϕ150mm)；采用ϕ175mm，减一孔。

8. 高强度管混凝土包封

排管顶深：≥0.5m；

1×6 孔（ϕ150mm），2×6 孔（ϕ150mm），3×6 孔（ϕ150mm）；

采用 ϕ175mm，减一孔。

9. 高强度管混凝土包封

排管顶深：≥0.5m；

1×8 孔（ϕ150mm），2×8 孔（ϕ150mm）。

10. 高强度管混凝土包封

排管顶深：≥0.5m；

1×10 孔（ϕ150mm），2×10 孔（ϕ150mm）；采用 ϕ175mm，减一孔。

11. 高强度管（非开挖拉管）

4～21 根（ϕ150mm）。

12. 镀锌无缝钢管（顶管）

4～21 根（ϕ150mm）。

六、电缆人孔井

电缆管块内敷设时，为了抽拉电缆或做电缆连接，或是在排管分支、转弯处，均须装设电缆人孔井。电缆人孔井之间的距离，应按设计要求设置，一般直线部分每50～100m 以及在排管转弯、分支处设人孔井。

第五节　电缆在沟内及隧道内敷设

（1）敷设在房屋内、隧道内和不填砂土的电缆沟内的电缆，应采用裸铠装或非易燃性外护层的电缆。电缆线路如有接头，应在接头的周围采取防止火焰蔓延的措施。电缆沟与电缆隧道的防火要求还应符合 DL/T 5000—2000《火力发电厂设计技术规程》与DL/T 5218—2005《200kV～500kV 变电所设计技术规程》的有关规定。

（2）电缆在隧道和电缆沟内，宜保持表 2-3 中所列的最小允许距离。

表 2-3　　　　　　　　　　　　　电缆最小距离　　　　　　　　　　　　单位：mm

名　称		电缆隧道	电缆沟
高　度		1900	不作规定
两边有电缆架时，架间水平净距（通道宽）		1000	500
一边有电缆架时，架与壁间水平净距（通道宽）		900	450
电缆架各层间垂直净距	10kV 及以下	200	150
	20kV 或 35kV	250	200
	110kV 及以上	不小于 2D+50	
	控制电缆	100	100
电力电缆间水平净距（不小于电缆外径）		35	35

注　D 为电缆外径。

（3）电缆固定于建筑物上，水平装置时，电力电缆外径大于 50mm 的，每隔 1000mm 宜加支撑；电力电缆外径小于 50mm 的电缆及控制电缆，每隔 600mm 宜加支撑；排成正三角形的单芯电缆每隔 1m 应用绑带扎牢。垂直装置时，电力电缆每隔 1000～1500mm 应加固定。对于截面积为 1500mm² 或更大的电缆，将其固定在建筑物上时，应充分注意电缆因负荷变化而热胀冷缩所引起的机械力问题，应根据整条电缆线路刚度均匀一致的原则，选用刚性或挠性固定方式。

（4）电缆隧道和沟的全长应装设有连续的接地线，接地线的两头和接地极连通。接地线的规格应符合 SDJ 8—1979《电力设备接地设计技术规程》。电缆铅包和铠装除了有绝缘要求以外应全部互相连接并和接地线连接起来。

图 2-9　电缆隧道敷设的效果图

（5）装在户外以及装在人井、隧道和电缆沟内的金属结构物均应全部镀锌或涂以防锈漆。

（6）电缆隧道和电缆沟应有良好的排水设施，电缆隧道还应具有良好的通风设施。

电缆在隧道敷设效果如图 2-9 所示。

第六节　水底电缆的敷设

由于水底电缆敷设是介于制造和运行之间的关键环节，电缆敷设质量的好与坏对以后的电缆安全运行起着至关重要的影响。

（1）敷设在水底的电缆，必须采用能够承受较大拉力的钢丝铠装电缆。如电缆不能埋入水底，有可能承受更大的拉力时，应考虑采用扭绞方向相反的双层钢丝铠装电缆，以防止因拉力过大引起单层钢丝产生退扭使电缆受伤。

（2）由于电缆中间接头是电缆线路中的薄弱环节，发生故障的可能性比电缆本身大，因此，水底电缆尽量采用整根的不应有接头的电缆。

（3）水底电缆最好采取深埋式，在河床上挖沟将电缆埋入泥中，其深度至少不小于 0.5m。因为河底的淤泥密封性能非常好。另一方面深埋也能减少外力损坏的机会。

（4）过河电缆的两岸还应按照航务部门的规定设置固定的"禁止抛锚"的警示标志。必要时可设河岸监视。在航运频繁的河道内应尽量在水底电缆的防护区内架设防护索，以防船只拖锚航行挂伤电缆。

（5）过河电缆应敷设于河底坚固及河岸很少受到冲刷的地方。并应尽量远离码头、港湾、渡口及经常停船的地方，以减少外力损伤的机会。两端上岸部分电缆应超出护岸，下端应低于最低水位以下，超过船篙可以撑到的地方。

（6）水底电缆线路平行敷设时的间距，不宜小于最高水位水深的 2 倍，如水底电缆采取深埋时，则应按埋设方式和埋设机的工作能力而定。原则上应保证两条电缆不致交叉、重叠。一条电缆安装检修时，不致损坏另一条电缆。

（7）水底电缆在河滩部分位于枯水位以上的部分应按陆地敷设要求埋深。枯水位以下至船篙能撑到的地方或船只可能搁浅的地方，应由潜水员冲沟埋深，并盖瓦形混凝土板保护。为了防止盖板被水流冲脱，盖板两侧各有两个孔，以便将铁钎经孔插入河床将盖板固定。

（8）水底电缆在岸上的部分，如直埋的长度不足 50～60m 时，在陆地部分要加装锚定装置。在岸边的水底电缆与陆上电缆连接的水陆接头，应采取适当的锚定装置，要使陆上电缆不承受拉力。

（9）在沿海或内河敷设水底电缆后，都要修改海图及内河航道图，将电缆的正确位置标在图纸上，以防止船只锚损事故。

第七节　电缆的固定

安装在构筑物中的电缆，需要在电缆线路上设置适当数量的夹具把电缆加以固定，用以分段承受电缆的重力，使电缆护层免受机械损伤。固定电缆时还应充分注意到电缆因负荷或气温的变化而热胀冷缩时所引起的热机械应力。

一、电缆固定的要求

（1）裸金属护套电缆的固定处应加软衬垫保护。

（2）敷设于桥梁支架上的电缆，固定时应采取防振措施，如采用砂枕或其他软质材料衬垫。

（3）沿电气化铁路或有电气化铁路通过的桥梁上明敷电缆的金属护层，应沿其全长与电缆的金属支架或桥梁的金属构件绝缘。

（4）使用于交流的单芯电缆或分相金属护套电缆在分相后的固定，其夹具不应有铁件构成磁的闭合通路；按正三角形排列的单芯电缆，每隔 1m 左右应使用绑带扎牢。

（5）利用夹具直接将裸金属护套或裸铠装电缆固定在墙壁上时，其金属护套与墙壁之间应有不小于 10mm 的距离，以防墙壁上的化学物质对金属护层的腐蚀。

（6）所有夹具的铁制零部件，除预埋螺栓外，均应采用镀锌制品。

二、电缆固定的部位

（1）垂直敷设或超过 30°倾斜敷设的电缆，在每一个支架上都要加以固定。

（2）在距地面一定高度而水平沿墙敷设的电缆，应按要求间距装夹具固定。

（3）水平敷设在支架上的电缆，在转弯处和易于滑脱的地方，按要求间距用绑线绑扎固定（除有特殊要求必须用夹具固定外）。

（4）位于电缆两终端处，或电缆中间接头的两端处都要装夹具固定，以免由于电缆的位移或振动致使电缆绝缘损伤。

三、电缆固定方式

1. 挠性固定

挠性固定允许电缆在受热膨胀时产生一定的位移，但要加以妥善的控制使这种位移对电缆的金属护套不致产生过分的应变而缩短寿命。挠性固定是沿平面或垂直部位的电缆线路成蛇形波（一般为正弦波形）敷设的形式，如图 2-10 所示。通过蛇形波幅的变化来吸收由于温度变化而引起电缆的伸缩。

2. 刚性固定

刚性固定，即两个相邻夹具间的电缆在受到由于自重或热胀冷缩所产生的轴向推力后而不能发生任何弯曲变形，形式如图 2-11 所示。与电缆在直埋时一样，导体的膨胀全部被阻止而转变为内部压缩应力，以防止在金属护套上产生严重的局部应力。因此电缆线路在空气中敷设时，必须装设夹具使电缆不产生弯曲。

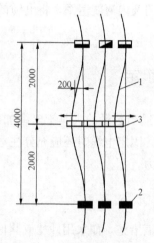

图 2-10　电缆的挠性固定

（单位：mm）

1—电缆；2—夹具；3—夹板

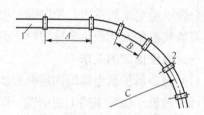

图 2-11　电缆的刚性固定

A—直线段夹具间距；B—弯曲段夹具间距；

C—弯曲半径；1—电缆；2—夹具

四、固定夹具的安装

电缆的固定一般从一端开始向另一端进行，切不可从两端同时进行，以免电缆线路的中部出现电缆长度不足或过长的现象，使中部的夹具无法安装。固定操作亦可从中间向两端进行，但是，这种程序只有在电缆两端裕度较大时才允许。

固定夹具的安装一般由有经验的人员进行操作。最好使用力矩扳手，对夹具两边的螺栓交替地进行紧固，使所有的夹具松紧程度一致，电缆受力均匀。

五、控制电缆热膨胀

大截面电缆的负荷电流变化时，由于温度的改变引起电缆热膨胀所产生的热机械力十分巨大。当电缆以直线状敷设在没有横向约束的空气中或敷设在用以强迫冷却的水中时，巨大的热机械力将会使电缆线路集中在某一部位发生局部的横向位移，而产生过分的弯曲。如对这种弯曲不加以控制，则将会损坏电缆。如将电缆敷设成如图 2-12 所示近似于正弦波的连续波浪形时，人

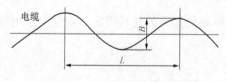

图 2-12　控制热膨胀示意图

为设置的波形宽度能有效地吸收电缆的热膨胀。由于波浪形的连续分布，电缆的热膨胀亦均匀地被每个波形宽度所吸收而不会集中在线路的某一局部，从而使电缆的热膨胀弯曲得到控制。

第八节　110kV 及以上交联聚乙烯绝缘电缆敷设相关问题

一、敷设温度

110kV 及以上交联聚乙烯绝缘电缆的主绝缘材料是交联聚乙烯，护套一般是以聚乙烯或聚氯乙烯为主要材料。当温度低时，这些材料的脆性和硬度增加，容易造成外护套开裂、绝缘损伤等事故。交联聚乙烯绝缘电缆的敷设温度最好高于 5℃，在敷设前的 24h 内的平均温度以及敷设现场的温度不应低于 0℃。当施工现场的温度不能满足要求时，应该避开在寒冷期施工或者采取适当的加温措施。

电缆的预热，可采用下列方法：

（1）用提高周围空气温度的方法加热：当温度为 5～10℃时，需 72h；如温度为 25℃时，则需 24～36h。

（2）用电流通过电缆芯导体加热：加热电流不得大于电缆的额定电流，加热后电缆的表面温度可根据各地气候条件决定，但不得低于＋5℃。用单相电流加热铠装电缆时，应采用能防止在铠装内形成感应电流的电缆芯连接方法。

经过烘热的电缆应尽快敷设，敷设前放置的时间一般不得超过 1h。

二、防潮防水

110kV 及以上交联聚乙烯绝缘电缆进水后在长期运行中会出现水树枝现象，即导体内的水分呈树枝状进入交联聚乙烯绝缘内，从而使交联聚乙烯绝缘性能下降，最终导致电缆绝缘击穿。110kV 及以上交联电缆进潮的主要路径之一是从电缆附件进潮或进水。电缆附件的密封，一般说来总是比电缆本体差一点。潮气或水分一旦进入电缆附件后，就会从绝缘外铜屏蔽的间隙或从导体的间隙纵向渗透进入电缆，危及整个电缆系统。因此，在安装电缆附件时应该十分注意防潮，对所有的密封零件必须认真安装。需要注意的是，中间接头的位置应尽可能布置在干燥地点，直埋敷设的中间接头必须有防水外壳。

第九节　电缆敷设质量通病的预防

电缆敷设在工程中容易发生交叉、混乱、无标识等质量问题，因此在施工前必须充分注意预防。

一、准备工作

（1）熟悉就地设备、控制盘柜的安装位置。

（2）核对图纸和清册，并与相关专业进行图纸会审。

（3）对电缆敷设路径进行二次设计，使用计算机编制电缆敷设清单。核对电缆规格、型号、数量与电缆清单相符。

（4）敷设前应按设计和实际路径计算每根电缆的长度，合理安排每盘电缆。

（5）成立电缆敷设组，并设专人负责，严格控制过程。

（6）敷设前，应检查电缆型号、规格等应符合设计，对电缆进行外观检查及绝缘电阻测量，并做好记录。如有疑问或直埋电缆敷设时，均应做好电气试验，合格后方可施放。

（7）敷设通道应安装完毕并验收合格。

（8）在电缆排管、竖井、支架等处做好电缆排列分类标志，以作为敷设电缆依据。

（9）检查桥架、支架及管子是否有漏装或错装现象，敷设路线是否明确，有无堵塞或不便通行的地方。

二、电缆的施放

（1）电缆敷设时，应从盘的上方引出，电缆盘的转动速度应与牵引速度配合好，不应使电缆在地面上摩擦拖拉。

（2）动力电缆、控制电缆与信号电缆应分层敷设，并按顺序排列整齐。电缆自上而下的排列顺序为：10kV 电力电缆、3～6kV 电力电缆、1000V 及以下电力电缆、照明电缆、直流电缆、控制电缆、通信及屏蔽电缆。

（3）交流单芯电力电缆，应布置在同侧支架上，当按紧贴的正三角形排列时，应每隔 1m 用绑带扎牢，不得单根穿入钢管内。

（4）电力电缆与控制电缆不得穿入同一管内。

（5）并联使用的电力电缆，其长度、型号、规格应相同。

（6）电缆弯曲半径不得小于电缆外径的 10 倍。

（7）敷设后应根据需要留出一定的备用长度。

（8）尽可能将同一方向电缆一次敷设完毕，对不能一次敷设的电缆，给其留出适当的位置，以利后面敷设。

（9）敷设时应有专人检验，专人检查敷设线路，在一些重要转弯处配备有经验的电缆工，一根电缆敷设完，即整理、绑扎、挂牌，以保证敷设整齐、美观、正确。

（10）在敷设过程中应特别注意转弯部分，特别是十字交叉处，要力求把分向一边的电缆一次进行敷设，另一边再做一次敷设，使交叉处只成两层交叉，在转角处每根电缆要一致地相互平行地转弯，以求美观，沿竖井敷设时使电缆交叉尽量集中在底部。

（11）敷设过程中，应随时检查电缆外观，电缆有否压扁、折曲、伤痕等，如有上述缺陷，应经处理后方可敷设，并做好记录。

（12）多根电力电缆敷设时，电缆接头应前后错开，控制电缆应尽量避免有对接头，接头处应有标志，电缆中间接头应有记录。

（13）电缆敷设应做到横看成线、纵看成片，引出方向一致，弯曲一致，余度一致，相互距离一致，挂牌位置一致，并避免交叉压叠，达到整齐、美观。

（14）用机械敷设电缆时，速度不宜超过 15m/min。并应在牵引头或钢丝网套与牵引钢缆之间装设防捻器。

三、电缆的绑扎固定

电缆绑扎应用卡子、尼龙扎带或其他绝缘扎带等不损伤电缆的固定设施，严禁用铅丝绑扎固定。要求绑扎整齐、美观，扎带方向一致且扎带口朝隐蔽侧呈一条直线。电缆绑扎固定位置要求如下。

（1）垂直敷设的所有支持点。

（2）电缆转角弯头的两侧及中间。

（3）水平敷设直线段在适当的地方。

（4）电缆接头两侧的支持点。

（5）跨越伸缩缝时，离缝中心两侧 750～1000mm 处。

（6）进盘口，离盘底适当处。

四、电缆标志牌要求

（1）在电缆终端头、电缆接头、拐弯处、夹层内、隧道及竖井的两端、人井内等地方需挂标志牌。

（2）标志牌应注明线路编号，应写明电缆型号、规格及起始点。并有专人书写，字体美观、整齐、一致、不褪色。

（3）标志牌规格统一，并能防腐。

（4）电缆挂牌应整齐、牢固。

第十节　电缆敷设相关计算实例

现有一电缆型号：YJLW03-Z-64/110-1×400，铜芯、交联聚乙烯绝缘、皱纹铝套、聚乙烯护套、纵向阻水电力电缆。电缆排管为平滑状聚氯乙烯管，电缆质量 W 为 8.995kg/m。敷设情况如图 2-13 所示，请计算出图中①～⑥位置处的电缆牵引力及侧压力，指出什么地方应设置电缆接头。

（1）用牵引头方式时，电缆容许最大牵引力为

$$T_{\mathrm{m}} = k\sigma qs = 1 \times 68.6\mathrm{N/mm^2} \times 1 \times 400\mathrm{mm^2} = 27440\mathrm{N} \tag{2-1}$$

式中　　k——校正系数，电力电缆 $k=1$，控制电缆 $k=0.6$；

σ——电缆导体允许抗拉强度，铜芯时 $\sigma = 68.6\mathrm{N/mm^2}$，铝芯时 $\sigma = 39.2\mathrm{N/mm^2}$；

q——电缆导电芯数，单芯电缆取 1，三芯电缆取 3；

s——电缆导体截面，$\mathrm{mm^2}$。

图 2-13　电缆敷设图

电缆最大容许侧压力经过查阅 GB 50217—2007《电缆工程电缆设计规范》附录 F，得知：此电缆最大容许单位侧压力 305.9kgf/m。

（2）①～②区间属于平面弯曲。电缆盘至排管孔口的电缆长度一般按 $l_1 = 10$m 计算。

在②等值长度置换系数 k_3 为

$$k_3 = \cosh(\mu\theta) + \sqrt{1 + \left(\frac{R}{l_1\mu}\right)^2} \sinh(\mu\theta) \qquad (2\text{-}2)$$

式中　$\cosh(\mu\theta)$、$\sinh(\mu\theta)$——双曲线余弦、正弦函数；

　　　　μ——电缆穿管敷设时动摩擦系数，当排管为平滑状聚氯乙烯管时，$\mu = 0.45$；

　　　　θ——电缆路径转角，$\theta = 1.57$rad；

　　　　R——电缆井弯曲半径，$R = 12$m。

$$\cosh(\mu\theta) = (e^{\mu\theta} + e^{-\mu\theta})/2 = (e^{0.45\times1.57} + e^{-0.45\times1.57})/2$$
$$= (2.027 + 0.493)/2 = 1.26$$

$$\sinh(\mu\theta) = (e^{\mu\theta} - e^{-\mu\theta})/2 = (e^{0.45\times1.57} - e^{-0.45\times1.57})/2$$
$$= (2.027 - 0.493)/2 = 0.767$$

$$\sqrt{1 + \left(\frac{R}{l_1\mu}\right)^2} = \sqrt{1 + \left(\frac{12}{10\times0.45}\right)^2} = 2.85$$

在②处等值长度置换系数：$k_3 = 1.26 + 2.85 \times 0.767 = 3.446$

在②处的电缆等值长度：$L_2 = k_3 l_1 = 3.446 \times 10\text{m} = 34.46\text{m}$

在②处电缆的牵引力：$T_2 = \mu W L_2 g = 0.45 \times 8.995\text{kg/m} \times 34.46\text{m} \times 9.8\text{N/kg} = 1366.96\text{N} < 27440\text{N}$

在②处单位电缆侧压力：$P = \dfrac{T_2}{R} = \dfrac{1366.96\text{N}}{12\text{m}} = 113.9\text{N/m} = 11.6\text{kgf/m}$ **❶** $< 305.9\text{kgf/m}$

结论：在②处电缆安全。

（3）②～③区间，属于平面弯曲。

$$l_3 = L_2 + l_2 = 34.46\text{m} + 112\text{m} = 146.46\text{m}$$

在③处等值长度置换系数 k_3 为

$$k_3 = \cosh(\mu\theta) + \sqrt{1 + \left(\frac{R}{l_1\mu}\right)^2} \sinh(\mu\theta) \qquad (2\text{-}3)$$

式中　R——电缆井转角半径，从电缆井施工图获取，$R = 2.28\text{m}$。

$$\sqrt{1 + \left(\frac{R}{l_3\mu}\right)^2} = \sqrt{1 + \left(\frac{2.28}{146.46 \times 0.45}\right)^2} = 1.0$$

在③处等值长度置换系数：$k_3 = 1.26 + 1.0 \times 0.767 = 2.027$

在③处的电缆等值长度：$L_3 = k_3 l_3 = 2.027 \times 146.46\text{m} = 297\text{m}$

在③处电缆的牵引力：$T_3 = \mu W L_3 g = 0.45 \times 8.995\text{kg/m} \times 297\text{m} \times 9.8\text{N/kg} = 11781.4\text{N} < 27440\text{N}$

在③处电缆侧压力：$P = \dfrac{T_3}{R} = \dfrac{11781.4\text{N}}{2.28\text{m}} = 5167.28\text{N/m} = 527.27\text{kgf/m} > 305.9\text{kgf/m}$

结论：在③处电缆牵引力 11781.4N，虽然小于电缆容许最大拉力 27440N，但是在该处的电缆的侧压力 527.27kgf/m 大于电缆的容许侧压力 305.9kgf/m，应该设电缆接头，或者加大工井的弯曲半径。

（4）③～④区间，属于平面弯曲。

路径长度 $l_4 = 230\text{m}$。

在④处等值长度置换系数 k_3 为

$$k_3 = \cosh(\mu\theta) + \sqrt{1 + \left(\frac{R}{l_1\mu}\right)^2} \sinh(\mu\theta) \qquad (2\text{-}4)$$

式中　θ——电缆路径转角，$\theta = 45° = 0.7854\text{rad}$。

$$\cosh(\mu\theta) = (e^{\mu\theta} + e^{-\mu\theta})/2 = (e^{0.45 \times 0.7854} + e^{-0.45 \times 0.7854})/2$$

$$= (1.424 + 0.7023)/2 = 1.063$$

---

❶ $1\text{N} = 0.10197\text{kgf}$，$1\text{kgf} = 9.80665\text{N}$。

$$\sinh(\mu\theta) = (e^{\mu\theta} - e^{-\mu\theta})/2 = (e^{0.45\times0.7854} - e^{-0.45\times0.7854})/2$$
$$= (1.424 - 0.7023)/2 = 0.361$$

$$\sqrt{1 + \left(\frac{R}{l_1 \times \mu}\right)^2} = \sqrt{1 + \left(\frac{2.28}{230 \times 0.45}\right)^2} = 1$$

在④处等值长度置换系数：$k_3 = 1.063 + 0.361 = 1.424$

在④处的电缆等值长度：$L_4 = k_3 l_4 = 1.424 \times 230\text{m} = 328\text{m}$

在④处电缆的牵引力：$T_4 = \mu W L_4 g = 0.45 \times 8.995\text{kg/m} \times 328\text{m} \times 9.8\text{N/kg} = 13011\text{N} < 27440\text{N}$

在④处电缆侧压力：$P = \dfrac{T_3}{R} = \dfrac{13011\text{N}}{2.28\text{m}} = 5706.6\text{N/m} = 582.3\text{kgf/m} > 305.9\text{kgf/m}$

结论：在④处电缆牵引力 13011N，虽然小于电缆容许最大拉力 27440N，但是在该处的电缆的侧压力 582.3kgf/m 大于电缆的容许侧压力 305.9kgf/m，应该设电缆接头，或者加大工井的弯曲半径。

(5) ④~⑤区间，属于平面弯曲。

路径长度 $l_5 = 29\text{m} + 10\text{m} = 39\text{m}$

在⑤处等值长度置换系数 k_3：$k_3 = \cosh(\mu\theta) + \sqrt{1 + \left(\dfrac{R}{l_5 u}\right)^2}\sinh(\mu\theta)$

$\cosh(\mu\theta) = 1.063$，$\sinh(\mu\theta) = 0.361$，$\sqrt{1 + \left(\dfrac{2.28}{39 \times 0.45}\right)^2} = 1.01$

在⑤处等值长度置换系数：$k_3 = 1.063 + 0.361 \times 1.01 = 1.4276$

在⑤处的电缆等值长度：$L_5 = k_3 l_5 = 1.424 \times 39\text{m} = 56\text{m}$

在⑤处电缆的牵引力：$T_5 = \mu W L_5 g = 0.45 \times 8.995\text{kg/m} \times 56\text{m} \times 9.8\text{N/kg} = 2221.4\text{N} < 27440\text{N}$

在⑤处电缆侧压力：$P = \dfrac{T_3}{R} = \dfrac{2221.4\text{N}}{2.28\text{m}} = 974.3\text{N/m} = 99.4\text{kgf/m} < 305.9\text{kgf/m}$

结论：在⑤处电缆安全。

(6) ⑤~⑥区间，属于平面直线。路径长度 $l_6 = 115\text{m} + 56\text{m} + 27 = 198\text{m}$

在⑥处电缆的牵引力：$T_6 = \mu W l_6 g = 0.45 \times 8.995\text{kg/m} \times 198\text{m} \times 9.8\text{N/kg} = 7854.3\text{N} < 27440\text{N}$

结论：在⑥处电缆安全。

总结论：本工程中，在电缆井弯曲半径 2.28m 的情况下，应该在③、④处设置电缆接头。

第十一节 电缆敷设标准工艺案例

项目	设计要求	施工工艺要点	成品示例	适用范围
1. 直埋敷设工程				
样沟开挖	了解排管所经地区相关管线或障碍物的情况，并在适当位置进行样沟的开挖	电缆敷设工程必须根据设计书和施工图，在敷设电缆前要挖掘足够数量的样洞，查清沿线地下管线和土质情况，以确定新电缆的正确走向。样沟深度应大于电缆敷设深度		新建电力电缆线路
沟槽开挖	根据围护要求，先进行围护施工，然后根据电缆沟的平面尺寸和埋深，进行开挖沟槽。深度应满足电缆敷设的深度要求：自地面至电缆上面外皮的距离，10kV 以下为 0.7m；35kV 及以上为 1m；穿越农地时分别为 1m 和 1.2m	根据施工图纸开挖沟槽，开挖路面时，应将路面铺设材料和泥土分别堆置，堆置处和沟边应保持不小于 0.3m 通道		新建电力电缆直埋线路
电缆敷设	电缆表面距地面不应小于 0.7m。穿越农田时不应小于 1m 直埋于地下的电缆应在其上下敷设一定厚度的细土或黄砂，然后用预制钢筋混凝土板加以保护。也可把电缆放入预制钢筋混凝土槽盒内后填满砂或细土，然后盖上槽盒盖。为识别电缆走向，宜沿电缆敷设路径设置电缆标识 直埋敷设电缆穿越城市交通道路和铁路路轨时应采取保护措施 电缆敷设后应对已敷电缆进行测绘作为竣工资料	制作拉线头并安装防捻器，根据电缆敷设方案敷设电缆。在电缆牵引头、电缆盘、卷扬机、过路管口、转弯处及可能造成电缆损伤处等必须有专人负责，互相之间必须配备通信设备 电缆敷设后覆土前通知测绘人员对已敷电缆进行测绘		新建电力电缆直埋线路

续表

项目	设计要求	施工工艺要点	成品示例	适用范围
回填土	盖板上铺设防止外力损坏的警示带后在电缆周围应选择较好的土层或用黄砂填实	电缆周围应选择较好的土层或用黄砂填实,电缆上面应有150mm的土层,盖板上铺设防止外力损坏的警示带后,再分层夯实覆土至路面修复高度		新建电力电缆直埋线路
2. 电缆排管敷设工程				
排管通道	排管顶部土壤覆盖深度不宜小于0.5m 电缆用的管径宜符合: D[管子内径(mm)]$\geqslant$1.5d[电缆外径(mm)]	排管建成后及敷设电缆前,对电缆敷设所用到的每一孔排管管道都应用疏通工具进行双向疏通。清除排管内壁的尖刺和杂物并,防止敷设时损伤电缆。疏通检查中如有疑问时,应用管道内窥镜进行探测,排除疑问后才能使用		新建电力电缆穿管线路
电缆敷设	电缆敷设时,电缆所受的牵引力、侧压力和弯曲半径应根据不同电缆的要求控制在允许范围内。根据电缆敷设方案敷设电缆,在电缆牵引头、电缆盘、卷扬机、过路管口、转弯处以及可能造成电缆损伤的地方应设有专人负责检查,检查人员互相之间必须配备通信设备保证敷设过程中信息畅通。电缆敷设时,电缆所受的牵引力、侧压力和弯曲半径应根据不同电缆的要求控制在允许范围内	制作拉线头并安装防捻器,根据电缆敷设方案敷设电缆,在电缆牵引头、电缆盘、卷扬机、过路管口、转弯处以及可能造成电缆损伤的地方应设有专人负责检查,检查人员互相之间必须配备通信设备保证敷设过程中信息畅通。在电缆沟和隧道内敷设电缆时,在转弯处应放有足够数量的转角滑轮,必要时还需搭建放线的支架 电缆敷设时最小弯曲半径应符合规程规定		新建电力电缆穿管线路

续表

项目	设计要求	施工工艺要点	成品示例	适用范围
3. 隧道电缆沟工作井敷设				
电缆敷设	电缆敷设时，电缆所受的牵引力、侧压力和弯曲半径应根据不同电缆的要求控制在允许范围内 电缆进入排管前，宜在电缆表面涂中性润滑剂	根据电缆敷设方案敷设电缆，在电缆牵引头、电缆盘、卷扬机、过路管口、转弯处以及可能造成电缆损伤的地方应设有专人负责检查。检查人员互相之间必须配备通信设备保证敷设过程中信息畅通 在电缆沟和隧道内敷设电缆时，在转弯处应放有足够数量的转角滑轮，必要时还需搭建放线的支架		新建电力电缆沟/隧道敷设线路
电缆支持及固定	金属制的电缆支架应采取防腐措施。电缆支架表面光滑，无尖角和毛刺 在终端、接头或转弯处紧邻部位的电缆上，应有不少于一处的刚性固定 在垂直或斜坡上的高位侧，宜有不少于2处的刚性固定	电缆敷设完毕后，应根据设计要求将电缆固定在电缆支架上 当隧道（工井）内的电缆在转弯处无法固定在托架上时，应将电缆每隔1m左右用专用夹具悬吊于隧道（工井）顶上（单芯电缆的悬吊固定夹具禁止用导磁材料），或用可移动的支架及横臂支架托住。电缆沟内的电缆在转弯处无法固定在托架上时，应制作专用的支架或用水平横撑，顶住两侧沟壁作托架		新建电力电缆沟/隧道/工作井敷设线路

续表

项目	设计要求	施工工艺要点	成品示例	适用范围
电缆蛇形敷设	采用垂直蛇形应在每隔5~6个蛇形弧的顶部和靠近接头部位用金属夹具把电缆固定于支架上，其余部位应用具有足够强度的绳索绑扎于支架上 采用蛇形敷设的电缆，应在每个蛇形弧弯曲部位用夹具把电缆固定于防火槽盒内或桥架上 绑扎绳索强度应按受绑扎的单芯电缆，当通过最大短路电流时所产生的电动力验算	电缆进行蛇形敷设时，必须按照设计规定的蛇形节距和幅度进行电缆固定。须使用专用电缆夹具		新建电力电缆沟/隧道敷设线路
4. 电缆登塔/引上敷设				
电缆登塔/引上敷设	电缆登杆（塔）应设置电缆终端支架（或平台）、避雷器、接地箱及接地引下线。终端支架的定位尺寸应满足各相导体对接地部分和相间距离、带电检修的安全距离	需要登塔/引上敷设的电缆，在敷设时，要根据杆塔/引上的高度留有足够的余线，余线不能打圈。电缆敷设时最小弯曲半径应符合有关规定		新建35~110kV电力电缆线路
电缆保护管安装	在电缆登杆（塔）处，凡露出地面部分的电缆应套入具有一定机械强度的保护管加以保护 露出地面的保护管总长不应小于2.5m，单芯电缆应采用非磁性材料制成的保护管	地面以上2m部位应加装保护管，保护管埋入深度应不小于0.5m		新建35~110kV电力电缆线路

续表

项目	设计要求	施工工艺要点	成品示例	适用范围
5. 电缆防火、水工程				
防火包带	非阻燃性电缆用于明敷时，应符合下列规定： 1. 在易受外因波及而着火的场所，宜对该范围内的电缆实施阻燃保护；对重要电缆回路，可在合适部位设置阻火段实施阻止延燃阻燃防护或防火段，可采取在电缆上施加防火涂料、包带；当电缆数量较多时，也可采用阻燃、耐火槽盒或阻火包等 2. 在接头两侧电缆各约3m段和该范围内邻近并行敷设的其他电缆上，宜采用防火包带实施阻止延燃	1. 使用前将电缆表面将油污尘土等清洁干净 2. 包带采取搭接一半方式绕包两圈，每卷包带要求紧密地覆盖在电缆上		新建电力电缆线路
防火涂料	1. 电缆从室外进入室内的入口处、电缆竖井的出入口处、电缆接头处、主控制室与电缆夹层之间以及长度超过100m的电缆沟或电缆隧道，均应采取防止电缆火灾蔓延的阻燃或分隔措施，并应根据变电站的规模及重要性采取下列一种或数种措施： （1）采用防火墙或隔板，并用防火材料封堵电缆通过的空洞 （2）电缆局部涂防火涂料或局部采用防火带、防火槽盒 2. 当多回电力电缆与控制电缆或通信电缆敷设在同一电缆沟或电缆隧道内时，宜采用防火槽盒或防火隔板进行分隔 3. 地下变电站电缆夹层宜用C类或C类以上的阻燃电缆	1. 使用前将电缆表面油污尘土等清洁干净 2. 使用前将涂料搅拌均匀 3. 涂刷厚度可根据实际防火要求而定，通常干涂厚度在1mm以上 4. 施工时注意通风，涂料未干前尽量不要搬动电缆		新建高压电力电缆线路

续表

项目	设计要求	施工工艺要点	成品示例	适用范围
防火封堵泥	单根电缆或电缆束贯穿孔口的防火封堵应符合以下规定： 1. 当贯穿孔口直径不大于150mm时，应采用无机堵料防火灰泥、有机堵料如防火泥、防火密封胶、防火泡沫或防火塞等封堵 2. 当贯穿孔口直径大于150mm时，应采用无机堵料防火灰泥，或有机堵料如防火发泡砖、矿棉板或防火板并辅以有机堵料如膨胀型防火密封胶或防火泥等封堵 3. 当电缆束贯穿轻质防火分隔墙体时，其贯穿孔口不宜采用无机堵料防火灰泥封堵	1. 施工时将有机防火堵料密实嵌于需封堵的孔隙中，应包裹均匀密实 2. 用隔板与有机防火堵料配合封堵时，有时防火堵料应略高于隔板，高出部分宜形状规则 3. 电缆预留孔和电缆保护管两端口用有机堵料封堵严实。填料嵌入管口的深度不小于50mm。预留孔封堵应平整		新建电力电缆线路
防火槽盒	同一通道中电缆较多时，宜敷设于耐火槽盒内，且对电力电缆宜采用透气型式，在无易燃粉尘的环境可采用半封闭式，槽盒应有完整的检验报告并满足相应等级的防火要求	根据厂家及设计要求安装 表面应平整无缝隙		新建电力电缆线路
6. 电缆防水				
防水封堵	电缆进出线孔外应尽可能保持1m左右直线段以确保防水可靠 穿墙电缆孔洞都要做到双面封堵（里外面同时堵） 封堵密实牢固，能达到防水、防小动物要求，外观平整，光洁美观	将电缆略微抬起，将阻水带塞入电缆与孔壁间的空隙。在外墙和内墙电缆四周用封堵水泥进行封堵，封堵时将一塑料管插入内墙封堵水泥中 用压制机将灌浆剂从塑料管孔灌入电缆与孔壁间的空隙，灌满为止。将塑料管截断，用封堵水泥将塑料管孔封堵密实 整个封堵要求形状规范、整齐、光滑、美观、不透水		新建电力电缆线路

续表

项目	设计要求	施工工艺要点	成品示例	适用范围
7. 附属设施工程标识装置				
指示牌	电缆路径警示牌，主要用于电缆线路在绿化带、灌木丛、城乡接合部等地段，并与电缆路径标志块（桩）配合使用。直线段宜每间隔200m设置1块，平行线路走向竖立。白底红字，字体为黑体。材料可采用铁牌搪瓷、不锈钢、铝合金和复合材料等多种型式，立柱材料自定。要求固定螺栓为防盗螺栓 标注内容：上部为三角形警示符号；家电公司标记；根据电缆线路不同电压等级标注电压等级字样（如：110kV）；单位名称；警示标语（电缆通道，请勿挖掘）和电力服务热线（95598）	宜每隔200m设置一块，平行线路走向设立，字体大小应便于辨认，方向指示与实际方向一致		新建电力电缆线路
指示桩	电缆路径标志桩，主要用于电缆线路在绿化隔离带、风景区绿化带、灌木丛等设置电缆路径标志块不明显的地方。直线段宜每间隔100m设置1座。一般设置在直线井、三通井、四通井和转角工作井处。直线段较长时，在两座工作井之间加设标志桩 底版为混凝土本色或白色，字体为黑体。材料可采用水泥预制桩，复合材料桩等多种型式，为防止偷盗，宜采用非金属材料 标注内容：根据电缆线路不同电压等级标注电压等级字样（如：110kV）；电缆线路路径走向；单位名称（如：杭州电力）；警示标语（电缆通道，请勿挖掘）和电力服务热线（95598）	按直线段宜每隔100m和电缆转弯处设置，有字面应设置在便于观测侧。方向指示应与实际情况一致		新建电力电缆线路

项目	设计要求	施工工艺要点	成品示例	适用范围
指示块	电缆路径标志块，主要用于电缆线路在人行道、慢车道或快车道上。直线段宜每间隔50m设置1块。一般设置在直线井、三通井、四通井和转角井处。直线段较长时，在两座工作井之间加设标志块。标志块中间圆形图案可直接用于工作井井盖。底版黄色，字体为黑体。字体大小应便于辨认。材料可采用水泥预制砖，复合材料砖，粘贴不干胶等多种型式。要求能承受一定碾压压力和防磨损老化，并定期检查维护。标志块尺寸大小厚度根据实际情况选择，并结合道路景观等要求设置	直线段宜每隔50m及转弯处设置指示块。材料及大小应与道路景观协调		新建电力电缆线路
警示带	电缆路径警示带，主要用于直埋敷设电缆、排管敷设电缆、电缆沟敷设电缆和隧道敷设电缆的覆土层中。应沿全线在电缆通道宽度范围内两侧均设置，如电缆线路通道宽度大于2m宜增加警示带数量	覆土时，注意保持警示带平整		新建电力电缆线路
铭牌	电缆线路的终端铭牌由线路名称、相位、对端的设备组成。电缆终端上应悬挂终端铭牌 站内电缆进出墙体两侧、电缆拐弯处、长路部分每隔100m处、电缆竖井内、GIS室露出地面部分及穿越楼板的电缆层内的电缆本体上均应悬挂线路铭牌 接地箱、换位箱、回流线等部位应悬挂相应铭牌	使用搪瓷铭牌时黑底白字，用螺栓安装固定在电缆终端支架上 使用铝合金铭牌时蓝底白字，用尼龙扎带绑扎固定在电缆本体上		新建电力电缆线路
相色带	电缆终端及接头处应绕包相色带	相位正确；绕包平整、美观，同一区域内安装高度统一；绕包长度为10cm		新建电力电缆线路

第三章

中低压电缆附件安装

电缆附件是电缆线路中电缆与电力系统中其他电气设备相连接和电缆自身连接不可缺少的组成部分。电缆线路中，电缆附件与电缆处于同等重要的地位。

第一节 电缆附件的概念

电缆附件是电缆线路中各种电缆接头和终端的统称。其中还包括连接管及接线端子、钢板接线槽、电缆桥架等。本节着重对主要的电缆终端和电缆接头进行介绍。

一、电缆终端

电缆终端俗称电缆头，是安装在电缆线路末端，具有一定绝缘和密封性能，以保证与电网其他用电设备的电气连接，并提供作为电缆导电线芯绝缘引出的一种装置。

1. 按使用场所分类

按使用场所不同，分为 4 种类型，见表 3-1。

表 3-1 电缆终端类型

特 征	名 称	适 用 环 境
外露于空气中（敞开式）	户内终端	不受阳光直射和淋雨的室内环境
	户外终端	受阳光直射和直接暴露于空气中的室外环境
不外露于空气中（封闭式）	设备终端	被连接的电气设备上带有与电缆相连接的相应结构或部件，以使电缆导体与设备的连接处于全绝缘状态
	GIS终端	用于 SF_6 气体绝缘、金属封闭组合电器中的电缆终端

2. 按结构和材质分类

电缆终端按其结构和材质分为以下 3 类。

（1）高压极和接地极之间以无机材料作为外绝缘，并具有容纳绝缘浇铸剂的防潮密封盒体的终端，这类终端的常见型式是瓷套式终端，主要用于户外环境。

（2）具有容纳绝缘浇铸剂的防潮密封盒体，其外绝缘不是无机材料的终端，如尼龙终端、手套、酚醛树脂类终端，一般只用于室内环境。

（3）应用高分子材料经现场制作或工厂预制、现场装配的终端。常见型式有热缩式终端、冷缩式终端和预制式终端 3 种。

热缩式材料是以橡塑为基本材料，是目前国内技术最为成熟的电缆附件，由于其性能稳定、适用面广、安装快捷、价格低廉等特点，深受用户喜爱。

冷缩式电缆附件是电缆行业中的高新技术产品，采用机械手段将具有"弹性记忆"效应的橡胶制件预先扩张，套入塑料骨架支撑，安装时，只需将塑料骨架抽出，其性能更加优异、适应性更强、安装更快捷、运行更可靠，在电力行业中广泛应用。

预制式电缆附件是在 20 世纪 70 年代末研制成功的新型电缆附件。

3. 按外形结构分类

按外形结构不同，有鼎足式、扇形、倒挂式等。

二、电缆中间接头

电缆中间接头俗称电缆接头，是安装在电缆与电缆之间，使两段及以上电缆导体连通，并具有一定绝缘、密封性能的附件。电缆接头除连通导体外，还具有其他功能。

1. 按功能分类

按其功能分为 6 种类型，见表 3-2。

表 3-2 电 缆 接 头 类 型

类型	用　途	应　用
直通接头	连接两根电缆形成连续电路	同型号的电缆相互连接
绝缘接头	将电缆的金属护套、接地屏蔽层和绝缘屏蔽层在电气上断开	较长的单芯电缆线路各相金属护套交叉互连
分支接头	将支线电缆连接至主线电缆	一根与两根及以上电缆连接的接头
过渡接头	两种不同绝缘材料或不同型式的电缆相互连接	油浸电缆与交联电缆的连接
转换接头	连接不同芯数电缆	一根多芯和多根单芯电缆连接的接头
软接头	可以弯曲的电缆接头，制成后允许弯曲呈弧形状	水底电缆的厂制软接头和检修软接头

2. 按结构和材质分类

电缆接头按结构和材质分有热缩型、冷缩型、绕包型（分带材绕包与成型纸卷绕包两种）、模塑型、预制装配型、浇铸（树脂）型等。

三、电缆附件的型号

中低压电缆附件型号如下。

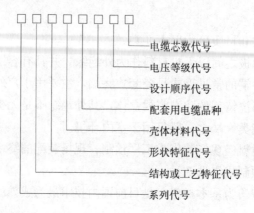

其中：

系列代号　　　　　　　　N——户内型终端系列；

W——户外型终端系列；

J——直通型接头系列。

结构或工艺特征代号　　YZ——预制件装配式附件；

C——瓷套式电缆附件；

RB——绕包式电缆附件；

H——环氧树脂浇铸式电缆附件；

A——聚氨酯浇铸式电缆附件；

RS——热缩式电缆附件。

形状特征代号（终端）　Y——圆形：三芯或四芯电缆，绝缘线芯引出向上且沿圆
周方向均匀分布；

S——扇形：三芯或四芯电缆，绝缘线芯引出向上且排列
在一个平面上；

G——倒挂：三芯或四芯电缆，绝缘线芯引出向下；

T——套管型：单芯电缆，绝缘线芯引出向上。

壳体材料代号（终端）　Z——铸铁；

G——钢；

L——铝合金；

B——玻璃钢；

C——电瓷。

配套用电缆品种　　　　Z——纸绝缘电力电缆；

J——挤包绝缘电力电缆。

设计先后顺序代号　　　1——第一次设计；

2——第二次设计（以下类推）。

电压等级代号　　　　　1——1.8/3kV 以下；

2——3.6/6kV、6/6kV、6/10kV；

3——8.7/10kV、8.7/15kV；

4——12/20kV；

5——21/35kV、26/35kV。

电缆芯数代号　　　　　1——单芯；

3——三芯；

4——四芯；

5——五芯。

举例如下：

（1）JRS-2-33　表示 8.7/10kV 三芯挤包绝缘电缆直通型热缩式中间接头，第 2 次
设计。

（2）JYZ-2-33　表示 8.7/10kV 三芯电力电缆直通型预制接头，第 2 次设计。

（3）NYZ-1-51　表示 26/35kV 单芯电力电缆户内预制型终端，第 1 次设计。

第二节　电缆附件的基本性能

电缆有导体、绝缘、屏蔽和护层四个结构层。作为电缆线路组成部分的电缆终端、电缆接头，必须使电缆的四个结构层分别得到延续。

电缆附件不能由工厂完整地提供基本组件、部件或材料，必须通过现场安装到电缆上之后，才能构成完整的电缆附件。而且由于电缆附件处于电缆进出口及电缆对接部位，位置关键，加上需要在现场制作安装，相比电缆来说，其结构与工艺均处于不利的位置，是电缆线路中最薄弱的环节。

在电缆线路的故障统计中，电缆终端和电缆接头的故障次数，占据了 80% 以上的比例。为了电缆输配电线路的安全运行，应当在以下方面确保电缆终端和电缆接头的质量。

一、基本性能

1. 导体连接良好

电缆导体必须和出线接梗、接线端子或连接管有良好的连接。连接点的接触电阻要求小而稳定。与相同长度相同截面的电缆导体相比，连接点的电阻比值，应不大于 1，经运行后，其比值应不大于 1.2。

电缆终端和电缆接头的导体连接试样，应能通过导体温度比电缆允许最高工作温度高 5℃ 的负荷循环试验，并通过 1s 短路热稳定试验。

2. 绝缘可靠

电缆附件的绝缘应能满足电缆线路在各种状态下长期、安全、稳定运行的要求，并有一定的裕度。所用绝缘材料不应在运行条件下加速老化而导致绝缘性能降低，其绝缘强度不低于电缆本体的绝缘水平。

电缆终端和电缆接头的试样，应能通过交、直流耐压试验、冲击耐压试验和局部放电等电气试验。户外终端还要能承受雨淋和盐雾条件下的耐压试验。

3. 密封良好

电缆附件的结构能有效地防止外界水分或有害物质侵入绝缘，并能防止内部绝缘剂流失，避免"呼吸"现象的发生，保持气密性。

4. 足够的机械强度

电缆终端和接头，应能承受在各种运行条件下所产生的机械应力。终端的瓷套管和各种金具，包括上下屏蔽罩、紧固件、底板及尾管等，都应有足够的机械强度。对于固定敷设的电力电缆，其连接点的抗拉强度应不低于电缆导体本身抗拉强度的 60%。

5. 防腐蚀

能防止环境对电缆终端和中间接头的腐蚀。

二、电缆附件选择原则

各种电缆附件都有其优点和缺点，要保证长期运行的安全性，电缆附件选择就必须符合以下原则。

1. 电气绝缘性能

终端和接头的额定电压 $U_0/U(U_m)$ 应不低于电缆的额定电压，其雷电冲击耐受电压（即基本绝缘水平 BIL），应与电缆相同。

2. 附件的耐热性

电缆附件材料除了电气老化外，还有热老化问题，材料在长期热状态下运行，会对安全运行和使用寿命产生影响，因此电缆附件除了考虑介质损耗发热外，还应考虑导体不良接触发热、热阻率和散热能力等因素，否则再好的绝缘，热量散发不出去也会造成局部热量集中，当这个热量达到材料的最高极限时，材料就会分解或软化，而使绝缘出现热击穿。

3. 电缆附件结构的合理性

电缆附件中结构的合理性十分重要。如果结构不合理，在某处出现电场集中，这时，再厚的绝缘也无法阻止击穿的发生。即使绝缘结构设计安装合理，如果在密封结构上不注意，运行中进入潮气，同样会导致击穿。

4. 工艺性

电缆附件安装时，应严格遵守制作工艺规程，因为这些工艺流程，都是经过千百次试验安装编写出来的，它能保证在安装后长期可靠运行，特别是近年来新发展的几种附件，如冷缩、预制、接插式附件，工艺要求很严。千万不能把工艺简单和工艺要求等同看待，越是工艺简单的附件，如预制件接插式附件，它们的工艺要求越严格。

5. 满足环境要求

终端和接头应满足安装环境对其机械强度与密封性能的要求。电缆终端的结构型式与电缆所连接的电气设备的特点必须相适应，设备终端和 GIS 终端应具有符合要求的接口装置，其连接金具必须相互配合。户外终端应具有足够的泄漏比距、抗电蚀与耐污闪的性能。

三、影响电缆附件质量的主要因素

（1）电气绝缘性能，即绝缘材料的绝缘电阻、击穿强度、介电常数、介质损耗、热性能等。

（2）电缆的质量和电缆敷设时的影响。

（3）安装工艺影响，主要是工艺合理性以及安装人员的技术水平。

（4）环境影响，包括安装环境（湿度过大、灰尘过大）和运行环境（日晒、雨淋、污染、气温变化等）。

第三节　1kV 电缆附件安装

一、1kV 及以下电力电缆热缩终端的制作

1kV 及以下电力电缆热缩终端的制作与 10kV 电缆大致相同，在此只作简单介绍。

1. 主要工艺流程（见图 3-1）

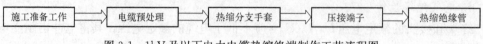

施工准备工作 ⟹ 电缆预处理 ⟹ 热缩分支手套 ⟹ 压接端子 ⟹ 热缩绝缘管

图 3-1　1kV 及以下电力电缆热缩终端制作工艺流程图

2. 1kV 及以下电力电缆热缩终端具体操作步骤及要求

1kV 及以下电缆热缩终端制作，其施工准备工作及电缆预处理部分与 10kV 电缆热缩终端制作相同，在此不作具体描述。

（1）热缩分支手套

将分支手套套入电缆分叉部位，并尽量拉向四芯根部，必须压紧到位。取出手套内的隔离纸，从分支手套中间开始向两端加热收缩，火焰不得过猛，并与电缆呈 45°夹角，环绕加热，均匀收缩，收缩后不得有空隙存在。

（2）压接端子

1）剥除相绝缘：将电缆端部绝缘剥除，其长度为接线端子孔深加 5mm，剥除末端绝缘时，不得伤到线芯。

2）压接接线端子：擦净导体，套入接线端子进行压接，压接时，接线端子必须和导体紧密接触，按先上后下的顺序进行压接。压接后接线端子表面尖端和毛刺必须用砂纸打磨光滑、平整。用密封胶将接线端子台阶填平，使其表面尽量平整，绕包时应注意严实紧密。

（3）热缩绝缘管

1）热缩绝缘管：用清洁纸将绝缘表面擦拭干净。将绝缘管套至分支手套根部，从根部向上加热收缩，热缩绝缘管，火焰不得过猛，并与电缆呈 45°夹角，缓慢、环绕加热，将管中气体全部排出，使其均匀收缩，绝缘管收缩后应平整、光滑、无皱纹、气泡。

2）热缩相色管：将相色管按相序颜色分别套入各相，环绕加热收缩。四芯分开，然后按同相连接原则弯曲线芯到和架空线呈倒 U 字形连接位置，与架空线连接。户内终端则与柜内的端子排连接。

3）连接接地线：户外终端将接地线与电杆的接地极连接，户内终端接地线应与变电站内接地网连通。

二、1kV 及以下电力电缆热缩中间接头制作

1. 主要工艺流程（见图 3-2）

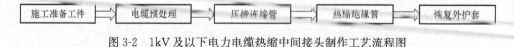

施工准备工件 ⟹ 电缆预处理 ⟹ 压接诈接管 ⟹ 热缩绝缘管 ⟹ 恢复外护套

图 3-2　1kV 及以下电力电缆热缩中间接头制作工艺流程图

2. 1kV 及以下电力电缆热缩中间接头具体操作步骤及要求

（1）施工准备工作

1）施工前应检查所用工具及附件材料是否齐全、合格，如压接钳模具与电缆规格应配套等。

2）核对附件装箱单与附件材料是否相符，电缆附件规格应与安装的电缆规格相符。

3）电缆附件安装前，应检查电缆端部是否密封完好，有无进潮。对交联电缆，如进潮，要经去潮处理后再使用。

（2）电缆预处理

1）确定接头中心。校直电缆，确定接头中心，按电缆长端500mm，短端350mm，两电缆重叠200mm，锯除多余电缆。将电缆两端外护套擦净，在两端电缆上依次套入内护套及外护套，将护套管两端包严，防止进入尘土影响密封。

2）确定剥切尺寸。按图3-3所示要求确定外护套、铠装层及内护套剥切尺寸。

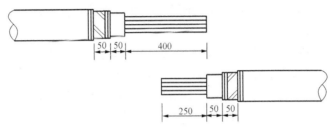

图3-3　1kV及以下电力电缆热缩中间
接头剥切尺寸图（单位：mm）

3）剥切外护套。按尺寸要求在距电缆端口长端500mm、短端350mm处剥切外护套，剥切应分两次进行，避免电缆铠装层钢带松散。外护套端口以下100mm部分用砂纸打毛并清洗干净，以保证分支手套定位后，密封性能可靠。

4）锯除铠装层。保留端口处一小段外护套（防止钢铠散开），用铜绑线在钢铠上围绕3～4匝，绑扎，紧固铠装层钢甲，按尺寸要求在距外护套50mm处锯除铠装层，锯钢铠时，其圆周锯痕不应超过钢铠厚度的2/3，不得锯穿，以免损坏内护套。剥钢铠时，应用钳子首先沿锯痕将钢铠卷断，钢铠断开后再向电缆端头剥除。

5）剥切内护套及填料。按尺寸要求在距钢铠50mm处剥切内护套，剥除时不得损伤绝缘层。沿内护套边沿刀口由里向外切除填充料，切割时，不得损伤绝缘层。

6）锯除多余电缆线芯。按相色要求将各对应线芯绑好，线芯弯曲不宜过大，以便于操作为宜，但一定要保证弯曲半径符合规定要求。核对接头长度，锯断多余电缆线芯，锯割时，应保持电缆线芯端口平直。

7）套入绝缘管。分开线芯，绑好分芯支架，电缆表面清洁干净后，将300mm长的热缩绝缘管套入各相长端。

（3）压接连接管

1）剥切线芯末端绝缘。按1/2连接管长加5mm长度剥除线芯末端绝缘，剥切线芯绝缘时，刀口不得损伤线芯，不得使线芯变形。擦净油污，把导体绑扎圆密。

2）压接连接管。压接前用清洁纸将连接管内、外和导体表面清洗干净。检查连接管与导体截面尺寸应相符，压接模具与连接管外径尺寸应配套。套上压接管（如连接管套入导体较松动，应进行填实）对实后进行压接，按照先压接管两端，后压管中间的顺序进行压接。压接后，连接管表面的棱角和毛刺，必须用锉刀和砂纸打磨光洁，将压接管修整光滑，并将金属粉末清洗干净。拆去分芯支架，把线芯及压接管用清洁纸擦拭干净。

（4）热缩绝缘管

1）包绕绝缘带。在两端绝缘末端处与连接管端部用绝缘自粘带拉伸后绕包填平，绝缘带绕包必须紧密、平整。

2）热缩绝缘管。将各相绝缘管移至连接管上，中部对正，开始均匀加热收缩，加热时应从中部向两端均匀、缓慢环绕进行，把管内气体全部排出，保证完好收缩，以防局部温度过高，绝缘碳化，管材损坏。绝缘管收缩后应平整、光滑，无皱纹、气泡。

（5）恢复外护套

1）连接两端钢铠。收紧线芯，用绝缘自粘带扎牢。用焊接方式将钢铠两端用铜编织地线连接在一起，铜编织带应焊在两层钢带上。焊接时，钢铠焊区应用锉刀和砂纸砂光打毛，并先镀上一层锡，将铜编织带两端分别接在钢铠镀锡层上，用铜绑线扎紧并用锡焊牢。

2）热缩外护套。接头部位及两端电缆调整平直，将预先套入的热缩管移至接头中央。外护套定位前，必须将接头两端电缆外护套清洁干净绕包一层密封胶，热缩时，由两端向中间均匀、缓慢、环绕加热，使其收缩到位。

3）装保护盒。组装好机械保护盒，盒内填入软土防机械外损。

第四节　10kV 电缆附件安装

10kV 电缆附件是我们实际生产中应用最多的，本节着重对 10kV 各类终端、接头的安装制作进行介绍。

一、热缩电缆附件安装

热缩式电缆附件是以聚合物为基本材料制成的所需要的型材，用辐射或化学方法使聚合物的线性分子交联成网状结构的体型分子，获得"弹性记忆效应"。在制造厂内通过加热扩张成所需要的形状和尺寸并经冷却定型，使用时经加热可以迅速地收缩到扩张前的尺寸，加热收缩后的热缩部件可紧密地包敷在各种部件上，组装成各种类型的热缩电缆附件。

（一）热缩电缆附件特点及性能

1. 热缩电缆附件特点

（1）适用面广，可用于严寒、潮湿、沿海和工业污染地区，安装于户内和户外环境，可用于油浸纸绝缘电缆和橡塑绝缘电缆。

（2）一套附件可适用于几个规格截面的电缆。

（3）适用于多回路相连和窄小的配电柜。

（4）安装简单、操作方便、效率高，不需要特殊工具。

（5）采用应力管来改善应力分布。

2．热缩附件基本性能及安装注意事项

（1）热缩附件因弹性较小，运行中热胀冷缩时可能使界面产生气隙。为防止潮气侵入，必须严格密封。

（2）热缩附件热收缩时用火不宜太猛，以免灼伤热缩材料，火焰与电缆呈45°夹角，沿圆周方向均匀向前收缩。

（3）收缩终端手套时应从中间往两端收缩，收终端热缩管时应从下端往上收缩，收中间热缩管时应从中间往两端收缩。

（4）收应力管时，应力管与屏蔽层搭接。

（二）10kV电力电缆热缩式终端头制作

1．主要工艺流程（见图3-4）

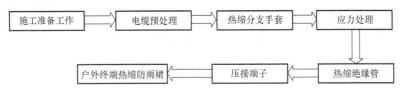

图3-4　10kV电力电缆热缩式终端头制作工艺流程图

2．10kV电力电缆热缩式终端头具体操作步骤及要求

（1）施工准备工作

1）施工前应检查所用工具及附件材料是否齐全、合格，如压接钳模具与电缆规格应配套等。

2）核对附件装箱单与配件是否相符，电缆附件规格应与安装的电缆规格相符。

3）电缆附件安装前，应检查电缆端部是否密封完好，有无进潮。对交联电缆，如进潮，要经去潮处理后再使用。

（2）电缆预处理

1）固定电缆。电缆终端的制作安装，应尽量垂直固定进行，以免地面安装后，吊装时造成线芯伸缩错位，三相长短不一，使分支手套局部受力损坏。根据终端头的安装位置，将电缆固定在终端头支持卡子上，为防止损伤外护套，卡子与电缆间应加衬垫。校直电缆，确定安装位置，按实际测量尺寸另加施工余量后锯掉多余电缆。

2）确定剥切尺寸。按图3-5所示要求确定外护套、铠装层及内护套剥切尺寸。

3）剥切外护套。根据尺寸要求，在支持卡子上端

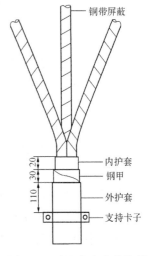

图3-5　10kV电力电缆终端剥切尺寸图（单位：mm）

110mm处剥除外护套，剥除应分两次进行，以避免电缆铠装层钢带松散。外护套端口以下100mm部分用砂纸打毛并清洗干净，以保证分支手套定位后，密封性能可靠。

4）锯除铠装层。保留端口处一小段外护套（防止钢铠散开），用铜绑线在钢铠上围

绕3～4匝，绑扎，紧固铠装层钢甲，按照尺寸要求，在距外护套30mm处锯除铠装层。锯钢铠时，其圆周锯痕不应超过钢铠厚度的2/3，不得锯穿，以免损坏内护套。剥钢铠时，应用钳子首先沿锯痕将钢铠卷断，钢铠断开后再向电缆端头剥除。

5）剥切内护套及填料。按尺寸要求在距钢铠20mm处剥切内护套，剥切内护套时不得损伤铜屏蔽层。沿内护套边沿，刀口由里向外切割填充料，切割时，不得损伤铜屏蔽层。分开三相线芯时，不可硬行弯曲，以免铜屏蔽层褶皱变形。用绝缘自粘带将电缆三相铜屏蔽端头包扎好，以防铜屏蔽带松散。

6）焊接钢甲地线及铜屏蔽地线。接地编织带应分别焊牢在钢铠的两层钢带上和三相铜屏蔽层上。焊面上尖角毛刺，必须打磨平整。

7）包绕填充胶。将两条铜编织带撬起，在外护套上包缠一层密封胶，再将铜编织带放回，在铜编织带和外护套上再包两层密封胶。电缆内、外护套端口绕包填充胶，三相分叉部位空间填实，将填充胶在分支处包绕成橄榄形。绕包体表面应平整，绕包后外径必须小于分支手套内径。

（3）热缩分支手套

1）热缩分支手套。将分支手套套入电缆三岔部位，并尽量拉向三芯根部，压紧到位。从分支手套中间向两端加热收缩，火焰不得过猛，并与电缆呈45°夹角，环绕加热，均匀收缩，收缩后不得有空隙存在。在分支手套下端口部位，绕包几层密封胶加强密封。根据系统相序排列及布置形式，适当调整排列好三相线芯。

2）剥除铜屏蔽层。在距分支手套手指端口50mm处将铜屏蔽层剥除。剥切铜屏蔽时，应用自粘带固定，切割时，只能环切一刀痕，约2/3深度，不能切穿，以免损伤半导电层。剥除时，应以刀痕处撕剥，断开后向线芯端部剥除。

3）剥切外半导电层。在距铜屏蔽端口20mm处剥除外半导电屏蔽层。剥切外半导电，环切及纵切刀痕，不能切穿，以免损伤主绝缘。

4）打磨绝缘表面。外半导电层剥除后，绝缘表面必须用细砂纸打磨，去除吸附在绝缘表面的半导电粉尘。

（4）应力处理

1）绝缘屏蔽层端部应力处理。外半导电层端部用砂纸打磨或切削成45°小斜坡，打磨或切削后，半导电层端口平齐，坡面应平整光洁，与绝缘层圆滑过渡，处理中不得损伤绝缘层。绝缘端部应力处理前，用绝缘自粘带粘面朝外将电缆三相线芯端头包扎好，以防削切反应力锥时伤到导体。

2）清洁绝缘表面。用清洁纸将绝缘表面擦净，应从绝缘端口向外半导电层方向擦抹，不能反复擦。

3）包绕应力疏散胶。将黄色菱形应力疏解胶拉薄拉窄，将半导电层与绝缘之间台阶绕包填平，各压绝缘和半导电层5～10mm，绕包的应力疏散胶端口应平齐。涂硅脂时，不要涂在应力疏散胶上。

4）热缩应力控制管。根据图纸尺寸和工艺要求，将应力控制管套在金属屏蔽层上，与金属屏蔽层搭接20mm，不得随意改变结构和尺寸，从下端开始向电缆末端热缩。加热时，火焰不得过猛，应温火均匀加热，使其自然收缩到位。

（5）热缩绝缘管

在三相上分别套入绝缘管，套至三叉根部，从三叉根部向电缆末端热缩。热缩时，火焰不得过猛，并与电缆成45°夹角，按照由下向上的顺序，缓慢、环绕加热，将管中气体全部排出，使其均匀收缩。

（6）压接端子

1）剥除线芯末端绝缘。核对相色，按系统相色摆好三相线芯，户外终端头引线从内护套端口至绝缘端部不小于700mm，户内不小于500mm，再留端子孔深加5mm，将多余电缆芯锯除。将电缆末端长度为接线端子孔深加5mm的绝缘剥除，剥除时不得伤到线芯导体。

2）压接接线端子。擦净导体，套入接线端子，接线端子与导体紧密接触，按先上后下顺序进行压接。压接后将接线端子表面尖端和毛刺用砂纸打磨光滑、平整。

3）热缩密封管。在绝缘管与接线端子之间绕包密封胶和填充胶将台阶填平，使其表面尽量平整。绕包时应注意严实紧密。三相分别套入密封管，进行热缩。密封管固定时，其上端不宜搭接到接线端子孔的顶端，以免形成槽口，长期积水渗透，影响密封结构。

4）热缩相色管。按系统相色，在三相接线端子上套入相色管并热缩。

5）连接接地线。终端头的金属屏蔽层接地线及钢甲接地线均应与接地网连接良好。

（7）户外终端热缩防雨裙

1）户外终端每相套入数只防雨裙进行热缩，雨裙与线芯、绝缘管垂直。注意第一只防雨裙与分支手套套口的距离为200mm，两个防雨裙间的间距为60mm，不同相间防雨裙间的最小净距为10mm。

2）热缩防雨裙时，应对防雨裙上端直管部位圆周加热，加热时应用温火，火焰不得集中，以防雨裙变形和损坏。

3）防雨裙加热收缩中，应及时对水平、垂直方向进行调整和对防雨裙边整形。

4）防雨裙加热收缩只能一次性定位，收缩后不得移动和调整，以防雨裙上端直管内壁密封胶脱落，固定不牢，失去防雨功能。

（三）10kV电力电缆热缩式中间接头制作

1. 主要工艺流程（见图3-6）

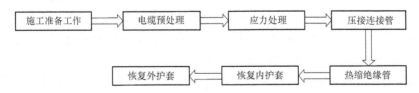

图3-6　10kV电力电缆热缩式中间接头制作工艺流程图

2. 10kV电力电缆热缩式中间接头具体操作步骤及要求

（1）施工准备工作

1）施工前应检查所用工具及附件材料是否齐全、合格，如压接钳模具与电缆规格应配套等。

2）核对附件装箱单与附件材料是否相符，电缆附件规格应与安装的电缆规格相符。

3）电缆附件安装前，应检查电缆端部是否密封完好，有无进潮。对交联电缆，如进潮，要经去潮处理后再使用。

（2）电缆预处理

1）确定接头中心。校直电缆，确定接头中心，以电缆长端 1000mm，短端 500mm，两电缆重叠 200mm 尺寸预切割电缆，锯掉多余电缆。

将电缆两端外护套擦拭干净，在两端电缆上依次套入内护套及外护套，将护套管两端包严，防止进入尘土影响密封。

2）确定剥切尺寸。按图 3-7 所示确定剥切尺寸，依次剥除电缆的外护套、铠装层、内护套和填充料。

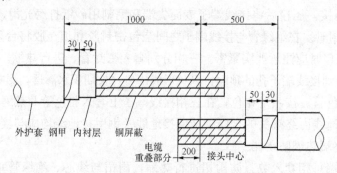

图 3-7　10kV 电缆中间接头剥切尺寸图（单位：mm）

3）剥切外护套。根据尺寸要求在长端 1000mm、短端 500mm 处剥除外护套，剥除应分两次进行，以避免电缆铠装层钢带松散。外护套端口以下 100mm 部分用砂纸打毛并清洗干净，以保证分支手套定位后，密封性能可靠。

4）锯除铠装层。保留端口处一小段外护套（防止钢铠散开），用铜绑线在钢铠上围绕 3～4 匝，绑扎，紧固铠装层钢甲，按尺寸要求在距外护套 30mm 处锯除铠装层，锯钢铠时，其圆周锯痕不应超过钢铠厚度的 2/3，不得锯穿，以免损坏内护套。剥钢铠时，应用钳子首先沿锯痕将钢铠卷断，钢铠断开后再向电缆端头剥除。

5）剥切内护套及填充料。用绝缘自粘带将电缆三相铜屏蔽端头包扎好，以防铜屏蔽带松散。按尺寸要求在距钢铠 50mm 处剥除内护套，剥切内护套时不得损伤铜屏蔽层。沿内护套边沿，刀口由里向外切割填充料，切割时，不得损伤铜屏蔽层。分开三相线芯时，不可硬行弯曲，以免铜屏蔽层褶皱变形。

6）锯除多余电缆线芯。按相色要求将各对应线芯绑好，线芯弯曲不宜过大，以便于操作为宜，但一定要保证弯曲半径符合规定要求。锯线芯前，应按图 3-3 所示将接头中心尺寸核对准确，锯掉多余线芯。锯割时，应保持电缆线芯端口平直。

7）剥切铜屏蔽层。在距端头 300mm 处剥除铜屏蔽层，为防止铜屏蔽带松散，可在缆芯适当位置用绝缘自粘带扎紧。剥铜屏蔽时，切割处用绝缘自粘带或细铜线扎紧，切割时，只能环切一刀痕，约 2/3 深度，不能切穿，以免损伤半导电层。剥除时，应以刀痕处撕剥，断开后向线芯端部剥除。铜屏蔽层的端口应切割平整，不得有尖端和毛刺。

8）剥切外半导电层。在距铜屏蔽端口 20mm 处剥除外半导电屏蔽层。剥切外半导电，环切及纵切刀痕，不能切穿，以免损伤主绝缘。外半导电层应剥除干净，不得留有残迹，剥除后必须用细砂纸将绝缘表面吸附的半导电粉尘砂磨干净并清洗光洁。

（3）应力处理

1）剥切线芯末端绝缘。从线芯端部量取 1/2 接管长加 5mm，剥切线芯末端绝缘。

2）绝缘层端部应力处理。在绝缘端部倒角 5mm×45°。如制作铅笔头型，则在绝缘端部削一长 30mm 的铅笔头，铅笔头应圆整对称，并用砂纸打磨光滑，其尖端保留 5mm 内半导电层。

3）套入绝缘管和铜屏蔽网。将电缆表面清洁干净，在每相的长端套入内、外绝缘管和屏蔽管，在短端套入铜屏蔽网。应按照附件的安装说明，依次套入管材，顺序不能颠倒，所有管材端口，必须用塑料布加以包扎，以防水分、灰尘、杂物浸入管内玷污密封胶层。

（4）压接连接管

1）压接连接管。压接前用清洁纸将连接管内、外和导体表面清洗干净。检查连接管与导体截面尺寸应相符，压接模具与连接管外径尺寸应配套。依次将两端的各相线芯插入两端连接管内，如连接管套入导体较松动，即应填实后进行压接。每端连接管各压三次。

2）打磨和清洁绝缘表面以及连接管。压接后，连接管表面的棱角和毛刺，必须用锉刀及砂纸打磨光洁，并将铜屑粉末清洗干净。用清洁纸擦净连接管表面及绝缘表面。

3）绝缘屏蔽断口应力处理。清洁绝缘表面，在内半导电层和绝缘层交界处绕包黄色菱形应力疏散胶，应力疏解胶拉薄拉窄，将半导电层与绝缘之间台阶绕包填平，两边各搭接 10mm，在电缆绝缘表面涂一薄层硅脂，包括连接管位置，但不要涂到应力疏散胶及外半导电层上。

套入应力控制管，搭接铜屏蔽层 20mm，从下端开始向电缆末端热缩。加热时，火焰不得过猛，应温火均匀加热，使其自然收缩到位。

4）连接管处应力处理。连接管处应力处理有两种情况。

a. 如制作铅笔头型，在导电线芯及连接管表面半重叠包绕一层半导电带，再在两端绝缘末端"铅笔头"处与连接管端部用绝缘自粘带拉伸后绕包填平，再半搭盖与两端"铅笔头"之间绕包一层绝缘，将"铅笔头"和连接管包平，其直径略大于电缆绝缘直径。绝缘带绕包必须紧密、平整。

b. 如制作屏蔽型，先用半导电带拉伸后绕包和填平压接管的压坑和连接与导体内半导电屏蔽层之间的间隙，再将连接管包平，其直径等于电缆绝缘直径，然后在连接管上半搭盖绕包两层半导电带，从连接管中部开始包至绝缘端部，与绝缘重叠 5mm，再包至另一端绝缘上，同样重叠 5mm，两端与内半导电屏蔽层必须紧密搭接，再返回至连接管中部结束。

（5）热缩绝缘管

1）热缩前，电缆线芯绝缘和外半导电屏蔽层应用清洁纸清洗干净，清洁时，由线芯绝缘端部向半导电应力控制管方向进行，不得反复擦拭。

2）热缩内绝缘管。先用黄色菱形应力疏解胶将6根应力管端部断口处绝缘上的断口间隙填平，包绕长度5～10mm。然后将3根内绝缘管移至连接管，管中与接头中心对齐，从中间向两端均匀、缓慢环绕进行热缩。管内气体全部排除，保证完好收缩，防止局部温度过高，绝缘碳化，管材损坏。

3）热缩外绝缘管。将3根外绝缘管从长端线芯绝缘套入，两端长度对称，从中间向两端热缩，收缩要求同内绝缘管。

4）包绕密封胶。从铜屏蔽断口至外绝缘管端部包绕红色密封胶，将间隙填平。

5）热缩屏蔽管。将3相的屏蔽管套至接头中间，两端对称，从中间向两端收缩，两端要压在密封胶上。

（6）恢复内护套

1）连接铜屏蔽层。将预先套入的铜屏蔽网拉至接头上，与两端铜屏蔽层搭接，再围绕一条25mm^{2}的铜编织带，铜编织带拉紧并压在铜屏蔽网上，两端用铜丝缠绕两匝扎紧，再用烙铁焊牢，同时铜编织带、铜屏蔽网与两端3相铜屏蔽层也要焊接牢固。

2）热缩内护套。将三相线芯并拢，用白布带扎紧。内护套上包绕一层红色密封胶，将一端内护套管拉至接头上，与红色密封胶搭接，从红色密封胶带处向中间收缩。用同一方法收缩另一端内护套，二者搭接部分包绕100mm长红色密封胶。

（7）恢复外护套

1）连接两端钢铠。用10mm^{2}的铜编织带连接两端钢甲，用铜线绑紧并焊牢。

2）热缩外护套。将一端外护套热缩管拉至接头上，由端部向中间收缩。用同一方法收缩另一半外护套，二者搭接部分包绕100mm长红色密封胶。

二、冷缩式电缆附件安装

冷缩式电缆附件通常是用弹性较好的橡胶材料（常用的有硅橡胶和乙丙橡胶）在工厂内注射成各种电缆附件的部件并硫化成型，之后，再将内径扩张并衬以螺旋状的塑料支撑条以保持扩张后的内径。

现场安装时，将这些预扩张件套在经过处理后的电缆末端（终端）或接头处（中间接头），抽出螺旋状的塑料支撑条，橡胶件就会收缩紧压在电缆绝缘上，从而构成了终端或中间接头。由于它是常温下靠弹性回缩力，而不是像热缩电缆附件要用火加热收缩，故称为冷缩式电缆附件。

（一）冷缩式电缆附件特点及安装注意事项

1. 冷缩式电缆附件特点

冷缩式电缆附件省去了热缩附件所采用火焰加热的麻烦和不安全因素，主要具有以下特点。

（1）冷缩式电缆附件采用硅橡胶或乙丙橡胶材料制成，抗电晕及耐腐蚀性能强。电气性能优良，使用寿命长。

（2）安装工艺简单。采用冷缩技术，安装时，无需动火及专用工具，只需轻轻抽取芯绳，接地线采用恒力弹簧连接固定，无需焊接。

（3）冷缩式电缆附件产品的通用范围宽，因为采用预扩张技术，一种规格可适用多种电缆线径。因此冷缩式电缆附件产品的规格较少，容易选择和管理。

（4）性能可靠。冷缩附件从结构上讲，应力控制管、外绝缘保护及雨裙一体化，结构紧凑，电缆终端性能长期保持稳定。

（5）良好的疏水性。冷缩式附件外绝缘材料为高品质硅橡胶材料，水滴在上面会自动滚落，不会形成导电的水膜，如图 3-8 所示。

（6）与热缩式电缆附件相比，除了它在安装时可以不用火加热从而更适用于不宜引入火种场所安装外，在安装以后挪动或弯曲时也不会像热缩式电缆附件那样容易在附件内部层面间出现脱开的危险，这是因为冷缩式电缆附件是靠橡胶材料的弹性压紧力紧密附贴在电缆本体上，可以适用于电缆本体适当的变动。

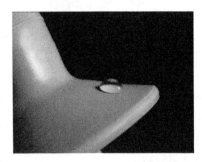

图 3-8　硅橡胶良好的疏水性

（7）与预制式电缆附件相比，虽然两者都是靠橡胶材料的弹性压紧力来保证内部界面特性，但是冷缩式电缆附件不需要像预制式电缆附件那样与电缆截面一一对应，规格比预制式电缆附件少。另外，在安装到电缆上之前，预制式电缆附件的部件是没有张力的，而冷缩式电缆附件是处于高张力状态下，因此必须保证在存贮期内，冷缩部件不能有明显的永久变形或弹性应力松弛，否则安装在电缆上以后不能保证有足够的弹性反紧力，从而不能保证良好的界面特性。

2. 冷缩式附件安装注意事项

（1）安装前检查冷缩件，不允许有开裂现象，同时避免利器划伤冷缩件，安装前不得抽冷缩附件的支撑骨架。

（2）严格按工艺尺寸进行剥切，并做好临时标记，冷缩件收缩好后应与标记齐平，切冷缩绝缘管时不可造成纵向切痕。

（3）安装中间接头时，冷缩件骨架条伸出端应先套入较长的一端以便抽拉骨架。

（二）10kV 电力电缆冷缩式终端制作

1. 主要工艺流程（见图 3-9）

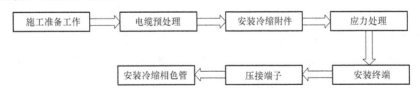

图 3-9　10kV 电力电缆冷缩式终端制作工艺流程图

2. 10kV 电力电缆冷缩式终端具体操作步骤及要求

（1）施工准备工作

1）清理工作场地，施工前应检查所用工具及附件材料是否齐全、合格，如压接钳

模具与电缆规格应配套等。

2）打开包装取出电缆附件，对照装箱单，查看配件是否齐全，与电缆尺寸、规格是否相符，如图 3-10 所示。

3）电缆附件安装前，应检查电缆端部是否密封完好，有无进潮。对交联电缆，如进潮，要经去潮处理后再使用。

（2）电缆预处理

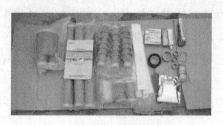

图 3-10 核对附件

1）固定电缆。电缆终端头的制作安装，应尽量垂直固定进行，以免地面安装后，吊装时造成线芯伸缩错位，三相长短不一，使分支手套附件局部受力损坏。根据终端头的安装位置，将电缆固定在终端头支持卡子上，为防止损伤外护套，卡子与电缆间应加衬垫，按实际测量尺寸加上施工余量，锯除多余电缆。

2）确定剥切尺寸。校直、清洁电缆，按图 3-11 所示，确定电缆剥切尺寸，依次剥除外护套、铠装层、内护套及填充料。

3）剥切外护套。自电缆端头量取 $A+B$（A 为现场实际尺寸；B 为接线端子孔深）剥除电缆外护套。剥除外护套，应分两次进行，以避免电缆铠装层钢带松散。再往下剥 25mm 外护套，露出钢铠，自开剥处往下 50mm 部分用清洁纸擦洗干净。

4）锯除铠装层。紧固铠装层钢甲，从电缆外护套端口量取钢铠 25mm，锯除铠装层，锯钢铠时，其圆周锯痕不应超过钢铠厚度的 2/3，不得锯穿，以免损坏内护套。

5）剥切内护套及填充料。用绝缘自粘带将电缆三相铜屏蔽端头包扎好，以防铜屏蔽带松散。按尺寸要求保留 10mm 内护套，其余剥除，剥切内护套时不得损伤铜屏蔽层。沿内护套边沿刀口由里向外切割填充料，切割时，不得损伤铜屏蔽层。分开三相线芯时，不可硬行弯曲，以免铜屏蔽层褶皱变形。对褶皱部位用绝缘自粘带缠绕，以防划伤冷缩管。

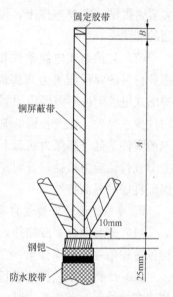

图 3-11 10kV 电力电缆冷缩式终端剥切尺寸

6）固定钢铠地线。将三角垫锥用力塞入电缆分岔处，打光钢铠上的油漆、铁锈，用恒力弹簧将钢铠地线固定在钢铠上。为了牢固，地线要留 10～20mm 的头，恒力弹簧将其绕一圈后，把露的头反折回来，再用恒力弹簧缠绕，如图 3-12 所示，安装完用 23 号绝缘胶带缠绕两层将恒力弹簧包覆住。

7）固定铜屏蔽地线。在三芯铜屏蔽根部缠绕接地线，将其向下引出（注意地线位置与钢铠地线位置相背），用恒力弹簧将地线固定在铜屏蔽上，半重叠绕包第二层 23 号绝缘带，将地线夹在当中，以防止水气顺地线间隙渗入。

8）包绕填充胶。用填充胶将接地线处绕包充实，并自断口以下 50mm 至整个恒力弹簧、钢铠及内护层，用填充胶缠绕两层，三岔口处多缠一层，这样做出的冷缩指套饱满充实。在填充胶及恒力弹簧外缠一层黑色自粘带，目的是容易抽出冷缩指套内的塑料条。

（3）安装冷缩附件

1）安装冷缩分支手套。先将3个指管内部的支撑管略微拽出一点（从里看和指根对齐），再将分支手套套入电缆分叉处尽量下压，逆时针先将下端塑料条抽出，再抽指管内塑料条。收缩要均匀，不能用蛮力，以免造成附件损坏。

2）安装冷缩护套管。在指套指头往上100mm之内缠绕PVC带，将冷缩管套至指套根部，逆时针抽出塑料条，速度应均匀缓慢，两手配合协调，用手扶着冷缩管末端，定位后松开，不要一直攥着未收缩的冷缩管，如图3-13所示。

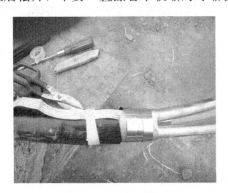
图 3-12　固定钢铠地线

图 3-13　安装冷缩护套管

3）切割护套管。根据冷缩管端头到接线端子的距离切除或加长冷缩管，切割护套管时必须绕包两层绝缘自粘胶带固定，圆周环切后，才能纵向剖切，剥切时不得损伤铜屏蔽层，严禁无包扎切割。

（4）应力处理

1）剥切铜屏蔽层。冷缩护套管端口向上量取30mm铜屏蔽，其余剥除，为防止铜屏蔽带松散，可在缆芯适当位置用绝缘自粘带扎紧。切割处用绝缘自粘带或细铜线扎紧，切割时，只能环切一刀痕，约2/3深度，不能切穿，以免损伤半导电层。剥除铜屏蔽时，应以刀痕处撕剥，断开后向线芯端部剥除。铜屏蔽层的端口应切割平整，不得有尖端和毛刺。

2）剥切外半导电屏蔽层。自铜屏蔽层端口向上量取10mm半导电屏蔽层，其余剥除。剥切外半导电，环切及纵切刀痕，不能切穿，以免损伤主绝缘。外半导电层应剥除干净，不得留有残迹，剥除后必须用细砂纸将绝缘表面吸附的半导电粉尘砂磨干净并使绝缘层表面清洗光洁。

3）绝缘端部应力处理。将外半导电层及绝缘体末端用砂纸打磨或刀具切割倒角，并打磨光洁，与绝缘圆滑过渡。绕包两层半导电带将铜屏蔽层与外半导电层之间的台阶盖住。在冷缩套管管口往下6mm的地方包绕一层防水胶。

（5）安装终端

1）剥除线芯末端绝缘。用清洁纸清洁电缆绝缘表面，清洁时，从线芯端头向外半导层方向擦拭，切不可来回擦。剥除线芯末端绝缘的长度为接线端子的孔深加 5mm。剥除线芯绝缘时，不得损伤线芯导体，应顺着导线绞合方向进行，不得使导体松散变形。

2）安装终端。在三相分支手套口往下 25mm 处，绕包绝缘带作标识，此处作为终端安装基准。将硅脂涂在线芯表面（多涂），套入冷缩式终端，用力将终端套入，慢慢拉动终端内的支撑条，直至终端下端口与标识对齐为止，不得超出标识。

冷缩终端从根部向绝缘端部收缩，逆时针轻轻拉动支撑条，使冷缩管收缩（如开始收缩时发现终端和标识错位，可用手把它纠正过来）。收缩要均匀，不能用力过大，以免造成附件损坏。在终端与冷缩护套管搭界处，必须绕包几层绝缘自粘胶带，加强密封。

（6）压接接线端子

1）压接时，根据电缆的规格选择相对应的模具，套入接线端子，并和导体紧密接触，按先上后下的顺序进行压接。

图 3-14 安装冷缩相色管

2）压接后打磨毛刺、飞边，擦拭干净后，按安装工艺说明书中指定的填充物将接线端子处填充。

3）接地端子与地网连接必须牢靠。

（7）安装冷缩相色管

1）将冷缩相色管按相序颜色分别套入各相，逆时针抽出塑料螺旋条，如图 3-14 所示。同一电缆线芯的两端，相色应一致，且与连接母线的相序相对应。

2）固定三相时，应保证相与相（接线端子之间）的距离，户外≥200mm，户内≥125mm。

3. 冷缩户外终端

制作好的冷缩式终端如图 3-15 所示。

图 3-15 冷缩式终端

（三）10kV 电力电缆冷缩式中间接头制作

1. 主要工艺流程（见图 3-16）

图 3-16 10kV 电力电缆冷缩式中间接头制作工艺流程图

2. 10kV 电力电缆冷缩式中间接头具体操作步骤及要求

（1）施工准备工作

1）施工前应检查所用工具及附件材料是否齐全、合格，如压接钳模具与电缆规格应配套等。

2）核对附件装箱单与附件材料是否相符，电缆附件规格应与安装的电缆规格相符。

3）电缆附件安装前，应检查电缆端部是否密封完好，有无进潮。对交联电缆，如进潮，要经去潮处理后再使用。

（2）电缆预处理

1）确定接头中心。将电缆置于最终位置，分别擦洗两端 1m 范围内电缆护套，把灰尘、油污及其他污垢拭去。校直电缆，将两电缆对直，重叠 200～300mm，确定接头中心，锯掉多余电缆。

2）确定剥切尺寸。按图 3-17 所示确定剥切尺寸。

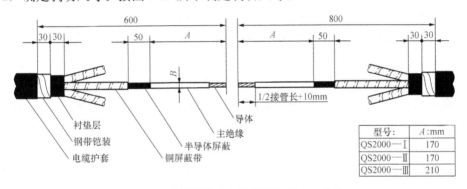

型号	A：mm
QS2000—Ⅰ	170
QS2000—Ⅱ	170
QS2000—Ⅲ	210

图 3-17　10kV 电缆冷缩中间接头剥切尺寸（单位：mm）

3）剥切外护套。自接头中心分别量取长端 800mm 和短端 600mm，剥切外护套，剥切应分两次进行，以避免电缆铠装层钢带松散。将外护套断口后 100mm 段用砂布打毛并用清洁纸擦洗干净。

4）锯除铠装层。保留端口处一小段外护套（防止钢铠散开），先用恒力弹簧紧固铠装层钢甲，从电缆外护套端口量取钢铠 30mm，锯除铠装层，锯钢铠时，其圆周锯痕不应超过钢铠厚度的 2/3 钢铠，不得锯穿，以免损坏内护套，切口要整齐，不得有尖角毛刺。去除后用绝缘自粘带把端口锐边包住。

5）剥切内护套及填充料。用绝缘自粘带将电缆三相铜屏蔽端头包扎好，以防铜屏蔽带松散。按尺寸要求在距铠装层 30mm 处剥除内护套，剥切内护套时不得损伤铜屏蔽层。沿内护套边沿刀口由里向外切割填充料，切割时，不得损伤铜屏蔽层。分开三相线芯时，不可硬行弯曲，以免铜屏蔽层褶皱变形。

6）锯除多余电缆线芯。按相色要求将各对应线芯绑好，线芯弯曲不宜过大，以便于操作为宜，但一定要保证弯曲半径符合规定要求。锯线芯前，应按图 3-11 所示将接头中心尺寸核对准确，锯掉多余线芯。锯割时，应保持电缆线芯端口平直。

（3）应力处理

1）剥切铜屏蔽层。在距端头 300mm 处剥除铜屏蔽层，为防止铜屏蔽带松散，可在缆芯适当位置用绝缘自粘带扎紧。剥铜屏蔽时，切割处用绝缘自粘带或细铜线扎紧，切割时，只能环切一刀痕，约 2/3 深度，不能切穿，以免损伤半导电层。剥除铜屏蔽时，应以刀痕处撕剥，断开后向线芯端部剥除。铜屏蔽层的端口应切割平整，不得有尖端和毛刺。

2）剥切外半导电层。在距铜屏蔽端口 50mm 处剥除外半导电屏蔽层。剥切外半导电，环切及纵切刀痕，不能切穿，以免损伤主绝缘。外半导电层应剥除干净，不得留有残迹，剥除后必须用细砂纸将绝缘表面吸附的半导电粉尘砂磨干净并清洗光洁。

3）剥切线芯末端绝缘。剥切线芯末端绝缘，其长度为 1/2 连接管长加 5mm。剥切线芯绝缘时，不得伤及线芯导体，应顺线芯绞合方向进行，以防线芯导体松散变形。

4）绝缘层端部应力处理。在两端电缆绝缘的端部做 3mm×45° 倒角。

（4）套入中间接头

1）绝缘层端口的倒角用砂布或小圆锉打磨圆滑，线芯导体端部的锐边应锉去，用砂布打磨主绝缘表面（不能用打磨过半导电层的砂布打磨主绝缘），清洁干净后用绝缘自粘带包好。

2）套入中间接头管：从开剥长度较长的一端装入冷收缩绝缘主体，较短的一端套入铜屏蔽编织网套。套入前必须将绝缘层、外半导电层、铜屏蔽层用清洁纸依次清洁干净，套入时，应注意塑料衬管条伸出一端先套入电缆线芯。

（5）压接连接管

压接前应先检查连接管与电缆线芯标称截面相符，并选择相对应的模具。连接管压接时，两端线芯应顶牢，不得松动，按照先中间后两边的顺序进行压接。压接后，连接管表面尖端、毛刺用锉刀和砂纸打磨平整光洁，用清洁纸将绝缘层表面和连接管表面以及中间接头靠近连接管端头部位清洗干净。按要求将接管处填充。

（6）安装中间接头

1）用清洁纸将线芯绝缘表面和铜罩表面清洗一次，待清洁剂挥发后，在绝缘表面涂抹一层绝缘混合剂。

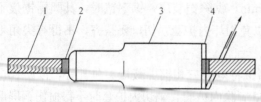

图 3-18　安装中间接头示意图

1—铜屏蔽；2—定位标记；3—冷收缩绝缘主体；4—拉衬

2）按安装工艺的要求在电缆短端的半导电层上做应力锥的定位标记。经认真检查后，将中间接头移至中心部位，其一端与定位标记齐平。然后逆时针方向旋转拉衬，如图 3-18 所示，速度必须缓慢均匀，使中间接头自然收缩，收缩完毕后立刻调整位置，用双手从接头中部向两端圆周捏一捏，使中间接头内壁结构与电缆绝缘，半导电屏蔽层有更好的界面接触。

在收缩后的绝缘主体两端用阻水胶缠绕成 45° 的斜坡，坡顶与中间接头端面平齐，再用半导电带在其表面进行包缠。

（7）恢复内护套

1）连接铜屏蔽。在装好的接头主体外部套上铜屏蔽编织网，用绝缘自粘带把铜网套绑扎在接头主体上，用恒力弹簧将铜网套固定在电缆铜屏蔽层上。将铜网套两端修齐整，恒力弹簧前保留 10mm，半重叠包绕两层绝缘自粘带，将恒力弹簧包覆住。

2）恢复内护套。电缆三相接头之间间隙，必须用填充料填充饱满，再用 PVC 带半重叠绕包，将电缆三相并拢扎紧，以增强接头整体结构的严密性和机械强度。在两端 30mm 的内护套上用绝缘砂纸打磨粗糙并清洗干净，然后从一端内护套上开始半重叠绕包防水带至另一端内护套上一个来回，绕包时将胶带拉伸至原来宽度的 3/4，完成后，双手用力挤压胶带，使其紧密贴附。

（8）恢复外护套

1）连接两端钢铠。先用锉刀和砂纸将钢铠表面防锈化层去除干净并打磨光洁。在铜编织带两端各 80mm 的范围内将编织线展开，展开部分贴附在防水带和钢铠上并与外护套搭接，夹入并反折恒力弹簧之中，用力收紧，并用绝缘自粘带缠紧固定，以增加铜编织带与钢铠的接触面和稳固性。用防水带作防潮密封，从一端护套上距离 60mm 处开始半重叠绕包至另一端护套上 60mm 处一个来回，绕包时将胶带拉伸至原来宽度的 3/4，完成后，双手用力挤压胶带，使其紧密贴附。

2）恢复外护套。加热收缩护套管，按要求缠绕热熔胶，先加热收缩一端护套管，收完一端，继续缠热熔胶，加热收缩另一端护套管。将水倒入铠装带包装内，揉搓 1min，铠装带取出后从一端热护套管外的电缆外护套 100mm 处开始，半重叠绕包铠装带至另一端。

为得到最佳的效果，30min 内不得移动电缆。

三、预制式电缆附件安装

预制式电缆附件，又称预制件装配式电缆附件，是将电缆终端或中间接头的绝缘体、内屏蔽和外屏蔽在工厂里预先制作成一个完整的预制件的电缆附件。预制件通常采用三元乙丙橡胶（EPDM）或硅橡胶（SIR）制造，将混炼好的橡胶料用注橡机注射入模具内，而后在高温、高压或常温、高压下硫化成型。因此，预制式电缆附件在现场安装时，只需将橡胶预制件套入电缆绝缘上即成。

（一）预制式电缆附件特点

鉴于硅橡胶的综合性能优良，在中低压电缆附件中，绝大部分的预制式电缆附件都是采用硅橡胶制造。这类附件具有体积小、性能可靠、安装方便、使用寿命长等特点。

（1）预制式电缆附件采用经过精确设计计算的应力锥控制电场分布，并在制造厂用精密的橡胶加工设备一次注橡成型。因此，它的形状尺寸得到最大限度的保证，产品质量稳定，性能可靠，现场安装十分方便。

（2）硅橡胶具有无机材料的特性，抗漏电痕迹性能好，耐电晕性能好（耐电晕性能接近云母），耐电蚀性能好。

（3）硅橡胶的耐热、耐寒性能优越，在 -80～250℃ 的宽广适用范围内电性能、物理性能、机械性能稳定。其次，硅橡胶还具有良好的憎水性，水分在其表面不形成水膜而是聚集成珠，且吸水性小于 0.015%，同时其憎水性对表面的灰尘具有迁移性，因此抗湿闪、抗污闪性能好。因此硅橡胶预制型附件能运用于各种恶劣环境中。

（4）常温下，硅橡胶体积电阻率为 $10^{14} \sim 10^{16} \, \Omega \cdot cm$，介电常数 2.8～3.4，介质损耗角正切 10^{-3} 以下，而且在 0～250℃ 范围内参数几乎均不受温度变化的影响。

（5）硅橡胶的弹性好，而且它的耐寒性使它即使在低温下也具有很好的弹性。良好的弹性加上硅橡胶预制型附件与电缆绝缘采用过盈配合，就能保证附件与电缆截面上有足够的作用力使内界面紧密配合。

（6）硅橡胶的导热性能好，其导热系数是一般橡胶的 2 倍。其良好的导热性能有利于电缆附件散热和提高载流量，减弱热场造成的不利影响。

（二）10kV 电力电缆预制式终端制作

1. 主要工艺流程（见图 3-19）

图 3-19　10kV 电力电缆预制式终端制作工艺流程图

2. 10kV 电力电缆预制式终端具体操作步骤及要求

（1）施工准备工作

1）施工前应检查所用工具及附件材料是否齐全、合格，如压接钳模具与电缆规格应配套等。

2）核对附件装箱单与附件材料是否相符，电缆附件规格应与安装的电缆规格相符。

3）电缆附件安装前，应检查电缆端部是否密封完好，有无进潮。对交联电缆，如进潮，要经去潮处理后再使用。

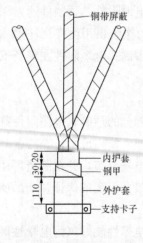

（2）电缆预处理

1）固定电缆。电缆终端头的制作安装，应尽量垂直固定进行，以免地面安装后，吊装时造成线芯伸缩错位，三相长短不一，使分支手套局部受力损坏。根据终端头的安装位置，将电缆固定在终端头支持卡子上，为防止损伤外护套，卡子与电缆间应加衬垫。根据实际测量加上施工余量，预切割电缆。

2）确定剥切尺寸。校直电缆，按图 3-20 所示要求确定剥切尺寸，依次剥切外护套、铠装层、内护套和填充料。

3）剥切外护套。根据尺寸要求在距支持卡子 110mm 处剥除外护套，剥除应分两次进行，以避免电缆铠装层钢带松散。外护套端口以下 100mm 部分用砂纸打毛并清洗干净，以保证分支手套定位后，密封性能可靠。

图 3-20　10kV 电缆预制式终端剥切尺寸（单位：mm）

4）锯除铠装层。先用恒力弹簧紧固铠装层钢甲，按要求在距外护套 30mm 处锯除钢甲，锯钢铠时，其圆周锯痕不应超过铠装钢甲厚度的 2/3，不得锯穿，以免损坏内护套。剥除钢铠时，应用钳子首先沿锯痕将钢铠卷断，钢铠断开后再向电缆端头剥除。

5）剥切内护套及填料。用绝缘自粘带将电缆三相铜屏蔽端头包扎好，以防铜屏蔽带松散。按尺寸要求在距钢铠 20mm 处剥除内护套，剥切内护套时不得损伤铜屏蔽层。沿内护套边沿刀口由里向外切割填充料，切割时，不得损伤铜屏蔽层。分开三相线芯时，不可硬行弯曲，以免铜屏蔽层褶皱变形。

6）焊接钢甲地线及铜屏蔽地线。接地编织带应分别焊牢在钢铠的两层钢带上和三相铜屏蔽层上。将焊面上的尖角毛刺打磨平整。

7）包绕填充胶。将两条铜编织带撩起，在外护套上包缠一层密封胶，再将铜编织带放回，在铜编织带和外护层上再包两层密封胶。电缆内、外护套端口绕包填充胶，三相分叉部位空间填实，将填充胶在分支处包绕成橄榄形。绕包体表面应平整，绕包后外径必须小于分支手套内径。

（3）热缩电缆附件

1）热缩分支手套。将分支手套套入电缆三叉部位，并尽量拉向三芯根部，压紧到位。从分支手套中间向两端加热收缩，火焰不得过猛，并与电缆呈 45°夹角，环绕加热，均匀收缩，收缩后不得有空隙存在。在分支手套下端口部位，绕包几层密封胶加强密封。根据系统相序排列及布置形式，适当调整排列好三相线芯。

2）热缩护套管。清洁分支手套的手指部分，包绕红色密封胶，将三根护套管涂有热熔胶的一端分别套至分支手套三指管根部，由下向上的顺序进行加热收缩，加热应缓慢，使管中的气体完全排出，使其均匀收缩。

3）剥除多余护套管。将三相线芯按最终位置排列好，用绝缘自粘带在线芯上标识出接线端子下端面的位置，将标识线以下 185mm（户外终端 225mm）护套管剥除，剥除时，绕包绝缘自粘带固定，环切后，才能纵向割切，并不得损伤铜屏蔽层，严禁无包扎剥切。

（4）应力处理

1）剥除铜屏蔽层。在距护套管末端 15mm 处将铜屏蔽层剥除。剥切铜屏蔽时，应用自粘带固定，切割时，只能环切一刀痕，约 2/3 深度，不能切穿，以免损伤半导电层。剥除时，应在刀痕处撕剥，断开后向线芯端部剥除。

2）剥切外半导电层。在距铜屏蔽端口 20mm 处剥除外半导电屏蔽层。剥切外半导电，环切及纵切刀痕，不能切穿，以免损伤主绝缘。外半导电层剥除后，绝缘表面必须用细砂纸打磨，去除吸附在绝缘表面的半导电粉尘。

3）绝缘屏蔽层端部应力处理。外半导电层端部用砂纸打磨或切削 45°小斜坡，打磨或切削后，半导电层端口平齐，坡面应平整光洁，与绝缘层圆滑过渡，处理中不得损伤绝缘层。

绝缘端部应力处理前，用绝缘自粘带粘面朝外将电缆三相线芯端头包扎好，以防削切反应力锥时伤到导体。

4）剥除线芯末端绝缘。核对相色，按系统相色摆好三相线芯，按照要求，将多余电缆芯锯除。将线芯末端长度为接线端子孔深加 5mm 的绝缘剥除。剥除末端绝缘时，不得伤到线芯，顺着导线绞合方向进行，以免导体松散变形。

5）绝缘端部应力处理。绝缘端部倒角 2mm×45°。

（5）安装终端套管

1）绕包半导电带。用清洁纸，从绝缘层端部向外半导电层端部方向一次性清洁绝缘层和外半导电层，以免把半导电粉质带到绝缘上。半导电带拉伸 200%，在半导电屏蔽 20mm 处向下绕包宽 15mm、厚 3mm 的圆柱形台阶，其上平面应和线芯垂直，圆周应平整。

2）安装终端套管。用清洗剂将线芯、绝缘及半导电层表面清洗干净，停留 5min 后涂上硅脂，在线芯端部包绕绝缘自粘带或把塑料护帽套在线芯导体上，防止终端套入时导体边缘刺伤内部绝缘。

在主绝缘、半导电层及终端头内侧底部均匀涂抹一层硅脂后，套入终端头，终端头应力锥套至电缆上的半导电带缠绕体，使线芯导体从终端头上端露出，整个推入过程不宜过长。

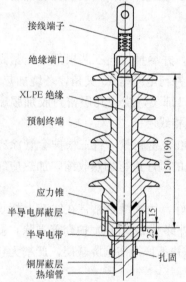

图 3-21　10kV 电力电缆预制式终端结构图（单位：mm）

（6）压接接线端子

拆除线芯端部包绕的绝缘自粘带或塑料护帽，将特制接线端子套入线芯，与终端头顶部接触，直到端子上雨帽完全搭接在终端头密封唇边上。

接线端子与导体紧密接触，用压接钳按照先上后下的顺序进行压接。压接后，端子表面尖端和毛刺需打磨光洁。

（7）绕包相色带

固定三相，保证接线端子之间的距离，户外≥200mm，户内≥125mm。检查终端头下部与半导电带有良好的接触，在终端头底部电缆上绕包一圈密封胶，装上卡带，包绕相色带。将终端头的接地线与地网进行良好、可靠连接。

3. 10kV 电力电缆预制式终端头结构图

10kV 预制式终端结构如图 3-21 所示。

（三）10kV 电力电缆预制式中间接头制作

1. 主要工艺流程（见图 3-22）

图 3-22　10kV 电力电缆预制式中间接头制作工艺流程图

2. 10kV 电力电缆预制式中间接头具体操作步骤及要求

（1）施工准备工作

1）施工前应检查所用工具及附件材料是否齐全、合格，如压接钳模具与电缆规格应配套等。

2）核对附件装箱单与附件材料是否相符，电缆附件规格应与安装的电缆规格相符。

3）电缆附件安装前，应检查电缆端部是否密封完好，有无进潮。对交联电缆，如进潮，要经去潮处理后再使用。

（2）电缆预处理

1）确定接头中心。将电缆置于最终位置，分别擦洗两端1m范围内电缆护套，把灰尘、油污及其他污垢拭去。校直电缆，将两电缆对直，重叠200～300mm，确定接头中心，锯掉多余电缆。将电缆接头两端的外护套擦净，在长端套入两根长管，在短端套入一根短管。

2）确定剥切尺寸。按图3-23所示要求确定剥切尺寸，依次剥切外护套、铠装层、内护套和填充料。

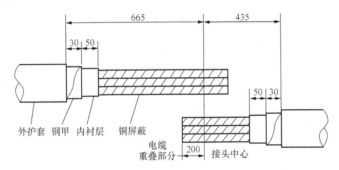

图3-23　10kV电力电缆预制式中间接头剥切尺寸（单位：mm）

3）剥切外护套。自接头中心分别量取长端665mm和短端435mm，剥切外护套，剥切应分两次进行，严禁反方向操作，以避免保留电缆铠装层钢带松散，将外护套断口后100mm打毛并用清洁纸擦洗干净。

4）锯除铠装层。先用恒力弹簧紧固铠装层钢甲，按要求在距外护套30mm处锯除钢甲，锯钢铠时，其圆周锯痕不应超过铠装钢甲厚度的2/3，不得锯穿，以免损坏内护套。剥除钢铠时，首先用钳子沿锯痕将钢铠卷断，钢铠断开后再向电缆端头剥除。端口整齐，不得有尖角毛刺。

5）剥切内护套及填充料。用绝缘自粘带将电缆三相铜屏蔽端头包扎好，以防铜屏蔽带松散。按尺寸要求在距钢铠30mm处剥除内护套，剥切内护套时不得损伤铜屏蔽层。沿内护套边沿刀口由里向外切割填充料，切割时，不得损伤铜屏蔽层。分开三相线芯时，不可硬行弯曲，以免铜屏蔽层褶皱变形。

6）锯除多余电缆线芯。按相色要求将各对应线芯绑好，线芯弯曲不宜过大，以便于操作为宜，但一定要保证弯曲半径符合规定要求。锯线芯前，应按图3-15所示将接头中心尺寸核对准确，锯掉多余线芯。锯割时，应保持电缆线芯端口平直。

（3）应力处理

1）剥除铜屏蔽层。在距内护套末端145mm处将铜屏蔽层剥除。剥切铜屏蔽时，切割处应用恒力弹簧固定，切割时，只能环切一刀痕，约2/3深度，不能切穿，以免损伤半导电层。剥除时，应在刀痕处撕剥，断开后向线芯端部剥除。

2）剥切外半导电层。在距电缆中心位置 165mm 处剥除外半导电屏蔽层。剥切外半导电，环切及纵切刀痕，不能切穿，以免损伤主绝缘。外半导电层剥除后，绝缘表面必须用细砂纸打磨，去除吸附在绝缘表面的半导电粉尘。

3）剥切绝缘。按 1/2 接管长加 5mm 长度剥切电缆线芯末端绝缘，剥切绝缘，不得伤及线芯导体，顺线芯绞合方向进行，以防线芯导体松散变形。

绝缘端部倒角 1mm×45°。倒角用砂纸打磨圆滑，线芯导体端部的锐边应锉去，清洁干净后用绝缘自粘带包好，以防尖端锐边损坏硅橡胶预制体。

（4）推入预制件

用清洁纸从绝缘端部向外半导电屏蔽层一次性清洗干净，严禁清洁纸反复使用。在长端线芯导体上缠绕绝缘自粘带，防止推入中间接头时划伤内绝缘。分别在中间接头内侧、长端电缆绝缘层及半导电层上均匀地涂一层硅脂。用力一次性将中间接头预制件推入到长端电缆芯上，直到电缆绝缘从另一端露出为止，用干净的布擦去多余的硅脂。

（5）压接连接管

压接前，应检查连接管与电缆线芯截面相符，压接模具与连接管尺寸配套。拆除线芯导体上的绝缘自粘带，擦净线芯导体，将线芯套入连接管，两端线芯顶牢，没有松动后进行压接，压接后，连接管表面的尖端应用锉刀和砂纸打磨平整光洁，并用清洁纸清洗干净，不能留有金属粉末。

（6）预制件复位

清洁连接管、短端电缆的绝缘层和半导电层表面，并在绝缘表面涂一层硅脂，然后在电缆短端半导电层上距半导电端口 20mm 处，用相色带做好标记，将中间接头预制件用力推过连接管及绝缘，直至中间接头预制件的端部与相色带标记平齐，擦去多余硅脂。

硅橡胶预制件推入和复位过程中，受力应均匀，预制件定位后，用手从预制件的中部向两端用力捏一捏，稍加整形，以消除推拉时的变形和扭曲，使之有更好的界面接触。

（7）恢复内护套

1）连接铜屏蔽。预制件定位后，在预制件两端将半导电带拉伸 200% 绕出与接头相同外径的台阶，然后以半重叠的方式在预制件外部绕一层半导电带。从一端电缆的内护套前端开始以半重叠的方式绕一层铜编织网至另一端电缆的内护套前端，铜编织网两端用恒力弹簧固定在铜屏蔽层上，固定时，恒力弹簧应用力收紧，并用绝缘自粘带缠紧固定，以防接点松弛，接触不良。将 25mm² 的铜编织带的两端拉紧连接两端铜屏蔽带，用铜丝扎紧并焊牢。

2）热缩内护套。将线芯并拢，三相接头之间，用密封泥填实，用白布带扎紧，这样有利于外护层的恢复，增加整体结构的紧密性。两端电缆内护套清洗干净并绕包一层密封胶，将一根长热缩管拉至接头中间，两端与密封胶搭盖，由中间开始向两端均匀、缓慢、环绕加热，直至两端有少量热熔胶溢出，两护套管中间搭接部位必须接触良好，密封可靠。

(8) 恢复外护套

1) 连接铠装层。用 $25mm^2$ 的铜编织带连接两端钢铠。将铜编织带端头呈宽度方向略加展开，夹入并反折恒力弹簧之中，用力收紧，并用绝缘自粘带缠紧固定，以增加铜编织带与钢铠的接触面和稳固性。

2) 热缩外护套。将接头两端电缆的外护套端口 150mm 清洗干净，用锉刀或粗砂纸打毛，缠两层密封胶，将剩余两根热缩管定位后均匀环绕加热，使其收缩到位。要求热缩管与电缆外护套及两热缩管之间搭接长度不小于 100mm，两热缩管重叠部分也要用砂纸打毛并缠密封胶。

为保证最佳效果，30min 以后，方可进行电缆接头搬移工作，以免损坏外护层结构。

四、10kV 电力电缆肘型电缆终端安装

随着城市电网的建设和发展，35kV 及以下配电装置（如环网柜）趋向小型化，其结构越来越紧凑。供电部门为了降低运行成本，提高供电可靠性，要求开关柜在使用寿命期间达到"免维护"。对与之相配套的电缆终端，也要求趋向"小型化"，力求做到"免维护"。

插入式终端是满足上述要求的新型终端。插入式终端主要部件在工厂内制造，经试验合格后出厂，这种终端又称可分离连接器，它以应力控制管代替应力锥。10kV 插入式终端用于 SF_6 全密封开关柜（环网柜）或电缆分支箱中，有插入式直角型（又称肘型，如图 3-24 所示）和直角螺栓型等形式。

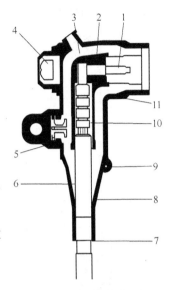

图 3-24 插拔式肘型头

1—接触头；2—内屏蔽（内半导电层，屏蔽金具连接处）；3—主绝缘（高品质的三元乙丙橡胶）；4—拉环及弹簧夹具的固定点；5—电容测试点（可检查回路工作状态）；6—应力锥电应力控制（改善电场分布）；7—电缆入口；8—外屏蔽（外半导电层，使接头外部屏蔽并确保处于地电位）；9—接地眼（连接接地线，将屏蔽层接地）；10—金属压接端子；11—环形槽（可供三相固定卡环使用）

1. 主要工艺流程（见图 3-25）

图 3-25 10kV 电力电缆肘型终端安装工艺流程图

2. 10kV 电力电缆肘型终端具体操作步骤及要求

(1) 施工准备工作

1) 施工前应检查所用工具及附件材料是否齐全、合格，如压接钳模具与电缆规格应配套等。

2) 核对附件装箱单与附件材料是否相符，电缆附件规格应与安装的电缆规格相符。

3) 电缆附件安装前，应检查电缆端部是否密封完好，有无进潮。对交联电缆，如进潮，要经去潮处理后再使用。

(2) 电缆预处理

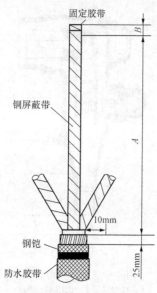

图 3-26 10kV 电缆肘型终端剥切尺寸（单位：mm）

1) 固定电缆。电缆终端头的制作安装，应尽量垂直固定进行，以免地面安装后，吊装时造成线芯伸缩错位，三相长短不一，使分支手套附件局部受力损坏。根据终端头的安装位置，将电缆固定在终端头支持卡子上，为防止损伤外护套，卡子与电缆间应加衬垫，按实际测量尺寸加上施工余量，锯除多余电缆。

2) 确定剥切尺寸。校直、清洁电缆，按图3-26所示，确定电缆剥切尺寸，依次剥除外护套、铠装层、内护套及填充料。

3) 剥切外护套。自电缆端头量取 $A+B$ （A 为现场实际尺寸；B 为接线端子孔深）剥除电缆外护套。剥除外护套，应分两次进行，以避免电缆铠装层钢带松散。再往下剥 25mm 外护套，露出钢铠，自开剥处往下 50mm 部分用清洁纸擦洗干净。

4) 锯除铠装层。紧固铠装层钢甲，从电缆外护套端口量取钢铠 25mm 锯除铠装层，锯钢铠时，其圆周锯痕不应超过钢铠厚度的 2/3，不得锯穿，以免损坏内护套。

5) 剥切内护套及填充料。用绝缘自粘带将电缆三相铜屏蔽端头包扎好，以防铜屏蔽带松散。按尺寸要求保留 10mm 内护套，其余剥除，剥切内护套时不得损伤铜屏蔽层。沿内护套边沿刀口由里向外切割填充料，切割时，不得损伤铜屏蔽层。分开三相线芯时，不可硬行弯曲，以免铜屏蔽层褶皱变形。对褶皱部位用绝缘自粘带缠绕，以防划伤冷缩管。

6) 固定钢铠地线。将三角垫锥用力塞入电缆分叉处，打光钢铠上的油漆、铁锈，用恒力弹簧将钢铠地线固定在钢铠上。为了牢固，地线要留 10～20mm 的头，恒力弹簧将其绕一圈后，把露的头反折回来，再用恒力弹簧缠绕，安装完用 23 号绝缘胶带缠绕两层将恒力弹簧包覆住。

7) 固定铜屏蔽地线。在三芯铜屏蔽根部缠绕接地线，将其向下引出（注意地线位置与钢铠地线位置相背），用恒力弹簧将地线固定在铜屏蔽上，半重叠绕包第二层 23 号绝缘带，将地线夹在当中，以防止水汽顺地线间隙渗入。

8) 包绕填充胶。用填充胶将接地线处绕包充实，并自断口以下 50mm 至整个恒力弹簧、钢铠及内护层，用填充胶缠绕两层，三岔口处多缠一层。将地线包在中间可以起到防潮和避免突起异物损伤分支手套的作用。

(3) 安装电缆附件

1) 安装冷缩分支手套。先将 3 个指管内部的支撑管略微拽出一点（从里看和指根对齐），再将分支手套套入电缆分叉处尽量下压，逆时针先将下端塑料条抽出，再抽指管内塑料条。收缩要均匀，不能用蛮力，以免造成附件损坏。

2）安装冷缩护套管。将三相冷缩管分别套至指套根部，逆时针抽出塑料条，速度应均匀缓慢，两手配合协调，用手扶着冷缩管末端，定位后松开。

3）切割护套管。根据开关柜实际尺寸将多余部分切除，切割护套管时必须绕包两层绝缘自粘胶带固定，圆周环切后，才能纵向剖切，剥切时不得损伤铜屏蔽层，严禁无包扎切割。

（4）应力处理

1）剥切铜屏蔽层。冷缩护套管端口向上量取 30mm 铜屏蔽，其余剥除，为防止铜屏蔽带松散，可在缆芯适当位置用绝缘自粘带扎紧。切割处用绝缘自粘带或细铜线扎紧，切割时，只能环切一刀痕，约 2/3 深度，不能切穿，以免损伤半导电层。剥除铜屏蔽时，应以刀痕处撕剥，断开后向线芯端部剥除。铜屏蔽层的端口应切割平整，不得有尖端和毛刺。

2）剥切半导电屏蔽层。自铜屏蔽层端口向上量取 40mm 半导电屏蔽层，其余剥除。剥切外半导电，环切及纵切刀痕，不能切穿，以免损伤主绝缘。外半导电层应剥除干净，不得留有残迹，剥除后必须用细砂纸将绝缘表面吸附的半导电粉尘砂磨干净并使绝缘层表面清洗光洁。

3）绝缘端部应力处理。将外半导电层及绝缘体末端用砂纸打磨或刀具切割倒角，并打磨光洁，与绝缘圆滑过渡。绕包两层半导电带将铜屏蔽层与外半导电层之间的台阶盖住。在冷缩套管管口往下 6mm 的地方包绕一层防水胶。

（5）安装应力锥

1）剥除线芯末端绝缘。用清洁纸清洁电缆绝缘表面，清洁时，从线芯端头向外半导层方向擦拭，切不可来回擦。剥除线芯末端绝缘的长度为接线端子的孔深加 5mm。剥除线芯绝缘时，不得损伤线芯导体，应顺着导线绞合方向进行，不得使导体松散变形。如图 3-27 所示。

2）安装应力锥。在铜屏蔽层断口处用半导电带绕包一宽 20mm、厚 3mm 的圆柱形凸台，将硅脂均匀涂抹在电缆绝缘表面和应力锥内表面上，将应力锥边转动边用力套至电缆绝缘上，直到应力锥下端的台阶与绕包的半导体圆柱形凸台紧密接触。

（6）压接接线端子

1）压接时，根据电缆的规格选择相对应的模具，套入接线端子，并和导体紧密接触，按先上后下的顺序进行压接。

2）压接后打磨毛刺、飞边，擦拭干净。

（7）安装肘型头

1）在肘型插头的内表面均匀涂上一层硅脂。

2）用螺丝刀将双头螺杆旋入环网柜开关绝缘子的螺孔内。

3）将肘型插头以单向不停的运动方式套入压好接线端子的电缆，推入到底，直到与接线端子孔对准为止，从肘型头端部可见压接端子螺栓孔。

4）按系统相色包绕相色带。

5）将接触头插入压接端子螺栓孔内，确保螺纹对位。从肘型头尾部到套管绕包绝

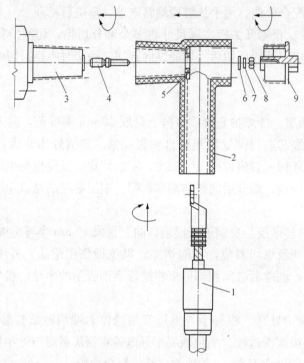

图 3-27　肘型终端安装图

1—应力锥；2—肘型插头；3—开关柜套管；4—双头螺杆；
5—压缩连接器；6—弹簧垫圈；7—垫圈；8—螺母；9—绝缘塞

缘胶带，进行密封处理。将肘型插头以同样的方式套至环网柜开关套管上。

6）按顺序套入平垫圈、弹簧垫圈和螺母，再用专用套筒扳紧螺母。

7）最后套上绝缘塞，并用专用套筒拧紧。

8）用接地线在肘型头耳部将外屏蔽接地。

五、绕包式电缆附件安装

绕包式电缆附件的主要结构是在现场绕包成型的。各种不同特性的带材，包括以乙丙橡胶、丁基橡胶或硅橡胶为基材的绝缘带、半导电带、应力控制带、抗漏电痕带、密封带、阻燃带等，在一定范围内是通用的，不受电缆结构尺寸的影响。为确保绕包式附件的质量，应注意选用合格的带材，并具备良好的施工环境条件（如环境湿度、防尘措施等）。

绕包式电缆附件的最大特点是绝缘与半导电屏蔽层都是以橡胶为基材的自粘性带材现场绕包成型的。

一般情况下，国内已经很少采用绕包式电缆附件。有些紧急抢修情况，在一时难以找到合适的电缆附件或抢修时间较短时，用绕包式电缆附件不失是一个合理的方案。因为它的结构简单、备料容易、施工速度快，在中低压等级下使用还是比较可靠的。

1. 主要工艺流程（见图 3-28）

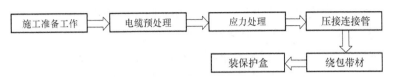

图 3-28　绕包式电缆附件安装工艺流程图

2. 10kV 电力电缆绕包式中间接头具体操作步骤及要求

（1）施工准备工作

1）施工前应检查所用工具及附件材料是否齐全、合格，如压接钳模具与电缆规格应配套等。

2）核对附件装箱单与附件材料是否相符，电缆附件规格应与安装的电缆规格相符。

3）电缆附件安装前，应检查电缆端部是否密封完好，有无进潮。对交联电缆，如进潮，要经去潮处理后再使用。

（2）电缆预处理

1）确定接头中心。将电缆置于最终位置，分别擦洗两端 1m 范围内电缆护套，把灰尘、油污及其他污垢拭去。校直电缆，将两电缆对直，确定接头中心，按图 3-29 所示及表 3-3 的要求确定 T 的尺寸。

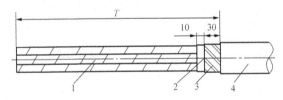

图 3-29　10kV 电力电缆绕包式中间接头剥切尺寸（单位：mm）
1—铜屏蔽带；2—内衬层；3—钢铠；4—外护套

表 3-3　　　　　　　　　　10kV 交联电缆绕包式中间接头 T 的尺寸

电缆截面（mm²）	T(mm)	电缆截面（mm²）	T(mm)
25～50	500	150～185	700
95～120	600～700	240～400	700～800

2）剥切外护套。自接头中心向两端电缆分别量取 T 尺寸，剥切外护套，剥切应分两次进行，严禁反方向操作，以避免保留电缆铠装层钢带松散，将外护套断口后 100mm 打毛并用清洁纸擦洗干净。

3）锯除铠装层。先用恒力弹簧紧固铠装层钢甲，按要求在距外护套 30mm 处锯除钢甲，锯钢铠时，其圆周锯痕不应超过铠装钢甲厚度的 2/3，不得锯穿，以免损坏内护套。剥除钢铠时，首先用钳子沿锯痕将钢铠卷断，钢铠断开后再向电缆端头剥除。端口整齐，不得有尖角毛刺。

4）剥切内护套及填充料。用绝缘自粘带将电缆三相铜屏蔽端头包扎好，以防铜屏蔽带松散。按尺寸要求在距钢铠 10mm 处剥除内护套，剥切内护套时不得损伤铜屏蔽层。沿内护套边沿刀口由里向外切割填充料，切割时，不得损伤铜屏蔽层。分开三相线芯时，不可硬行弯曲，以免铜屏蔽层褶皱变形。

5）锯除多余电缆线芯。按相色要求将各对应线芯绑好，线芯弯曲不宜过大，以便于操作为宜，但一定要保证弯曲半径符合规定要求。按接头中心锯掉多余线芯，锯割时，应保持电缆线芯端口平直。

（3）应力处理

1）应力处理各部位剥切尺寸如图 3-30 所示。

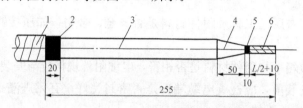

图 3-30 10kV 电力电缆绕包式中间接头应力
处理各部位剥切尺寸（单位：mm）

1—铜屏蔽带；2—外半导电层；3—交联绝缘；
4—反应力锥；5—内半导电层；6—导体；L—连接管长度

2）剥切铜屏蔽及外半导电屏蔽。在距电缆端头 255mm 处剥切铜屏蔽，剥铜屏蔽时，切割处用恒力弹簧扎紧，只能环切一刀痕，约 2/3 深度，不能切穿，以免损伤半导电层。剥除时，应在刀痕处用手撕剥，断开后向线芯端部剥除。铜屏蔽层的端口应切割平整，不得有尖端和毛刺。

在距铜屏蔽 20mm 处剥切外半导体层，剥切外半导电，环切及纵切刀痕，不能切穿，以免损伤主绝缘。外半导电层应剥除干净，不得留有残迹，外半导电层剥除后，用细砂纸打磨绝缘表面，去除吸附在绝缘表面的半导电粉尘。在外半导电层的端口，用刀切削或砂纸打磨成小斜坡，坡面应砂磨圆整光洁，与绝缘层平滑过渡。

3）剥切线芯末端绝缘。按图 3-30 所示，将线芯端部 1/2 连接管长加 10mm 绝缘剥除，切削绝缘及反应力锥（铅笔头），并用专用砂纸绝缘表面打磨光滑。

（4）压接连接管

压接前用清洁纸将连接管内、外和导体表面清洗干净。检查连接管与导体截面尺寸相符，压接模具与连接管外径尺寸配套。将线芯套入连接管，如果套入后导体较松动，应填实后进行压接。压接后，用锉刀和砂纸将连接管表面的棱角和毛刺打磨光洁，并将铜屑粉末清洗干净。

（5）绕包带材

1）绕包半导电带。用无水酒精将绝缘、半导体及连接管表面清洗干净。半导电带拉伸后绕包和填平压管的压坑和连接与导体内半导电屏蔽层之间的间隙，然后在连接管上半搭盖绕包两层半导电带，两端与内半导电屏蔽层必须紧密搭接。

2）绕包绝缘带。用卡尺测量连接管外径 d，在两端绝缘末端"铅笔头"处与连接管端部用 DJ-30 绝缘自粘带拉伸后绕包填平，再半搭盖绕包与两端"铅笔头"之间，绝缘外径绕包至 $d+16\text{mm}$，绝缘带绕包必须紧密、平整。然后绕包外半导电屏蔽、金属屏蔽（如果采用网套式，应在接管压接前预先套入各相线芯）、焊接地线。两端铜屏蔽层及铠装层用铜编织带连通。

（6）装保护盒

装上保护盒，缝隙处用密封泥填实，然后灌注密封绝缘胶，密封绝缘胶的配比以及调和应按厂家说明书要求进行，待其基本固化后，盖上灌胶孔封盏，并用绝缘自粘带粘包紧密封。如果接头安装在干燥无水的隧道或电缆层时，可不用保护盒，但要缩上热缩管，而且在热缩前，要将三相线芯间的空隙用密封泥填实。

3. 10kV 电力电缆绕包式中间接头结构

接头结构如图 3-31 所示。

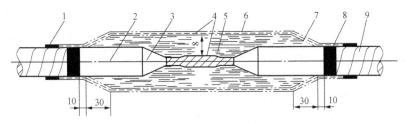

图 3-31　10kV 电力电缆绕包式中间接头结构

1—扎线、焊锡；2—交联绝缘；3—反应力锥；4—半导电带
（1/2 搭盖，100% 拉伸，2 层）；5—J30 绝缘带（1/2 搭盖，100% 拉伸）；
6—金属屏蔽网；7—应力锥；8—外半导电层；9—铜屏蔽带

第五节　35kV 电缆附件安装

一、35kV 电力电缆热缩式终端头制作

1. 主要工艺流程（见图 3-32）

图 3-32　35kV 电力电缆热缩式终端头制作工艺流程图

2. 35kV 电力电缆热缩式终端头具体操作步骤及要求

（1）施工准备工作

1）施工前应检查所用工具及附件材料是否齐全、合格，如压接钳模具与电缆规格应配套等。

2）核对附件装箱单与配件是否相符，电缆附件规格应与安装的电缆规格相符。

3）电缆附件安装前，应检查电缆端部是否密封完好，有无进潮。对交联电缆，如进潮，要经去潮处理后再使用。

(2) 电缆预处理

1) 固定电缆。电缆终端的制作安装，应尽量垂直固定进行，以免地面安装后，吊装时造成线芯伸缩错位，三相长短不一，使分支手套局部受力损坏。根据终端头的安装位置，将电缆固定在终端头支持卡子上，为防止损伤外护套，卡子与电缆间应加衬垫。校直电缆，确定安装位置，按实际测量尺寸另加施工余量后锯掉多余电缆。

2) 确定剥切尺寸。按图 3-33 所示要求确定外护套、铠装层及内护套剥切尺寸。

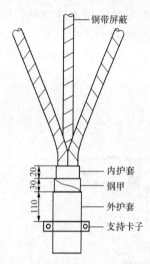

图 3-33 10kV 电力电缆终端剥切尺寸图
（单位：mm）

3) 剥切外护套。根据尺寸要求，在支持卡子上端 110mm 处剥除外护套，剥除应分两次进行，以避免电缆铠装层钢带松散。外护套端口以下 100mm 部分用砂纸打毛并清洗干净，以保证分支手套定位后，密封性能可靠。

4) 锯除铠装层。保留端口处一小段外护套（防止钢铠散开），用铜绑线在钢铠上围绕 3～4 匝，绑扎，紧固铠装层钢甲，按照尺寸要求，在距外护套 30mm 处锯除铠装层。锯钢铠时，其圆周锯痕不应超过钢铠厚度的 2/3，不得锯穿，以免损坏内护套。剥钢铠时，应用钳子首先沿锯痕将钢铠卷断，钢铠断开后再向电缆端头剥除。

5) 剥切内护套及填料。用绝缘自粘带将电缆三相铜屏蔽端头包扎好，以防铜屏蔽带松散。按尺寸要求在距钢铠 20mm 处剥切内护套，剥切内护套时不得损伤铜屏蔽层。沿内护套边沿，刀口由里向外切割填充料，切割时，不得损伤铜屏蔽层。分开三相线芯时，不可硬行弯曲，以免铜屏蔽层褶皱变形。

6) 焊接钢铠地线及铜屏蔽地线。用锉刀打毛钢铠表面，用铜绑线将一根铜编织带端头扎紧在钢铠上。将另一根铜编织带一端分成三股，分别用铜绑线扎紧在内护套以上 30mm 处的三相铜屏蔽层上。接地编织带应分别焊牢在钢铠的两层钢带上和三相铜屏蔽层上。焊面上尖角毛刺，必须打磨平整，再在外面绕包几层 PVC 胶带。也可用恒力弹簧扎紧，但在恒力弹簧外面也必须绕包几层 PVC 胶带加强固定。

自外护套端口向下 40mm 范围内的铜编织带均需进行渗锡处理，使焊锡渗透铜编织带间隙，形成防潮段。同时在防潮段下端电缆上，绕包两层密封胶，将接地编织带埋入其中，提高密封防水性能。两编织带之间必须绝缘分开。

7) 包绕填充胶。将两条铜编织带掀起，在外护套上包缠一层密封胶，再将铜编织带放回，在铜编织带和外护层上再包两层密封胶。电缆内、外护套端口绕包填充胶，将两铜编织带压入其中，三相分叉部位空间填实，将填充胶在分支处绕包成橄榄形。两铜编织带不能接触，绕包体表面应平整，绕包后外径必须小于分支手套内径。在离外护套端口约 50～60mm 的位置，用 PVC 胶带将铜编织带固定在电缆上。

(3) 热缩分支手套

1) 热缩分支手套。将分支手套套入电缆三叉部位，并尽量拉向三芯根部，压紧到位。从分支手套中间向两端加热收缩，火焰不得过猛，并与电缆呈45°夹角，环绕加热，均匀收缩，收缩后不得有空隙存在。在分支手套下端口部位，绕包几层密封胶加强密封。根据系统相序排列及布置形式，适当调整排列好三相线芯。

2）剥除铜屏蔽层。在距分支手套手指端口50mm处将铜屏蔽层剥除。剥切铜屏蔽时，应用自粘带固定，切割时，只能环切一刀痕，约2/3深度，不能切穿，以免损伤半导电层。剥除时，应以刀痕处撕剥，断开后向线芯端部剥除。

3）剥切外半导电层。在距铜屏蔽端口20mm处剥除外半导电屏蔽层。剥切外半导电，环切及纵切刀痕，不能切穿，以免损伤主绝缘。

4）打磨绝缘表面。外半导电层剥除后，绝缘表面必须用细砂纸打磨，去除吸附在绝缘表面的半导电粉尘，使绝缘层表面平整光洁。

（4）应力处理

1）绝缘屏蔽层端部应力处理。外半导电层端部用砂纸打磨或切削成45°小斜坡，打磨或切削后，半导电层端口平齐，坡面应平整光洁，与绝缘层圆滑过渡，处理中不得损伤绝缘层。绝缘端部应力处理前，用绝缘自粘带粘面朝外将电缆三相线芯端头包扎好，以防削切反应力锥时伤到导体。

2）清洁绝缘表面。用清洁纸将绝缘表面擦净，应从绝缘端口向外半导电层方向擦抹，不能反复擦。擦净后用一块干净的布或纸再次擦抹绝缘表面，检查布或纸上无炭痕时方为合格。

3）包绕应力疏散胶。将黄色菱形应力疏解胶拉薄拉窄，将半导电层与绝缘之间台阶绕包填平，各压绝缘和半导电层10mm，绕包的应力疏散胶端口应平齐。涂硅脂时，不要涂在应力疏散胶上。

4）热缩应力控制管。根据图纸尺寸和工艺要求，将应力控制管套在金属屏蔽层上，与金属屏蔽层搭接20mm，不得随意改变结构和尺寸，从下端开始向电缆末端热缩。加热时，火焰不得过猛，应温火均匀加热，使其自然收缩到位。

（5）压接端子

1）剥除线芯末端绝缘。核对相色，按系统相色摆好三相线芯，户外终端头引线从内护套端口至绝缘端部不小于700mm，户内不小于500mm，再留端子孔深加5mm，将多余电缆芯锯除。将电缆末端长度为接线端子孔深加5mm的绝缘剥除，剥除时不得伤到线芯导体。将绝缘层末端削切成50mm长的"铅笔头"，绝缘端部应力处理前，用PVC胶带粘面朝外将电缆三相线芯端头包扎好，以防削切反应力锥时伤到导体。

2）压接接线端子。拆除导体端头上的自粘带，用清洁纸将导体表面沾上的胶膜清洗干净，套入接线端子，接线端子与导体紧密接触，按先上后下顺序进行压接。压接后将接线端子表面尖端和毛刺用砂纸打磨光滑、平整。

（6）热缩绝缘管

1）包绕密封胶。分支手套指管端口部位和接线端子压痕以及接线端子与线芯绝缘之间连接部位，均应包绕密封胶，尤其导体裸露部位，密封胶一定要绕包严实紧密。再在密封胶外将绝缘自粘带拉伸后半搭接绕包，搭接接线端子和线芯绝缘各10mm，以增强密封防水性能。

2）热缩绝缘管。对于 $50\sim120mm^2$ 的小截面电缆需要在接线端子与"铅笔头"之间绕包的密封胶上加缩一根垫管，以保证随后的绝缘管能收紧该部位。用清洁纸将三相绝缘清洗干净，待清洁剂挥发后，在绝缘层表面均匀地涂抹一层硅脂，将绝缘管分别套在三芯分支手套指管的根部，从三叉根部开始由下往上均匀加热固定，热缩时，火焰不得过猛，并与电缆呈 45°夹角，按照由下向上的顺序，缓慢、环绕加热，将管中气体全部排出，使其均匀收缩，热缩好的绝缘管上端应搭接在垫管上至少 20mm。若在冬季施工，环境温度较低时，在热缩绝缘管时，应预先将金属端子加热，以使绝缘管与金属端子有更紧密的接触。绝缘管做二次加热收缩效果更好。

3）热缩密封管。在绝缘管与接线端子之间绕包密封胶和填充胶将台阶填平，使其表面尽量平整。绕包时应注意严实紧密。将密封管套在绕包的填充胶上，进行热缩固定。密封管固定时，其上端不宜搭接到接线端子孔的顶端，以免形成槽口，长期积水渗透，影响密封结构。

4）热缩相色管。按系统相色，在三相接线端子上套入相色管并热缩。

5）连接接地线。终端头的金属屏蔽层接地线及钢甲接地线均应与接地网连接良好。

（7）户外终端热缩防雨裙

1）户外终端每相套入 6 只单孔防雨裙进行热缩，雨裙与线芯、绝缘管垂直。每相在距绝缘管下端口 130mm 处，加热固定第一只防雨裙，再依次按 60mm 加热固定其余防雨裙。

2）热缩防雨裙时，应对防雨裙上端直管部位圆周加热，加热时应用温火，火焰不得集中，以免防雨裙变形和损坏。

3）防雨裙加热收缩中，应及时对水平、垂直方向进行调整和对防雨裙边整形。

4）防雨裙加热收缩只能一次性定位，收缩后不得移动和调整，以免防雨裙上端直管内壁密封胶脱落，固定不牢，失去防雨功能。

二、35kV 电力电缆热缩式中间接头制作

1. 主要工艺流程（见图 3-34）

图 3-34 电力电缆热缩式中间接头制作工艺流程图

2. 35kV 电力电缆热缩式中间接头具体操作步骤及要求

（1）施工准备工作

1）施工前应检查所用工具及附件材料是否齐全、合格，如压接钳模具与电缆规格应配套等。

2）核对附件装箱单与附件材料是否相符，电缆附件规格应与安装的电缆规格相符。

3）电缆附件安装前，应检查电缆端部是否密封完好，有无进潮。对交联电缆，如进潮，要经去潮处理后再使用。

（2）电缆预处理

1）确定接头中心。在接头坑内校直电缆，确定接头中心，在适当位置确定接头中心，用 PVC 自粘带做好标记，电缆直线部分不小于 2.5m，应考虑接头两端套入各类管材的长度。将超出接头中心 200mm 以外的电缆锯掉。

将电缆两端外护套擦拭干净，在两端电缆上依次套入外护套、金属护套及内护套，将护套管两端包严，防止进入尘土影响密封。

2）确定剥切尺寸。按图 3-35 所示确定剥切尺寸，依次剥除电缆的外护套、铠装层、内护套和填充料。

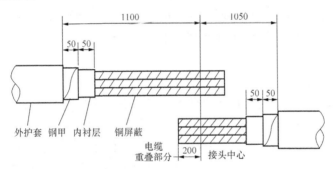

图 3-35　35kV 电缆热缩中间接头剥切尺寸图（单位：mm）

3）剥切外护套。根据尺寸要求在长端 1300mm、短端 1250mm 处剥除外护套，剥除应分两次进行，以避免电缆铠装层钢带松散。外护套端口以下 100mm 部分用砂纸打毛并清洗干净，以保证分支手套定位后，密封性能可靠。

4）锯除铠装层。保留端口处一小段外护套（防止钢铠散开），用铜绑线在钢铠上围绕 3～4 匝，绑扎，紧固铠装层钢甲，按尺寸要求在距外护套 50mm 处锯除铠装层，锯钢铠时，其圆周锯痕不应超过钢铠厚度的 2/3，不得锯穿，以免损坏内护套。剥钢铠时，应用钳子首先沿锯痕将钢铠卷断，钢铠断开后再向电缆端头剥除。严禁反方向操作，以避免保留部分钢铠松动。

5）剥切内护套及填充料。用绝缘自粘带将电缆三相铜屏蔽端头包扎好，以防铜屏蔽带松散。按尺寸要求在距钢铠 50mm 处剥除内护套，剥切内护套时不得损伤铜屏蔽层。沿内护套边沿，刀口由里向外切割填充料，切割时，不得损伤铜屏蔽层。分开三相线芯时，不可硬行弯曲，以免铜屏蔽层褶皱变形。

6）锯除多余电缆线芯。将三芯分开成等边三角形，使各相间有足够的空间，各对应线芯绑好，线芯弯曲不宜过大，以便于操作为宜，但一定要保证弯曲半径符合规定要求。锯线芯前，将接头中心尺寸核对准确，锯掉多余线芯。锯割时，应保持电缆线芯端口平直。

7）剥切铜屏蔽层、外半导电层、绝缘层。按图 3-36 所示尺寸（D 为 1/2 接管长加 5mm）依次剥除铜屏蔽带、外半导电层及绝缘层。剥切铜屏蔽时，为防止铜屏蔽带松散，可在缆芯适当位置用绝缘自粘带扎紧，切割处用绝缘自粘带或细铜线扎紧，只能环

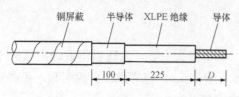

图 3-36 35kV 电缆中间接头铜屏蔽
剥切尺寸图（单位：mm）

切一刀痕，约 2/3 深度，不能切穿，以免损伤半导电层。剥除时，应以刀痕处撕剥，断开后向线芯端部剥除。铜屏蔽层的端口应切割平整，不得有尖端和毛刺。

剥切外半导电，环切及纵切刀痕，不能切穿，以免损伤主绝缘。外半导电层应剥除干净，不得留有残迹，剥除后必须用细砂纸将绝缘表面吸附的半导电粉尘砂磨干净并清洗光洁。保留外半导电层的端口，用刀切削或砂纸打磨成小斜坡，坡面应砂磨圆整光洁，与绝缘层平滑过渡。

剥切线芯末端绝缘，在绝缘端部倒角 5mm×45°，用细砂纸将绝缘表面吸附的半导电粉尘打磨干净，并使绝缘层表面平整光洁。用浸有清洁剂的纸，将绝缘层表面擦干净。

（3）压接连接管

1）套入绝缘管。将电缆表面清洁干净，在电缆三相线芯长端各套入一根黑色应力控制管、一根红色绝缘管和一根红黑色绝缘屏蔽管，在短端分别套入另一根红色绝缘管。将其推至根部、临时固定。应按照附件的安装说明，依次套入管材，顺序不能颠倒，所有管材端口，必须用塑料布加以包扎，以防水分、灰尘、杂物浸入管内玷污密封胶层。

2）压接连接管。压接前用清洁纸将连接管内、外和导体表面清洗干净。检查连接管与导体截面尺寸应相符，压接模具与连接管外径尺寸应配套。依次将两端的各相线芯套入压接管，调整线芯成正三角形，三相长度应相同，如连接管套入导体较松动，即应填实后进行压接。每端连接管各压三次。

3）打磨和清洁绝缘表面以及连接管。压接后，连接管表面的棱角和毛刺，必须用锉刀及砂纸打磨光洁，并将铜屑粉末清洗干净。用清洁纸擦净连接管表面及绝缘表面。

（4）应力处理

1）绝缘屏蔽断口应力处理。清洁绝缘表面，在内半导电层和绝缘层交界处绕包黄色菱形应力疏散胶，应力疏解胶拉薄拉窄，将半导电层与绝缘之间台阶绕包填平，两边各搭接 10mm，应力疏散胶的包缠应平滑，两端应薄而整齐。在电缆绝缘表面涂一薄层硅脂，包括连接管位置，但不要涂到应力疏散胶及外半导电层上。

2）连接管处应力处理。连接管处应力处理有两种情况。

a. 包绕应力疏散胶。从任意一相开始，取一长片应力疏散胶，取下一面防粘纸，将胶带卷成小卷，再拉长至原宽度的一半，先将导电线芯部分填平，然后用半重叠法将应力疏散胶缠在线芯端部和压接管上，两端各压绝缘 10～15mm，包缠直径略大于绝缘外径，表面应平整。

b. 绕包半导电带和绝缘带。在连接管上，半搭盖绕包两层半导电带并与两端内半导电层搭接。在半导电带外，半搭盖绕包 J-30 绝缘自粘带，最后再半搭盖绕包两层聚四氟带。

3）热缩应力管。将应力控制管移至接头中心，分别从中间往两端热缩应力控制管。加热时，火焰不得过猛，应温火均匀加热，使其自然收缩到位。收缩后，在应力控制管与绝缘层交接处必须绕包应力疏散胶。

（5）热缩绝缘管

1）热缩前，电缆线芯绝缘和外半导电屏蔽层应用清洁纸清洗干净，清洁时，由线芯绝缘端部向半导电应力控制管方向进行，不得反复擦拭。

2）热缩内、外绝缘管。先将内层绝缘管移至应力控制管上，中心点对齐，三相同时从中间往两端热缩。再将外层绝缘管移至内绝缘管上，中心点对齐，三相同时从中间往两端热缩。管内气体全部排出，保证完好收缩，防止局部温度过高，绝缘碳化，管材损坏。将红色防水胶带拉伸 200%，在每相绝缘管两端各缠两圈，其边缘与绝缘管端口对齐。

3）热缩绝缘屏蔽管。将三相绝缘屏蔽管移至绝缘管上，中心点对齐，三相同时从中间开始向两侧分两次互相交换收缩，然后继续在绝缘屏蔽管全长加热 45s，收缩要求同内绝缘管。

（6）恢复内护套

1）连接铜屏蔽层。在三相电缆线芯上，分别用 25mm^2 铜编织带连接两端金属屏蔽带，其两端在距绝缘屏蔽管端口 30mm 处用 $\phi1.0\text{mm}$ 镀锡铜线绑两匝在铜屏蔽带上，用焊锡焊牢。铜扎线应尽量扎在铜编织带端头的边缘，避免焊接时，温度偏高，焊接渗透使端头铜丝胀开，致焊面不够紧密复贴，影响外观质量。用半重叠法在三相线芯上包缠一层钢网带，两端用 $\phi1.0\text{mm}$ 镀锡铜线绑两匝在铜屏蔽带上，用焊锡焊牢。

2）热缩内护套。将三相线芯并拢，用白布带按间隔 50mm 距离疏绕，往返包绕两层扎紧。内护套上包绕一层红色密封胶，将一端内护套管拉至接头上，与红色密封胶搭接，从红色密封胶带处向中间收缩。用同一方法收缩另一端内护套，两者搭接部分包绕 100mm 长红色密封胶。

（7）恢复外护套

1）连接两端钢铠。用 10mm^2 的铜编织带连接两端钢甲，铜编织带应平整地敷在内护套上，焊在两层钢带上。焊接时，钢铠焊区应用锉刀和砂纸磨光打毛，并先镀上一层锡，将铜编织带两端分别接在钢铠镀锡层上，用铜绑线扎紧并用锡焊牢。

2）固定金属护套。接头部位及两端电缆调整平直，将金属套移至接头中间部位，两端套上金属套头，金属护套两端套头端齿部分与两端钢铠绑扎应牢固。

3）热缩外护套。外端护套管定位前，必须将接头两端电缆外护套端口 150mm 处清洁干净并用锉刀打毛，将一端外护套热缩管拉至接头上，由端部向中间收缩。用同一方法收缩另一半外护套，两者搭接部分包绕 100mm 长红色密封胶。

4）接头外用保护盒加以保护，热缩部件未冷却前，不得移动电缆，以防破坏搭接处的密封。

三、35kV 单芯电力电缆冷缩式终端制作

1. 主要工艺流程（见图 3-37）

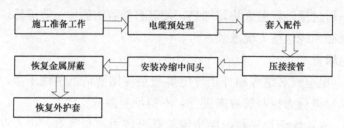

图 3-37　35kV 单芯电力电缆冷缩式终端制作工艺流程

2. 35kV 单芯电力电缆冷缩式终端头具体操作步骤及要求

（1）施工准备工作

1）施工前应检查所用工具及附件材料是否齐全、合格，如压接钳模具与电缆规格应配套等。

2）核对附件装箱单与附件材料是否相符，电缆附件规格应与安装的电缆规格相符。

3）电缆附件安装前，应检查电缆端部是否密封完好，有无进潮。对交联电缆，如进潮，要经去潮处理后再使用。

（2）电缆预处理

1）应按照附件说明书确定剥切尺寸，以下所列尺寸仅供参考，如表 3-4 所示，确定 A、B 尺寸。

表 3-4　　　　　　　　　　35kV 单芯电缆冷缩终端

主绝缘外径（mm）	导体截面（mm²）	A（mm）	B（mm）
26.7～45.7	50～185	410	端子孔深+5
38.9～58.9	240～630	420	

2）开剥电缆：先按 $A+B$ 的长度，剥去电缆护套。为防止铜屏蔽带松散，可先用 PVC 带临时绑扎，护套口往上保留 35mm 的铜屏蔽，其余的切除，铜屏蔽口向上保留 40mm 的外半导电层，其余的剥去，如图 3-38 所示。

（3）安装接地线

1）在护套向下 0mm 处用防水胶带做一防水口，如图 3-39 所示。

2）从电缆半导电层端部，往下量 115mm，用 PVC 带做一明显标记，此处为冷缩绝缘管的收缩基准。

3）用砂纸打磨铜屏蔽层表面，用恒力弹簧将接地线固定在铜屏蔽层上，可将接地线的端头反卡在恒力弹簧圈层间。恒力弹簧缠绕方向应顺着铜屏蔽层的方向。

4）在接地线上绕包第二层防水胶带，把接地线夹在中间，形成防水口。

5）在恒力弹簧和铜屏蔽层间绕包几层 J-30 绝缘自粘带，与电缆外护套齐平即可，

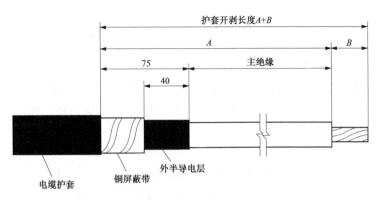

图 3-38　35kV 单芯电缆冷缩终端剥切尺寸图（单位：mm）

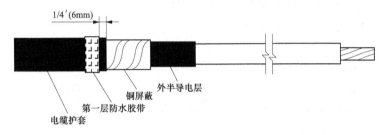

图 3-39　35kV 单芯电缆冷缩终端防水口图

并在其外面绕包一层 PVC 胶带。严禁包住外半导电层。如图 3-40 所示。

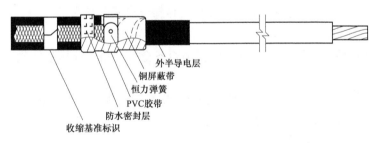

图 3-40　35kV 单芯电缆冷缩终端安装接地线图

（4）安装接线端子

1）查看接线端子是否小于冷缩式终端的内径，反之，先将冷缩终端套入，但不要抽取白色芯绳。

2）从电缆终端的顶端向上量取接线端子孔深＋5mm，剥去线芯绝缘，并将线芯绝缘削成铅笔状。套入接线端子，并压接，去除棱角、毛刺，清洁表面。

（5）清洁电缆

1）用最大粒度 120 或更细的绝缘砂纸打磨电缆主绝缘，以去除吸附在绝缘表面的半导电粉尘，不能打磨外半导电层，外半导电层末端用砂带打磨成小斜坡，使之平滑过渡。

2）绕两层半导电带将铜屏蔽与半导电层之间的台阶盖住。半导电带不能绕包到半导电端口处。

3）用清洁剂清洁电缆主绝缘。

（6）安装冷缩式终端

1）在线芯绝缘处均匀涂抹一层硅脂膏，注意不要涂在半导电层上。

2）套入冷缩式终端，抽出芯绳少许，定位于 PVC 带的标识处，校正位置后，逆时针抽出芯绳，使其收缩到位，在终端与绝缘管搭接处绕包几层黑色 PVC 胶带。

（7）安装密封管

1）在接线端子、线芯绝缘的间隙处绕包防水密封胶，直至与线芯绝缘齐平。

2）绕包一层 PVC 胶带，套入密封管，搭接冷缩终端，逆时针抽出芯绳使之均匀收缩。

四、35kV 单芯电力电缆冷缩式中间接头制作

1. 主要工艺流程（见图 3-41）

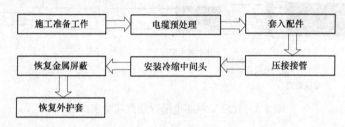

图 3-41　35kV 单芯电力电缆冷缩式中间接头制作工艺流程图

2. 35kV 单芯电力电缆冷缩式中间接头具体操作步骤及要求

（1）施工准备工作

1）施工前应检查所用工具及附件材料是否齐全、合格，如压接钳模具与电缆规格应配套等。

2）核对附件装箱单与附件材料是否相符，电缆附件规格应与安装的电缆规格相符。

3）电缆附件安装前，应检查电缆端部是否密封完好，有无进潮。对交联电缆，如进潮，要经去潮处理后再使用。

（2）电缆预处理

1）把电缆置于最终位置，剥去电缆护套。开剥长度如图 3-42 所示，清洁电缆两端护套。图中 A 尺寸选择如表 3-5 所示。

表 3-5　　　　　　　　35kV 单芯电缆冷缩中间接头剥切 A 尺寸

导体截面（mm²）	A（mm）
50～95	105
120～150	180

2）两段护套口前各保留 90mm 的铜屏蔽带，其余全部剥去。

3）在铜屏蔽带末端往上保留 50mm 的外半导电层，其余全部剥去，剥离时，切勿划伤主绝缘。

4）按照接管长度的一半＋10mm 切除电缆主绝缘。

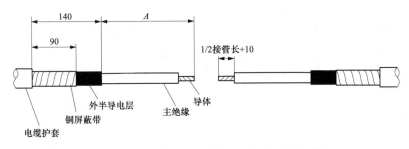

图 3-42 35kV 单芯电缆冷缩中间接头剥切尺寸图（单位：mm）

（3）套入配件

1）用最大粒度 120 或更细的绝缘砂纸打磨电缆主绝缘，以去除吸附在绝缘表面的半导电粉尘，不能打磨外半导电层，外半导电层末端用砂带打磨成小斜坡，使之平滑过渡。半重叠绕包半导电带，从屏蔽带上 40mm 处绕包到 10mm 的外半导电层上，将电缆铜屏蔽带端口包覆并加以固定，绕包应十分平整，如图 3-43 所示。

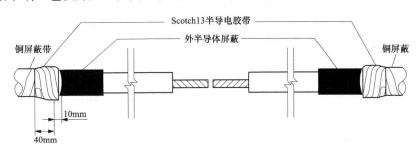

图 3-43 35kV 单芯电缆冷缩中间接头绕包半导电带图

2）在电缆导体连接前，分别将铜网套、连接管适配器、冷缩中间接头主体和冷缩护套管套入电缆上，如图 3-44 所示。

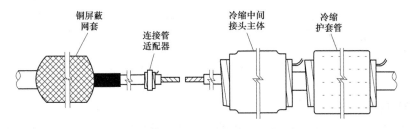

图 3-44 35kV 单芯电缆冷缩中间接头套入配件图

3）用塑料布将中间接头配件和电缆绝缘临时保护好。

（4）压接接管

1）装上接管，对称压接。压接后，接管表面如有尖角、毛刺，应对其表面挫平打光并清洁。导体连接管压接完后延伸长度不得超过 13mm。

2）拆去中间接头配件和电缆绝缘的临时保护。

3）将冷缩连接管适配器置于接管中心位置上，逆时针抽掉芯绳，使其定位于接管中心。

4）测量绝缘尾端尺寸 C，按尺寸 C 的一半在接管上确定实际中心点 D，再在外半导电层上距离接管中心点 D215mm 处用 PVC 胶带做一个明显标识，此处为冷缩中间接头收缩的基准点。如图 3-45 所示。

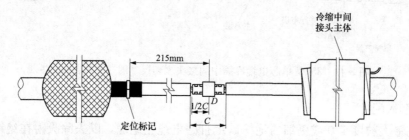

图 3-45　35kV 单芯电缆冷缩中间接头定位基准图

5）主绝缘表面若有残留的半导电颗粒、刀痕，用不导电的绝缘砂纸打磨处理。

6）清洗电缆主绝缘，切勿使溶剂碰到半导电层。

7）将绝缘混合剂涂抹在半导电层与主绝缘交界处，其余的均匀涂抹在主绝缘表面上。

（5）安装冷缩中间头

将冷缩中间接头对准 PVC 标识带的边沿。可先将冷缩头稍稍覆盖住 PVC 带少许，逆时针抽出芯绳，待收缩几圈后，慢慢转动中间头，使 PVC 带全部露出。不要将冷缩中间头向前硬推，以避免冷缩中间头向内卷边。

收缩后，检查冷缩中间头的两端是否与两端半导电层搭接，如图 3-46 所示。

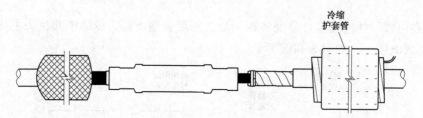

图 3-46　35kV 单芯电缆冷缩中间接头图

（6）恢复金属屏蔽

1）在收缩好的接头主体外部套上铜编织网套，从中间向两边对称展开，用 PVC 胶带把铜网套绑扎在接头主体上，用恒力弹簧将铜网套固定在电缆铜屏蔽层上，以保证金属网套与铜屏蔽层良好接触。将铜网套的两端修理整齐，在恒力弹簧前保留 10mm。

2）用 PVC 胶带将恒力弹簧和铜网套边缘半重叠包住。

3）用防水胶带在护套上距离为 60mm 处开始半重叠绕包，绕至恒力弹簧上。另一端也照此处理，如图 3-47 所示。

（7）恢复外护套

1）将冷缩护套对准防水胶带边缘，逆时针抽出芯绳，使其均匀收缩。

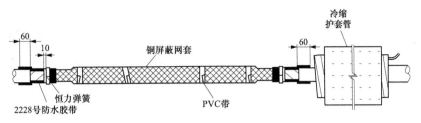

图 3-47　35kV 单芯电缆冷缩中间接头恢复金属屏蔽图

2）从距冷缩护套端口 60mm 处，半重叠绕包防水胶带至冷缩护套管上 30mm，一个来回。在防水胶带外部，绕包 PVC 胶带，将其覆盖住。如图 3-48 所示。

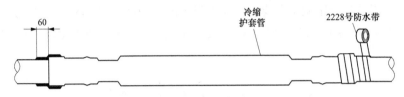

图 3-48　35kV 单芯电缆冷缩中间接头恢复外护套图

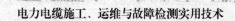
高压电缆附件安装

高压电缆附件是由中低压电缆附件发展过来的。因此，110kV 及以上交联聚乙烯绝缘电缆（简称交联电缆）终端和中间接头的类型，与 35kV 及以下电缆终端和中间接头的类型相似。

第一节　110kV 电缆附件简介

一、电缆附件分类

110kV 及以上交联电缆终端的主要品种为户外终端、GIS 终端（安装在全封闭组合电器内，又称 SF_6 气终端）和变压器终端（安装在变压器油箱内，又称油中终端）。

110kV 及以上交联电缆中间接头，按照它的功能，以将电缆金属护层、接地屏蔽和绝缘屏蔽在电气绝缘上断开或连续分为直通接头（如图 4-1 所示）与绝缘接头（如图 4-2 所示）。无论是绝缘接头或直通接头，按照它的绝缘结构区分有绕包型接头、包带模塑型接头、挤塑模塑型接头、预制型接头等类型。

图 4-1　直通接头

图 4-2　绝缘接头

高压电缆附件按其用途和上体绝缘成型的工艺来划分，高压电缆附件分类框图如图 4-3 所示。

二、定义

1. 户外终端

在受阳光直接照射或暴露在气候环境下或二者都存在的情况下使用的终端。

2. 气体绝缘终端（GIS 终端）

安装在气体绝缘封闭开关设备（GIS）内部，以六氟化硫（SF_6）气体为外绝缘的

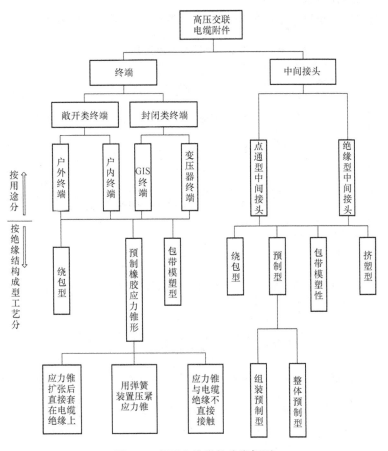

图 4-3　高压电缆附件分类框图

气体绝缘部分的电缆终端。

3. 油浸终端

安装在油浸变压器油箱内以绝缘油为外绝缘的液体绝缘部分的电缆终端。

4. 直通接头

连接两根电缆形成连续电路的附件。特指接头的金属外壳与被连接电缆的金属屏蔽和绝缘屏蔽在电气上连续的接头。

5. 绝缘接头

将电缆的金属套、接地金属屏蔽和绝缘屏蔽在电气上断开的接头。

6. 预制附件

以具有电场应力控制作用的预制橡胶元件作为主要绝缘件的电缆附件。

7. 组合预制绝缘件接头

采用预制橡胶应力锥及预制环氧绝缘件现场组装的接头。

8. 整体预制橡胶绝缘件接头

采用单一预制橡胶绝缘件的接头。

三、高压电缆附件各类终端比较

高压电缆附件各类终端的结构特征、主要特点及应用情况见表 4-1。

表 4-1　　　　　　　　　高压电缆附件各类终端的构造类型及应用概况

序号	终端装置名称	终端构造特征		主要特点	应用情况
		类别	型式		
1	户外式终端	干式	热缩式	需明火作业	欧美应用最高工作电压 72kV
2			橡胶预制	安装与维护简便	法国 66～110kV，我国、日本近已开发
3		非干式（套管内注入绝缘油或 SF₆ 气体）	增绕应力锥	沿袭充油电缆所有，有长期实践经验，易把握可靠性。但安装费时	日本 275kV（1980 年）、500kV（1988 年）；法国 66～190kV；英国、韩国 400kV
4			电容锥	—	—
5			导向锥	—	—
6			预制应力锥	安装较简便，可减免潮气影响，绝缘可靠性较高	日本 66～275kV，欧美澳 200～500kV，法国 190kV（注油）、200～500kV（SF₆）
7			预制应力锥复合套管	复合式套管改善耐污特性，可避免爆炸碎片溅飞的破坏影响	瑞士 20 世纪 80 年代开创至 1995 年，110～170kV、220～400kV 各已运行 15 年、5 年；日本近年也开发
8	GIS 终端	无套管	直浸式	预制应力锥＋SF₆ 气体构成	法国、瑞典 200～500kV
9		有套管非干式	电容锥	长期实践证明绝缘性可靠	法国 66～190kV，德国 310～500kV
10			预制应力锥	安装较简便	广泛用于 500kV 及以下各高压级
11		有套管干式	预制应力锥	安装更简便，运行管理也简单	欧洲首创，英国 500kV，日本 275kV
12			预制应力锥，导体插接	部分分解简单，安装更进一步简化	德国 110～220kV（20 世纪 90 年代以来）

四、产品命名

1. 高压附件型号组成

□□□□
　 └── 终端外绝缘或接头保护盒及外保护层代号
　└── 内绝缘代号
└── 附件代号
└── 系列代号

其中：

系列代号　　　　　　　　　YJ——交联聚乙烯绝缘电缆。

附件代号　　　　　　　　　ZW——户外终端；

ZG——GIS 终端；

ZY——油浸终端；

JT——直通接头；

JJ——绝缘接头。

内绝缘代号

C——含液体绝缘填充剂终端内绝缘；

G——干式绝缘终端内绝缘；

Q——六氟化硫（SF$_6$）气体绝缘终端内绝缘；

Z——组合预制绝缘件接头内绝缘；

I——整体预制绝缘件接头内绝缘。

户外终端外绝缘污秽等级代号　1——Ⅰ级（最小爬电比距，16mm/kV）；

2——Ⅱ级（最小爬电比距，20mm/kV）；

3——Ⅲ级（最小爬电比距，25mm/kV）；

4——Ⅳ级（最小爬电比距，31mm/kV）。

接头保护盒及外保护层　0——无保护盒；

1——玻璃钢保护盒含防水浇注剂；

2——绝缘铜壳。

2. 产品表示方法

产品用型号、规格（额定电压、相数、适用电缆截面）及标准号表示。

示例：

（1）额定电压 64/110kV、导体标称截面 630mm^2、交联聚乙烯绝缘电缆用含绝缘填充剂户外终端，外绝缘污秽等级Ⅲ级，表示为：

YJZWC3 64/110 1× 630 GB/T 11017.3—2002

（2）额定电压 64/110kV、导体标称截面 630mm^2、交联聚乙烯绝缘电缆用整体预制式绝缘件绝缘接头，绝缘铜壳作外保护盒，表示为：

YJJJI2 64/110 1× 630 GB/T 11017.3—2002

3. 附件标志

（1）产品标志

每个出厂的电缆附件产品应带有明显的耐久性标志，标志内容如下：

1）制造方名称；

2）型号、规格；

3）额定电压，kV；

4）生产日期及编号。

（2）零部件的标志

接头保护盒、预制橡胶绝缘件等部件应采用适当的方式标明制造方名称、规格、型号。

第二节　110kV 电缆附件的基本特性

一、终端的基本特性

1. 密封式终端头的基本特性

GIS 终端（如图 4-4 所示）和象鼻终端在结构上没有很大的区别，都用预制装配式终端来进行应力控制，采用乙丙橡胶或硅橡胶制作的应力锥套在经过处理的电缆绝缘上，搭盖绝缘屏蔽尺寸按生产厂家提供的参数为依据，以保证终端内外部的绝缘配合。

GIS 终端和象鼻终端的区别是：由于象鼻终端和变压器直接相连，象鼻终端在设计和安装两方面均应考虑防震要求；象鼻终端的环境温度取决于变压器油温，散热条件较差；变压器油压比气压低，可以采用非"死密封"终端。

2. 敞开式电缆终端的基本特性

110kV 高压交联电缆一般采用预制橡胶应力锥终端。硅油浸渍薄

图 4-4　GIS 终端

膜电容锥的使用可以达到较高的耐操作冲击与雷电冲击绝缘水平，一般在 330kV 及以上电压等级上采用。户外终端采用电容锥结构的主要原因是为了均匀套管表面电场分布，使得户外终端达到较高的耐操作冲击与雷电冲击绝缘水平。随着预制橡胶应力锥终端技术的发展，在 400～500kV 电压等级上亦采用预制橡胶应力锥终端技术。

干式终端整体结构上没有刚性的支撑件，机械性能完全依靠电缆原有导体线芯和绝缘，机械强度不高，受制于安装空间又无法采取其他措施对终端机械性能进行加强。因此干式电缆终端安装固定到位后会有弯曲导致电缆终端产生形变（大负荷时此种形变更加明显），在线路投切或线路故障时终端承受电应力，终端的形变还会变化，长期的形变将会在终端中产生气隙使得局部放电量增大进而减少终端使用寿命。

二、中间接头的基本特性

1. 绕包型中间接头

绕包型中间接头采用自粘性绝缘带材，现场绕包成型。一般采用绕包机进行机械绕包施工，应力控制采用绕包应力锥。此类接头相对长度较长，增绕绝缘亦比较厚。但是其价格较低，能适应各种电缆规格。

2. 预制中间接头

预制中间接头具有安装时间较短，而且预制橡胶应力锥或预制橡胶绝缘件均经制造厂例行试验检验，因此产品安装质量更有保证。预制中间接头的应力锥部位设计方法同预制终端应力锥，但预制中间接头中央处为导体连接的电压屏蔽套，使界面上电场梯度在应力锥区域以外还会升高，因此应使应力锥部位界面切向电场梯度均匀，而且在接近高压屏蔽部位界面上的切向电场梯度不超过允许切向电场梯度值。预制中间接头已是交联电缆附件的主要品种。

预制中间接头有以下几种类型：

（1）组合预制绝缘件中间接头

中间接头绝缘由预制橡胶应力锥及预制环氧绝缘件在现场组装，并采用弹簧紧压使得预制橡胶应力锥与交联电缆绝缘界面间以及橡胶应力锥与预制环氧绝缘件界面间达到一定压力以保持界面电气绝缘强度。由于采用弹簧机械加压措施，交联电缆外径与预制橡胶应力锥内径可采用较小的过盈配合，橡胶应力锥较易套入交联电缆绝缘，并且即使长期运行以后橡胶应力锥弹性模量会有所下降，也可以凭借弹簧压紧而保持界面所需压力。组合预制绝缘中间接头的保护铜套管与电缆金属护套采用搪铅密封，外用防水保护盒，其中灌注防水胶。组合预制绝缘件中间接头的绝缘结构稳定，当对中间接头的保护盒采用紧固定位装置的条件下，可以耐受中间接头两边电缆导体热机械力不平衡的作用，例如电缆从直埋过渡到隧道敷设，或直埋过渡到其他有位置移动的辐射条件。

（2）整体预制橡胶绝缘件中间接头

中间接头采用单一橡胶绝缘件，交联绝缘外径与橡胶绝缘件内经有较大的过盈配合，以保持橡胶绝缘件与交联电缆绝缘界面的压力。要求橡胶绝缘件具有较大的断裂伸长率及较低的应力松弛，以使橡胶绝缘件不致在安装过程中受损伤，并能在长期运行中不会因弹性模量降低而松弛，也避免了因降低与交联绝缘界面压力而使界面绝缘性能下降的情况。

3. 预制橡胶绝缘件具备导体插入金属件的预制中间接头

预制橡胶绝缘件中央区采用手镯形镀银硬质导电金属插接嵌件，连接的两根电缆端部焊接镀银硬质触头。电缆剥出并经表面打光处理后将预制橡胶绝缘件接触面涂上润滑脂，用机械加压装置推入一根电缆，使电缆导体触头插入预制橡胶绝缘件的金属插接嵌件，随后再将另一根电缆经端部同样处理后插入预制橡胶绝缘件。这种中间接头的主要特点是预制橡胶绝缘件可以与交联电缆经插接连接后一起进行例行试验，接头关键部件少，安装技术及安装工具简单，安装时间短。

三、常用接地系统的种类及其基本特性

1. 高压电缆线路接地方式

高压电缆线路的接地方式（主要是单芯电缆）有下列几种：

（1）护层一端直接接地，另一端通过护层保护接地（可采用方式）；

（2）护层中点直接接地，两端屏蔽通过护层保护接地（常用方式）；

（3）护层交叉互联（常用方式）；

（4）电缆换位，金属护套交叉互联（效果最好的接地方式）；

（5）护套两端接地（不常用，仅适用于极短电缆和小负载电缆线路）。

2. 常用接地系统设备

（1）接地箱

当电压超过 35kV 时，大多数采用单芯电缆，单芯电缆的线芯与金属屏蔽的关系，可看作一个变压器的一次绕组。当单芯电缆线芯通过电流时就会有磁力线交链铝包或金属屏蔽层，使它的两端出现感应电压。

电缆很长时，护套上的感应电压叠加起来可达到危及人身安全的程度，在线路发生短路故障、遭受操作过电压或雷电冲击时，屏蔽层上会形成很高的感应电压，甚至可能击穿护套绝缘。此时，如果仍将铝包或金属屏蔽层两端三相互联接地，则铝包或金属屏蔽层将会出现很大的环流，其值可达线芯电流的 50％～95％，形成损耗，使铝包或金属屏蔽层发热，这不仅浪费了大量电能，而且降低了电缆的载流量，并加速了电缆绝缘老化。

因此只有当电缆线路很短，利用小时数较低，且传输容量有较大裕度时，电缆线路可以采用护套两端接地。护套两端接地后，不需要装设置保护器，这样可以减少维护工作。

当电缆线路长度大约在 500m 及以下时，电缆护套可以采用一端直接接地（通常在终端头位置接地），另一端经保护器接地。护套其他部位对地绝缘，这样护套没有构成回路，可以减少及消除护套上的环行电流，提高电缆的输送容量。为了保障人身安全，非直接接地一端护套中的感应电压不应超过 50V，假如电缆终端头处的金属护套用玻璃纤维绝缘材料覆盖起来，该电压可以提高到 100V。护套一端接地的电缆线路，还必须安装一条沿电缆线路平行敷设的导体，导体的两端接地，这种导体称为回流线。

（2）保护箱

为了限制金属护套或绝缘接头隔板两侧护套间冲击电压的升高，应在护套不接地端和大地之间，或在绝缘接头的隔板之间装设过电压保护器，目前普遍使用氧化锌阀片保护器。保护器安装在交叉互联箱和保护箱内。

当线路出现短路故障时，护套上及绝缘接头的绝缘片间也将感应产生较高的工频过电压。此时电压的时间较长，一般为后备保护切除短路故障的时间（2s），此时保护器应能承受这一过电压的作用而不损坏。

（3）交叉互联箱

较长的电缆线路，在绝缘接头处将不同相的金属护套用交叉跨越法相互连接。金属护套通过交叉互联箱换位连接。

交叉互联后，护套中感应电压低，环流小，而且交叉互联的电缆线路可以不装设回流线。

第三节　110kV 电缆附件安装工艺要求

一、附件安装导则

此安装导则适用于额定电压 110kV 交联聚乙烯绝缘电力电缆附件安装的一般要求。附件的具体安装工艺和详细技术要求由制造方提供。

（1）安装工作应由经过培训合格和掌握附件安装技术的有经验人员进行。

（2）安装手册规定的安装程序，根据不同的环境可进行调整和改变，但应通知制造方以便提供参考意见。

（3）施工现场应保持清洁、无尘。一般情况下其相对湿度不超过 75％方可进行电缆终端施工安装。

（4）需要时，电缆应用加热方法预先进行校直。

（5）电缆和附件的各组成部件，应采用挥发性好的专用清洗剂进行清洗。

（6）O形圈在安装前应涂上密封硅胶或专用硅脂，与O形圈接触的表面，必须用清洗剂清洗干净，并确认这些接触面无任何损伤。

（7）导体连接杆和导体连接管压接时，其所用模具尺寸应符合安装工艺规定。

（8）在安装过程中，预制橡胶绝缘件和电缆绝缘表面，均应清洁干净。

（9）当对电缆金属套进行钎焊时，连续钎焊时间应不超过30min，并可在钎焊过程中采取局部冷却措施，以免因钎焊时金属套温度过高而损伤电缆绝缘。焊接前焊接处表面应保持清洁，焊接后的表面应处理光滑。

二、110kV电缆附件的基本技术要求

电缆有导体、绝缘、屏蔽和护层这四个结构层。作为电缆线路组成部分的电缆终端、电缆接头，必须使电缆的四个结构层分别得到延续。在电缆线路的故障统计中，电缆终端和电缆接头的故障次数，往往占据了相当大的比例。为了电缆输配电线路的安全运行，从附件安装的方面考虑，必须要求以下几点。

1. 导体连接良好

电缆导体必须和出线接梗、接线端子或连接管有良好的连接。连接点的接触电阻要求小而稳定。与相同长度、相同截面的电缆导体相比，连接点的电阻比值应不大于1，经运行后，其比值应不大于1.2。电缆终端和电缆接头的导体连接试样，应能通过导体温度比电缆允许最高工作温度高5℃的负荷循环试验，并通过1s短路热稳定试验。

2. 绝缘可靠

要有满足电缆线路在各种状态下长期安全运行的绝缘结构，并有一定的裕度。电缆终端和电缆接头的试样，应能通过交、直流耐压试验、冲击耐压试验和局部放电等电气试验。户外终端还要能承受雨淋和盐雾条件下的耐压试验。

3. 密封良好

要能有效地防止外界水分或有害物质侵入绝缘，并能防止绝缘剂流失。终端和接头的密封结构，包括壳体、密封垫圈、搪铅和热缩管等，在安装过程中，必须仔细检查，做到一丝不苟。对于交联电缆，在运行中引发"水树枝"，电缆附件必须采用严格的密封结构。交联电缆本体的防水结构主要有金属护套（如铅护套、铝护套）或复合护套（铝箔和聚合物材料）。对于不同的护层结构，附件安装时，必须采用不同的密封方式来保证电缆在安装投运后，不受潮气及其他有害物质的影响。

4. 足够的机械强度

电缆终端和接头，应能承受在各种运行条件下所产生的机械应力。终端的瓷套管和各种金具，包括上下屏蔽罩、紧固件、底板及尾管等，都应有足够的机械强度。对于固定敷设的电力电缆，其连接点的抗拉强度应不低于电缆导体本身抗拉强度的60%。

5. 单芯电缆接地装置的特殊要求

（1）接地线组成

单芯电缆的接地线有两部分：一是接地网或接地极与电缆的接地点之间的引线；二是各相互套间和等位连接线。接地线必须具有足够的截面积，以满足金属护套中通过的循环电流和短路时热稳定的要求。

（2）接地线的选择

1）绝缘要求。接地线在正常的运行条件下，应保持和护层同样的绝缘水平，即具有耐受 10kV 直流电压 1min 不击穿的绝缘特性。

2）截面的选择。考虑高压电缆系统是采用直接接地系统，短路的电流比较大，接地线应选用截面积 120mm² 或以上的铜芯绝缘线。

（3）终端接地的要求

单芯电缆终端接地电阻应不大于 0.5Ω。

三、110kV 电缆附件的特殊技术要求

1. 对安装环境的特殊要求

（1）高压交联电缆附件安装要求有可靠的防尘装置。在室外作业，要搭建防尘棚，施工人员宜穿防尘服。

（2）环境温度应该高于 0℃，如果达不到这一条件，应增加保暖措施。

（3）相对湿度应低于 75%，在湿度较大的环境中，应进行空气调节。推荐用空调器调节湿度，不提倡使用去湿机。去湿机会影响施工人员的身体健康。

（4）施工现场应保持通风。在电缆层、工井中施工，应增加强制通风。

2. 适当精度的测量工具

交联电缆附件安装对精度要求比高，在进行安装以前必须仔细阅读附件施工工艺。特别对于预制装配式电缆附件，往往提供的尺寸允许偏差在 1～2mm，这就要求在施工的过程中特别注意施工的要领，并应配备适当精度的测量工具。

3. 允许公差

交联电缆附件，特别是采用过盈配置的预制式附件，对于电缆本体尺寸要求比较高。由于交联电缆的生产过程中可能出现电缆偏心现象（0.5～1.0mm），会造成施工过程中电缆绝缘与预制件配合的允许公差缩小，从而影响电缆附件的使用寿命。因此，电缆附近生产厂商应充分考虑电缆的偏心问题，留有足够的施工允许误差。

4. 必要的专用工具

交联电缆的附件安装必须配备专用工具。只有在专用工具的帮助下，才能保证电缆附件的安装质量。绝对不能在没有专用工具或者专用工具损坏的情况下，盲目进行施工。

四、110kV 电缆附件制作中的关键问题

1. 绝缘界面的性能

（1）电缆绝缘表面的处理

110kV 电压等级的高压交联电缆附件中，电缆绝缘表面的处理是制约整个电缆附件绝缘性能的决定因素，是电缆附件绝缘的最薄弱环节。对 110kV 电压等级的高压交联电缆附件来说，电缆绝缘表面尤其是与预制件相接触部分绝缘及绝缘屏蔽处的超光滑处

理是一道十分重要的工艺，电缆绝缘表面的光滑程度与处理用的砂纸目数相关，如图4-5所示。因此，在高压电力电缆附件制作过程中，至少应使用 400 号及以上的砂纸进行光滑打磨处理。

（2）界面压力

110kV 电压等级的高压交联电缆附件界面的绝缘强度与界面上所受的压紧力呈指数关系，如图4-6所示。界面压力除了取决于绝缘材料特性外，还与电缆绝缘的直径的公差和偏心度有关。因此，在高压电力电缆附件制作过程中，必须严格按照工艺规程处理界面的压紧力。

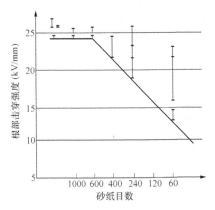

图4-5 应力锥根部电气强度与电缆绝缘表面处理的关系

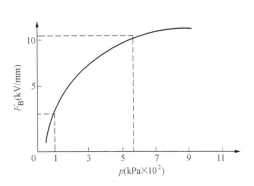

图4-6 电缆附件界面的绝缘强度与界面上所受的压紧力的关系曲线

2. 绝缘回缩的问题

在 110kV 电压等级的高压交联电缆生产过程中，电缆绝缘内部会留有应力。这种应力会使电缆导体附近的绝缘有向绝缘体中间呈收缩的趋势。当切断电缆时，就会出现电缆端部绝缘逐渐回缩和露出线芯的现象。图4-7列举了一个高压电缆中间接头在发生绝缘回缩问题后造成的后果，从图中示意可以看出，一旦电缆绝缘回缩后，中间接头中就

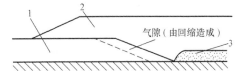

图4-7 电缆中间接头由于绝缘回缩造成气隙
1—电缆绝缘；2—接头绝缘；3—导体连接管

产生了能导致中间接头致命的缺陷——气隙。在高电场作用下，气隙很快会产生局部放电，导致中间接头被击穿。因此，在高压电力电缆附件制作过程中，必须做好电缆加热校直工艺，确保上述应力的消除与电缆的笔直度。

3. 防水和防潮

高压交联电缆一旦进水，在长期运行中电缆绝缘内部会出现"水树枝"现象，从而使交联聚乙烯绝缘性能下降，最终导致电缆绝缘击穿。潮气或水分一旦进入电缆附件后，就会从绝缘外铜丝屏蔽的间隙或从导体的间隙纵向渗透进入电缆绝缘，从而危及整个电缆系统。因此，在安装高压电缆附件时应该十分注意防潮，对所有的密封零件必须认真安装，做好密封处理工作。直埋敷设时的中间接头，必须有防水外壳。

第四节 110kV 电缆附件终端制作

一、110kV 电缆干式终端制作

1. 主要工艺流程图（见图 4-8）

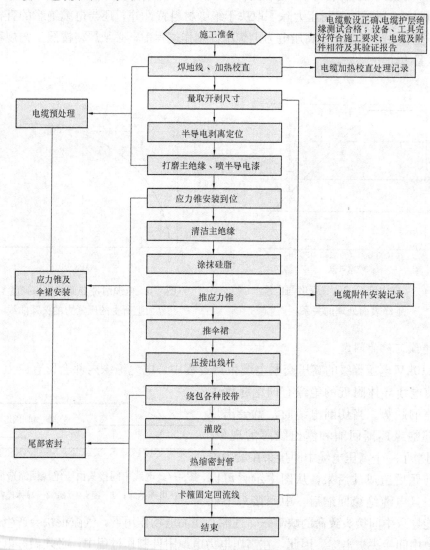

图 4-8 110kV 电缆干式终端制作工艺流程图

2. 110kV 电力电缆终端制作具体操作步骤及要求

（1）施工准备

1）施工准备工作。除了满足 110kV 常用电力电缆终端头安装的基本要求外，110kV 电力电缆终端施工前应仔细阅读附件厂商提供的工艺与图纸做好工器具准备工作、终端材料验收检查核对工作。做好终端场地准备工作，根据工艺要求对终端施工区域的温度、相对湿度进行控制，如为户外工作应及时掌握天气情况，搭制防雨棚。安装

前还应注意检查终端零件的形状、外壳是否损伤，件数是否齐全，对各零部件尺寸按图纸进行校核，最好进行预装配。检查所带工具及安装用的图纸与工艺是否齐备。

2）电缆临时固定和试验工作。电缆敷设至临时支架位置，用电缆夹具配合尼龙吊带及神仙葫芦吊起电缆并校直临时固定，终端施工前应对电缆护层绝缘进行测量，确保电缆敷设过程中没有损伤电缆护层。

（2）电缆预处理

1）焊地线，加热校直。

①切割电缆。检查电缆长度，看清电缆的走向，在前后都留有余度，在合适的位置做好预留弯。根据工艺图纸要求确定电缆最终切割位置，预留200~500mm余量，并分别做好标记，如图4-9所示。在标记处用锯子等工具沿电缆轴线垂直切断。电缆切割前必须核实相位。切割后，观察电缆的截面，是否与电缆附件相匹配。还应仔细观察电缆是否有水迹和受潮现象。发现电缆护套或电缆本体有异常现象时，应及时向有关人员说明。

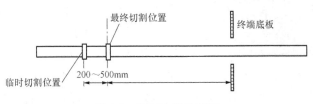

图 4-9　切割电缆位置图

②去除护套。根据工艺图纸要求确定电缆外护套剥除位置，将剥除位置以上部分的电缆外护套剥除。如果电缆外护套表面有石墨层，则宜用玻璃片将石墨层去除干净无残余，剥除长度符合工艺要求。去除金属护套表面沥青及氧化物，要求不得过度加热外护套和金属护套以免损伤电缆绝缘。

③焊地线。从切割位置向上，在金属护套上量取70mm，在该范围内搪铅，搪铅的目的是为了密封、连接、固定。封铅的工艺流程为清洁铝护套→用钢刷去氧化层→打底铅→搪铅→降温。搪铅中注意用火方向，不要对着电缆烧，不要烧伤自己和他人、预防起火；防止虚焊、速度要快，用火焰火（最外层的火）化铅，均匀堆铅；要保证搪铅表面美观，尽量成苹果型（如图4-10所示），搪铅结束后，迅速降温。做接地处理后，根据图纸与工艺要求，确定金属护套剥切点去除金属护套。

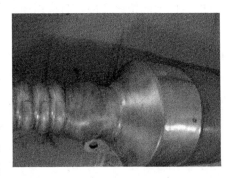

图 4-10　搪铅

④加热校直。

a. 加热校直的目的。通过对电缆正确有效地（时间和温度）加热，去除绝缘应力，并通过加热使电缆更便于校直。

b. 加热校直设备。温度控制器、加热器、温度传感器、保温层、铝箔、校直设备、角铁等。

c. 加热带的绕包。去除金属护套后，撕开阻水带露出半导电层，并在这之上绕包PVC带，在PVC带上绕包铜箔或铝箔，在铜箔或者铝箔上包加热带（一般有加热毯、硅橡胶加热带、玻璃纤维加热带等），在最外层包一层保温材料（布等）。

d. 加热注意事项。建议在5℃以上敷设或搬动电缆，避免造成绝缘断裂，电缆加热一般要求为恒定80℃，加热4h，可以依据现场的温度、截面的大小适当地增加加热时间；加热带的绕包不易过紧过松，并压紧热电偶，以确保输出温度的真实性；根据电缆的直径确定角铁的尺寸，一般角铁的开口小于等于电缆的直径，并检查校直器具上没有任何倒刺或其他坚硬物体，以免损伤电缆。

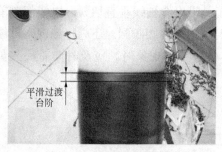

图 4-11　半导电层断口处理

2）量取开剥尺寸，半导电剥离定位。在金属护套断口以上110mm处做电缆外半导电层剥离定位。用专用工具去除外半导电层，在半导电层断口打磨修出5mm长、不超过2mm厚的平滑过渡台阶，如图4-11所示。

电缆半导电层的剥离有三种方法：①热剥法：其优点是工具简单，效率高，加热中注意温度适量，用刀分量要均匀，不然有可能伤及主绝缘。缺点是操作难度大，有的电缆不能热剥。②玻璃刮：其优点是工具简单。缺点是不易控制，要求操作熟练，施工强度高。③刀具剥：其优点是效率高，轻巧简便，被开剥的电缆圆整度高。缺点是刀的价格贵，要求施工人员熟悉使用方法。

由于国内电缆存在偏心率的问题，我们一般多采用玻璃刮的方法去除半导电层。

3）打磨主绝缘，喷半导电漆。电缆绝缘表面应进行打磨抛光处理，打磨抛光处理重点部位是绝缘屏蔽断口附近的绝缘表面。依次用120、180、240号和400号砂纸打磨半导电口以上的绝缘表面，打磨时每一号砂纸应从两个方向打磨10遍以上（如图4-12所示），要求每种砂纸打磨掉前一种砂纸的打磨痕迹，最终要求主绝缘表面光滑，用清洁剂清洁主绝缘表面，并用保鲜膜包覆。

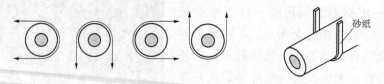

砂纸

图 4-12　电缆绝缘表面抛光处理

打磨处理完毕后应测量绝缘表面直径。测量时应多选择几个测量点，每个测量点宜测2次，确保绝缘表面的直径达到设计图纸所规定的尺寸范围（如图4-13所示），测量完毕应再次打磨抛光测量点去除痕迹。

从半导电层断口最高点到主绝缘15mm宽度为半导电漆喷涂区域。将半导电漆摇匀后，向半导电层方向45°喷涂半导电漆。要求电缆整个圆柱形表面喷涂均匀，在半导电

图 4-13　电缆绝缘表面直径测量

漆干后，喷涂第二遍（如图 4-14 所示），两次干后，用布或清洁纸擦拭喷漆表面干净后（如图 4-15 所示），再用清洁纸或布用力摩擦喷漆表面，以保证喷涂表面光洁。

图 4-14　喷涂半导电漆

图 4-15　擦拭喷漆表面

（3）应力锥及伞裙安装

1）应力锥安装定位。测量应力锥内部半导电台阶至端口的尺寸，根据该尺寸从电缆外半导电层端口最高点向下确定应力锥安装定位点。仔细观察应力锥外部和里面有无受损、有无杂质或裂痕等异常情况（如图 4-16 所示）。

图 4-16　检查应力锥

2）清洁主绝缘。套入应力锥前应清洁粘在电缆绝缘表面上的灰尘或其他残留物，使用无水溶剂清洁电缆绝缘表面，不能有半导电等物质残留。清洁应从绝缘部分向半导电屏蔽层方向擦拭，清洁纸不能来回擦，擦过半导电屏蔽层的清洁纸绝对不能再擦绝缘层，擦过的清洁纸不能重复使用。在暴露电缆绝缘表面上，清除所有半导电材料的痕迹。

3）涂抹硅脂。记录长度、编号等，待清洗剂挥发后，使用清洁的手套在电缆绝缘表面、应力锥内外表面上均匀涂上少许硅脂，硅脂应符合要求。

4）推应力锥。只有在准备套装时，才可打开应力锥的外包装。安装前应以正确的顺序把以后要装配的终端尾管、密封圈等部件套入电缆。将应力锥小心套入电缆，采取保护措施防止应力锥在套入过程中受损。要求应力锥不受损伤，电缆绝缘表面无伤痕、杂质和凹凸起皱。清除剩余硅脂。主绝缘顶端倒圆角，以便应力锥安装。应力锥安装时要防灰、防尘，仔细检查绝缘没有毛刺且绝缘和半导电层没有凹坑，非常光洁等。推锥时，尽可能一次完成，应力锥安装完成后要释放组装应力。

5）推伞裙。用清洁剂清洁应力锥和电缆，涂抹硅脂在硅橡胶伞裙内侧，用推伞裙工具将其推到电缆上，在靠近最终位置前，电缆和伞裙接触的表面要清洁，然后用硅橡枪涂抹硅胶在伞裙台阶上。将伞裙彼此压紧，溢出的多余硅胶要立即清理掉。轻微的转动伞裙使硅胶分布均匀，相应的部位被固定不再移动。除最后2个伞裙外，用上述方式将所有伞裙粘在一起。

最后2个伞裙开始推入时不涂硅胶，根据最后2个伞裙的最终位置，相应地在电缆主绝缘上做一标识确定主绝缘剥离位置。

将伞裙移开，根据压接管内深，在主绝缘上做第二个标识（朝电缆末端方向）确定导体切除位置。

切除多余电缆，去除两标识间主绝缘，推入最后两个伞裙将其用硅胶粘在一起。

6）压接出线杆。压接设备由四部分组成：油泵、压钳头、高压油管、压模。压接设备的保养：定期检查补充液压油，小心轻放不能斜置，液压油标号要与设备相配合。压模的选择：压模分六角模与圆模。如果压接后包绕半导电带或有屏蔽罩可任选六角模与圆模，压接后既不包半导电带也没有屏蔽罩，建议选择圆模。压缩比：出线杆与导体紧密配合后，压缩比大约为83%。圆模选择：压接处直径×0.9＝压模直径；六角模选择：六角模对角线等于或微小于压接处直径。表4-2给出了各种截面电缆压模选型参考。

表 4-2		各种截面电缆压模选型参考		单位：mm
电缆截面	方模	圆模	压接宽度	压接伸长
240	31（29）	×0.9	55	3~4
300	31（29）	×0.9	55	3~4
400	38	×0.9	55	4~5
500	42	×0.9	55	5~6
630	44	×0.9	55	6~7
800	52	×0.9	55	7~8

导体连接方式宜采用机械压力连接方法，建议采用围压压接法，应满足以下要求：压接前应检查核对连接金具和压接模具，选用合适的接线端子、压接模具和压接机，核对电缆导体尺寸、压模尺寸和压力，检查各零部件有无缺漏，各零部件的安装顺序是否准确；压接前应清除导体表面污迹与毛刺；压接时导体插入长度应充足；围压压接每压

一次，在压模合拢到位后应停留 10～15s，使压接部位金属塑性变形达到基本稳定后，才能消除压力；在压接部位，围压形成的边应各自在同一个平面上；分割导体分块间的分隔纸（压接部分）宜在压接前去除。

围压压接后，应对压接部位进行处理。压接后压接部分不得存在尖锐和毛刺，连接金具表面不应有裂纹和毛刺，其表面应光滑，连接金具所有边缘处不应有尖端，清除所有的金属屑末、压接痕迹。压接后，检查压接延伸长度，电缆导体与接线端子应笔直无歪曲现象。

完成出线杆压接后，最后一个伞裙和压接管表面也用硅胶粘接。

（4）尾部密封

1）绕包各种胶带。在金属护套断口和应力锥尾部之间依次绕包 13 号半导电带、24 号铜网带及 23 号绝缘密封带。金属套断口用防水密封带包覆。将应力锥外伞从根部反折，根据 PVC 管长度和内径绕包密封带，断面扎紧。将 PVC 管推至应力锥根部，内外用黄色密封条密封。

自粘性胶带要半重叠绕包。一般要拉伸为原来的 3/4 宽或根据带材所示拉伸 100%～200%，所有的胶带要求同一方向绕包，拉伸要均匀。每种带材绕包在同一断口或要密封处时，外层的带材除了压紧里层外，还应两端都必须大于里层，一层层压紧加宽堆积成一个苹果形。

2）灌胶。将胶与凝固剂充分混合后沿灌胶孔慢慢倒入，填满凝固后，沿表面去除多余灌胶管。

3）热缩管密封。将热缩管推至应力锥根部热缩密封。接地线处用专用夹具固定。应力锥外伞裙折回原样。

4）卡箍固定回流线。从第一个伞裙向应力锥方向量取 428mm 做一标识，将 1.5mm² 铜线反折至该位置用电流收集环固定。

3. 110kV 电力电缆终端装配图

图 4-17 所示为干式户外终端装配图。

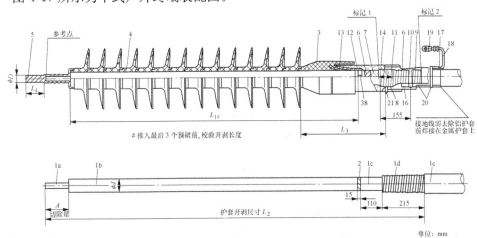

图 4-17　110kV 电力电缆干式终端装配图

二、110kV 电缆 GIS 终端制作

1. 主要工艺流程图（见图 4-18）

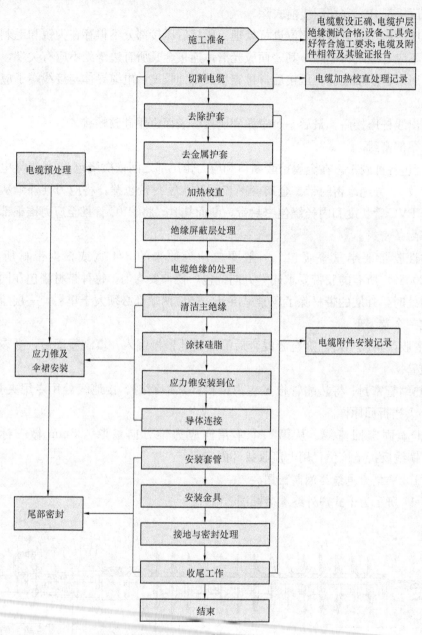

图 4-18 110kV 电缆 GIS 终端制作工艺流程图

2. 110kV 电力电缆 GIS 终端制作具体操作步骤及要求

（1）施工准备

1）施工准备工作。除了满足 110kV 常用电力电缆终端头安装的基本要求外，110kV 电力电缆终端施工前应仔细阅读附件厂商提供的工艺与图纸做好工器具准备工作、终端材料验收检查核对工作。做好终端场地准备工作，根据工艺要求对终端施工区

域的温度、相对湿度进行控制，如为户外工作应及时掌握天气情况，搭制防雨棚。安装前还应注意检查终端零件的形状、外壳是否损伤，件数是否齐全，对各零部件尺寸按图纸进行校核，最好进行预装配。检查所带工具及安装用的图纸与工艺是否齐备。

2）电缆临时固定和试验工作。电缆敷设至临时支架位置，用电缆夹具配合尼龙吊带及神仙葫芦吊起电缆并校直临时固定，终端施工前应对电缆护层绝缘进行测量，确保电缆敷设过程中没有损伤电缆护层。

（2）电缆预处理

1）切割电缆。检查电缆长度，确保电缆在制作封闭式终端时有足够的长度和适当的余量。根据工艺图纸要求确定电缆最终切割位置，预留200～500mm余量，并分别做好标记，如图4-19所示。在标记处用锯子等工具沿电缆轴线垂直切断。电缆切割前必须核实相位。切割后，观察电缆的截面，是否与电缆附件相匹配。还应仔细观察电缆是否有水迹和受潮现象。发现电缆护套或电缆本体有异常现象时，应及时向有关人员说明。

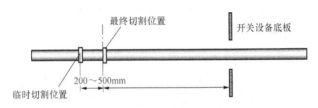

图4-19　110kV电缆GIS终端电缆切割尺寸图

2）去除护套。根据工艺图纸要求剥除电缆外护套。如果电缆外护套表面有石墨层，则宜用玻璃片将石墨层去除干净无残余，剥除长度符合工艺要求。去除金属护套表面沥青及氧化物，要求不得过度加热外护套和金属护套以免损伤电缆绝缘。

3）去金属护套。根据图纸与工艺要求，确定金属护套剥切点，剥除金属套应符合下列要求。

a. 铝护套。如为环形铝护套，可用刀具仔细地沿着剥除位置（宜选择在波峰处）的圆周锉断金属套，不应损伤电缆绝缘，护套断口应进行处理去除尖口及残余金属碎屑；如为螺旋形铝护套，可用刀具仔细地从剥除位置（宜选择在波峰处）起沿着波纹退后一节成环并锉断金属套，不应损伤电缆绝缘，护套断口应进行处理去除尖口及残余金属碎屑。如果铝护套与绝缘之间存在间隙，也可采用特殊工具，控制好切割深度后连同外护套一起切除。铝护套表面处理完毕后，应在工艺要求的部位进行搪底铅。首先在铝护套表面涂一层焊接底料，然后在焊接底料上加一定厚度的底铅以便后续接地工艺施工。

b. 铅护套。用刀具在金属套剥除位置环切一周，在需剥除的铅护套的全长上划两道相距10mm的轴向切口。用尖嘴钳剥除铅护套。上述轴向切口深度必须严格控制，严禁切口过深而损坏电缆绝缘。

4）加热校直。交联聚乙烯电缆终端安装前应进行加热校直，通过加热达到下列工艺要求：110kV交联聚乙烯电缆弯曲度，每400mm长，最大弯曲偏移在2～5mm范围内。如果厂家要求更为严格，应遵循厂家要求执行。如果发现电缆仍有非常明显的绝缘回缩，则必须重新加热处理。

加热所需工具及材料：温度控制箱，含热电偶和接线；加热带、校直管，宜采用半圆钢管或角铁、辅助带材及保温材料。

加热校直的温度（绝缘屏蔽处）宜控制在 75±3℃，加热时间≥3h。保温时间宜不小于 60min。至少冷却 8h 或冷却至常温后采用校直管校直。

5）绝缘屏蔽层处理。根据工艺和图纸要求，确定绝缘电屏蔽层剥切点。用外半导电绝缘屏蔽层剥离器或玻璃片去除电缆绝缘屏蔽，再用玻璃片在交联聚乙烯绝缘和外半导电绝缘屏蔽层之间形成一定长度的光滑平缓的锥形过渡，过渡部分锥形长度宜控制在 20~40mm，绝缘屏蔽断口峰谷差宜按照工艺要求执行，建议控制在小于 5mm。打磨过绝缘屏蔽的砂纸绝对不能再用来打磨电缆绝缘。

为了提高绝缘屏蔽断口处电性能，可采用涂刷半导电漆方式或加热硫化方式（推荐采用）对电缆绝缘下部绝缘屏蔽进行镜面处理。半导电涂层应与电缆绝缘及绝缘屏蔽粘接可靠，表面光滑均匀，上端平整不起边。打磨处理完毕后，用塑料薄膜覆盖处理过的电缆绝缘及绝缘屏蔽表面。

6）电缆绝缘的处理。电缆绝缘处理前应测量电缆绝缘以及应力锥尺寸，确认上述尺寸是否符合工艺图纸要求。电缆绝缘表面应进行打磨抛光处理，一般应采用 240~600 号及以上砂纸，110kV 电缆应尽可能使用 600 号及以上砂纸，最低不应低于 400 号砂纸。初始打磨时可使用打磨机或 240 号砂纸进行粗抛，并按照由小至大的顺序选择砂纸进行打磨。打磨时每一号砂纸应从两个方向打磨 10 遍以上，直到上一号砂纸的痕迹消失。

打磨抛光处理重点部位是绝缘屏蔽断口附近的绝缘表面，打磨处理完毕后应测量绝缘表面直径。测量时应多选择几个测量点，每个测量点宜测两次，确保绝缘表面的直径达到设计图纸所规定的尺寸范围，测量完毕应再次打磨抛光测量点去除痕迹。打磨抛光处理完毕后，绝缘表面的粗糙度（目视检测）宜按照工艺要求执行，建议控制在：110kV，不大于 300μm，现场可用平行光源进行检查。打磨处理完毕后，用塑料薄膜覆盖抛光过的绝缘表面。

（3）装配应力锥

1）110kV 交联聚乙烯绝缘电力电缆 GIS 终端应力锥一般采用预制橡胶应力锥型式。其关键部位是预制附件与交联聚乙烯电缆绝缘的界面，主要影响因素有：界面的电气绝缘强度；交联聚乙烯绝缘表面光滑、清洁程度，界面压力，界面间使用的润滑剂。

2）应力锥结构。110kV 交联聚乙烯绝缘电力电缆 GIS 终端其应力锥结构一般采用以下型式。

a. 干式终端结构（即弹簧紧固件—应力锥—环氧套管结构）。在终端内部采用应力锥和环氧套管，利用弹簧对预制应力锥提供稳定的压力，增加了应力锥对电缆和环氧套管表面的机械压强，从而提高了沿电缆表面的击穿场强。

b. 湿式终端结构（即绕包带材—密封底座—应力锥结构）。在终端内部采用应力锥和密封底座，利用绕包带材保证绝缘屏蔽与应力锥半导电层的电气连接和内外密封，终端内部灌入绝缘填充剂如硅油或聚乙丁烯。电缆在运行中绝缘填充剂热胀冷缩，为避免终端套管内压力过大或形成负压，通常采用空气腔、油瓶或油压力箱等调节措施。

3）应力锥安装要求。

a. 一般要求。套入应力锥前应测量经过处理的电缆绝缘外径，要求符合工艺及图纸尺寸；保持电缆绝缘层的干燥和清洁；施工过程中应避免损伤电缆绝缘；在暴露电缆绝缘表面上，清除所有半导电材料的痕迹；涂抹硅脂时，应使用清洁的手套；只有在准备套装时，才可以打开应力锥的包装；安装前应以正确的顺序把要装配的终端尾管、密封圈等部件套入电缆；在套入应力锥之前应使用无水溶剂清洁粘在电缆绝缘表面上的灰尘或其他残留物，清洁方向应由绝缘层朝向绝缘屏蔽层；采取保护措施防止应力锥在套入过程中受损；应按照开关设备最终安装位置进行装配，电缆终端安装完毕后不得翻转进入开关设备。

b. 干式结构要求。检查弹簧紧固件与应力锥是否匹配；先套入弹簧紧固件，再安装应力锥；在电缆绝缘、绝缘屏蔽层和应力锥的内表面上应涂上硅油；安装完弹簧紧固件后，应测量弹簧压缩长度在工艺要求的范围内；检查弹簧所在螺栓是否有阻碍弹簧自由伸缩的部件。

c. 湿式结构要求。电缆导体处宜采用带材密封或模塑密封方式防止终端内的绝缘填充剂流入导体；先套入密封底座，再安装应力锥；在电缆绝缘、绝缘屏蔽层和应力锥的内表面上应涂上硅脂；用手工或专用工具套入应力锥，并在套到规定位置后清除应力锥末端多余硅脂。

4）导体连接。导体连接方式宜采用机械压力连接方法，建议采用围压压接法。应满足以下要求：压接前应检查核对连接金具和压接模具，选用合适的接线端子、压接模具和压接钳，清除导体表面污迹与毛刺。压接时导体插入长度应充足，每压一次，在压模合拢到位后应停留 $10\sim15s$，使压接部位金属塑性变形达到基本稳定后，才能消除压力，在压接部位，围压形成的边应各自在同一个平面上，压缩比宜控制在 $15\%\sim25\%$。

围压压接后，应对压接部位进行处理。压接后连接金具表面应光滑，并清除所有的金属屑末、压接痕迹。压接后连接金具表面不应有裂纹和毛刺，所有边缘处不应有尖端。电缆导体与接线端子应笔直无翘曲。

（4）尾部密封

1）安装套管。用溶剂将套管的内外表面清洁干净，检查套管内外表面，确无伤痕、杂质、凸凹和污垢。如为干式终端结构，将套管内表面与应力锥接触的区域清洁并涂硅油。彻底清洁电缆，检查电缆绝缘表面及应力锥表面，确无杂质和污染物后用手工或起吊工具把套管缓缓套入电缆，在套入过程中，套管不能碰撞应力锥。

2）安装金具。清洁密封圈并均匀涂抹硅脂，将密封圈完全放入密封槽内。安装密封金具或屏蔽罩，调整密封金具或屏蔽罩使其上表面到开关设备与GIS终端分界面的长度满足要求。检查开关设备导电杆与密封金具或屏蔽罩的螺栓孔位是否匹配，最终固定密封金具或屏蔽罩，确认固定力矩。将尾管固定在套管上，确认固定力矩，确保电缆GIS终端与开关设备之间的密封质量。

3）接地与密封处理。GIS终端尾管与金属套进行接地连接时，可采用搪铅方式或采用接地线焊接等方式。GIS终端密封可采用搪铅方式或采用环氧混合物/玻璃丝带等方式。

采用搪铅方式进行接地或密封时，应满足以下要求：封铅要与电缆金属套和电缆附件的金属套管紧密连接，封铅致密性要好，不应有杂质和气泡。搪铅前，搪铅处表面应清洁并镀锡。搪铅时不应损伤电缆绝缘，应掌握好加热温度，搪铅操作时间应尽量缩短，不应超过30min。圆周方向的搪铅厚度应均匀，外形应力求美观。

采用焊接方式进行接地连接时，跨接接地线截面应满足系统短路电流通流要求。所有的接地线和金属屏蔽带均应用铜丝扎紧后再以锡焊焊牢。

采用环氧混合物/玻璃丝带方式密封时，应满足以下要求：金属套和终端尾管需要绕包环氧玻璃丝带的地方应用砂纸进行打磨。环氧树脂和固化剂应混合搅拌均匀，先涂上一层环氧混合物，再绕包一层半搭盖的玻璃丝带，按此顺序重新进行该工序，直到环氧混合物/玻璃丝带的厚度超过3mm为止。每层玻璃丝带下方为环氧涂层，应使每层玻璃丝带全部浸在环氧混合物中，避免水分与环氧混合物接触。确保环氧混合物固化，时间宜控制在2h以上。

GIS终端内如需灌入绝缘剂，在安装前宜检验其密封性，如采用抽真空法。

4）收尾工作。GIS终端收尾工作，应满足以下要求。

a. 安装终端接地箱/接地线时，接地线与接地线鼻子的连接应采用机械压接方式，接地线鼻子与终端尾管接地铜排的连接宜采用螺栓连接方式。

b. 同一变电站内同类GIS终端，其接地线布置应统一，接地线排列及固定，终端尾管接地铜排的方向应统一，且为今后运行维护工作提供便利。

c. 采用带有绝缘层的接地线将GIS终端尾管通过终端接地箱与电缆终端接地网相连，接地线的固定与走向应符合设计要求，整齐划一，美观有序。

d. GIS终端如需穿越楼板，应做好电缆孔洞的防火封堵措施。一般在安装完防火隔板后，可采用填充防火包、浇注无机防火堵料或包裹有机防火堵料等方式。终端金属尾管宜有绝缘措施，且接地线鼻子不应被包覆在上述防火封堵材料中。

e. GIS终端接地连接线应尽量短，连接线截面应满足系统单相接地电流通过时的热稳定要求，连接线的绝缘水平不得小于电缆外护层的绝缘水平。

第五节　110kV电缆附件中间接头制作

一、110kV电力电缆预制式中间接头制作

1. 主要工艺流程图（见图4-20）

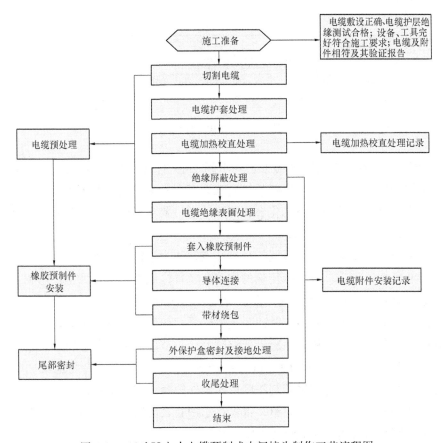

图 4-20　110kV 电力电缆预制式中间接头制作工艺流程图

2. 110kV 电力电缆预制式中间接头制作具体操作步骤及要求

(1) 施工准备工作

1) 施工准备工作。除了满足 110kV 常用电力电缆中间接头安装的基本要求外，110kV 电力电缆预制式中间接头安装前还应注意检查接头零件的形状、外壳是否损伤，件数是否齐全。施工前应仔细阅读附件厂商提供的工艺与图纸，对各零部件尺寸按图纸进行校核，最好进行预装配。做好工器具准备工作、接头材料验收检查核对工作，检查所带工具及安装用的图纸与工艺是否齐备。做好接头场地准备工作，根据工艺要求对接头区域温度、相对湿度、清洁度进行控制。施工现场应配备必要的除尘、通风、照明、除湿、消防设备，提供充足的施工用电。

2) 电缆临时固定和试验工作。电缆敷设至接头支架位置，用电缆夹具配合尼龙吊带及神仙葫芦进行临时固定，对电缆护层绝缘进行测量，确保电缆敷设过程中没有损伤电缆护层。

(2) 电缆预处理

1) 切割电缆。将电缆临时固定于支架处。检查电缆长度，确保电缆在制作中间接头时有足够的长度和适当的余量。根据工艺图纸要求确定电缆最终切割位置，预留200~500mm 余量，并分别做好标记。在标记处用锯子等工具沿电缆轴线垂直切断，如图 4-21 所示。

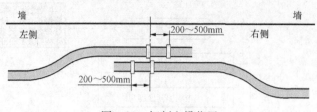

图 4-21　切割电缆位置

2）电缆护套处理。根据图纸与工艺要求确定电缆外护套剥除位置，将剥除位置以上部分的电缆外护套剥除。如果电缆外护套表面有石墨层，应按照图纸与工艺要求用玻璃片去掉一定长度。将外护套下的化合物清除干净。要求不得过度加热外护套和金属护套以免损伤电缆绝缘。

根据图纸与工艺要求，确定金属护套剥切点，如为铝护套，则从剥切点开始沿铝护套的圆周小心环切铝护套，并去掉切除的铝护套，具体要求如下：如为环形铝护套，可用刀具仔细地沿着剥除位置（宜选择在波峰处）的圆周锉断金属套，不应损伤电缆绝缘，护套断口应进行处理去除尖口及残余金属碎屑；如为螺旋形铝护套，可用刀具仔细地从剥除位置（宜选择在波峰处）起沿着波纹退后一节成环并锉断金属套，不应损伤电缆绝缘，护套断口应进行处理去除尖口及残余金属碎屑；如铝护套与绝缘之间存在间隙，也可采用特殊工具，控制好切割深度后连同外护套一起切除；铝护套表面处理完毕后，应在工艺要求的部位进行搪底铅。首先在铝护套表面涂一层焊接底料，然后在焊接底料上加一定厚度的底铅以便后续接地工艺施工。

如为铅护套则从剥切点处环切并去除。要求不得切入电缆线芯，打磨金属护套口去除毛刺以防损伤绝缘，具体要求如下：用刀具在金属套剥除位置环切一周，在需剥除的铅护套的全长上划两道相距 10mm 的轴向切口，用尖嘴钳剥除铅护套；轴向切口深度必须严格控制，严禁切口过深而损坏电缆绝缘。

3）电缆加热校直处理。交联聚乙烯电缆中间接头安装前应进行加热校直，对电缆表面进行加热，加热校直的温度（绝缘屏蔽处）宜控制在（75±3）℃，加热时间宜为：≥3h。当电缆热透后保持一定时间，保温时间宜不小于 60min。去掉加热装置至少冷却 8h 或冷却至常温后采用校直装置进行校直。通过加热达到下列工艺要求：110kV 及以上电缆，每 400mm 长，弯曲偏移应在 2～5mm 以内。如果发现电缆仍有非常明显的绝缘回缩，则必须重新加热处理。

加热校直所需工具和材料主要有：温度控制箱、热电偶、接线、加热带、校直管（宜采用半圆钢管或角铁）、辅助带材及保温材料等。

4）绝缘屏蔽处理。根据工艺和图纸要求，确定绝缘屏蔽层剥切点。用外半导电绝缘屏蔽层剥离器或玻璃片尽可能地剥去外半导电绝缘屏蔽层，再用玻璃片在交联聚乙烯绝缘和外半导电绝缘屏蔽层之间形成一定长度的光滑平缓的锥形过渡（如图 4-22 所示），过渡部分锥形长度宜控制在 20～40mm，绝缘屏蔽断口峰谷差宜按照工艺要求执行，如未注明建议控制在 10mm 以内。要求外半导电屏蔽层剥离不要超过标记点。用外半导电绝缘屏蔽层剥离器剥离时不要试图一次就剥到规定直径范围。用玻璃片去掉绝缘表面的残留、刀痕、凹坑，尽可能使其光滑。过渡部分必须顺滑。打磨过绝缘屏蔽的砂纸绝对不能再用来打磨电缆绝缘。

为了提高绝缘屏蔽断口处电性能，可采用涂刷半导电漆方式［如图 4-23（a）所示］或加热硫化方式［如图 4-23（b）所示］对电缆绝缘下部绝缘屏蔽进行镜面处理。半导电涂层应与电缆绝缘及绝缘屏蔽粘接可靠，表面光滑均匀，上端平整不起边。

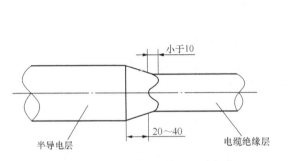

图 4-22　绝缘屏蔽与绝缘层过渡部分
（单位：mm）

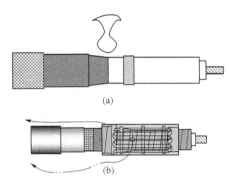

图 4-23　处理绝缘屏蔽的方式
（a）涂刷半导电漆方式处理绝缘屏蔽；
（b）加热硫化方式处理绝缘屏蔽

5）电缆绝缘表面的处理。

电缆绝缘处理前应测量电缆绝缘以及预制件尺寸，确认上述尺寸是否符合工艺图纸要求。

电缆绝缘表面应进行打磨抛光处理。根据工艺和图纸要求，打磨电缆绝缘，按工艺要求的顺序（先粗打再细磨）用砂纸将电缆绝缘抛光，110kV 交联电缆绝缘至少应打到 400 号砂纸。初始打磨时可使用打磨机或 240 号砂纸进行粗抛，并按照由小至大的顺序选择砂纸进行打磨，将粗砂纸的痕迹打光后再用更细的砂纸打磨。打磨时每一号砂纸应从两个方向打磨 10 遍以上，直到上一号砂纸的痕迹消失（如图 4-24 所示）。打磨完成后宜用平行光进行检查。要求绝缘表面没有杂质、凹凸起皱以及伤痕。完成绝缘处理后，根据厂商工艺要求对外半导电绝缘屏蔽层与绝缘之间的过渡进行精细处理，要求过渡平缓，不得形成凹陷或凸起。

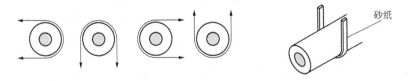

图 4-24　电缆绝缘表面抛光处理

打磨抛光处理重点部位是绝缘屏蔽断口附近的绝缘表面。为确保界面压力，打磨处理完毕后必须进行电缆绝缘外径的测量（如图 4-25 所示）。要求外径尺寸符合工艺及图纸尺寸要求，且测量点数及 X-Y 方向测量偏差满足工艺要求。测量时应多选择几个测量点，每个测量点宜测两次，确保绝缘表面的直径达到设计图纸所规定的尺寸范围，测量完毕应再次打磨抛光测量点去除痕迹。

图 4-25　电缆绝缘表面直径测量

打磨抛光处理完毕后，绝缘表面的粗糙度（目视检测）宜按照工艺要求执行，如未注明建议控制在：110kV，不大于 $300\mu m$，现场可用平行光源进行检查。

打磨处理完毕后，用塑料薄膜覆盖抛光过的绝缘表面。

（3）橡胶预制件安装

1）套入橡胶预制件。

利用专用工具将预制件进行扩张，将扩张后的预制件套入电缆本体上。要求仔细检查预制件，确保无杂质、裂纹存在。扩张时不得损伤预制件，控制预制件扩张时间不得过长，一般不宜超过 4h。

110kV 交联电缆预制接头如图 4-26 所示。110kV 及以上交联聚乙烯绝缘电力电缆中间接头，其增强绝缘部分一般采用预制橡胶件。增强绝缘的关键部位是预制附件与交联聚乙烯电缆绝缘的界面，主要影响因素有：界面的电气绝缘强度；交联聚乙烯绝缘表面清洁程度；交联聚乙烯绝缘表面光滑程度；界面压力；界面间使用的润滑剂。

110kV 及以上交联聚乙烯绝缘电力电缆整体预制式中间接头，其接头增强绝缘采用单一预制橡胶绝缘件，交联绝缘外径与预制橡胶绝缘件内径有较大的过盈配合，以保持预制橡胶绝缘件和交联电缆绝缘界面的压力。要求预制橡胶绝缘件具有较大的断裂伸长率和较低的应力松弛，以满足安装和运行的需要。

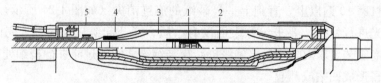

图 4-26　110kV 交联电缆预制接头示意图
1—导体连接；2—高压屏蔽；3—预制橡胶件；4—空气或浇铸防腐材料；
5—保护外壳

增强绝缘处理一般技术要求包括以下几点：保持电缆绝缘层的干燥和清洁；施工过程中应避免损伤电缆绝缘；在暴露电缆绝缘表面上，清除所有半导电材料的痕迹；涂抹硅脂或硅油时，应使用清洁的手套；只有在准备扩张时，才可打开预制橡胶绝缘件的外包装；在套入预制橡胶绝缘件之前应清洁粘在电缆绝缘表面上的灰尘或其他残留物，清洁方向应由绝缘层朝向绝缘屏蔽层。

　　预制式中间接头一般要求交联聚乙烯电缆绝缘的外径和预制橡胶绝缘件的内径之间有较大的过盈配合，以保持预制橡胶绝缘件和交联聚乙烯电缆绝缘界面有足够的压力。因此安装预制式中间接头宜使用专用的扩张工具或牵引工具。

　　常用扩张方式包括工厂预扩张与现场扩张。工厂预扩张是在工厂内将预制橡胶绝缘件扩张，内衬以塑料衬管，安装时将衬管抽出，该方式可用于硅橡胶材料的预制件。现场扩张是在干净无灰尘的环境下对预制橡胶绝缘件进行扩张，宜采用专用的扩张工具和专用衬管进行扩张。现场扩张方式采用的专用扩张工具和专用衬管必须用无水酒精或其他合适的溶剂仔细擦净，并用电吹风吹干。专用扩张工具如图4-27所示。专用衬管的外表面应清洁而光滑无毛刺，专用衬管的使用次数宜按照工艺要求加以控制。

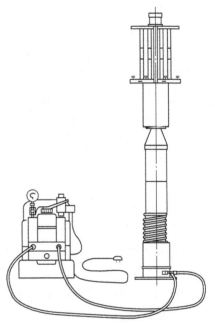

图4-27　专用扩张工具

　　预制橡胶绝缘件经过扩张后套在专用衬管上的时间不应超过4h。预制橡胶绝缘件的扩张必须在工艺要求的温度范围内进行。

　　扩张时宜按照工艺要求在预制橡胶绝缘件内表面及专用衬管外表面涂抹一定标号的硅油以减少界面间的摩擦。

　　经过扩张的预制件在套至电缆绝缘上之前应采用塑料薄膜与外界隔离，并注意在预制橡胶绝缘件扩张前后仔细检查预制件表面，预制橡胶绝缘件表面应无异物、无损坏且无进潮。

　　2）导体连接。

　　导体连接前应将经过扩张的预制橡胶绝缘件、接头铜盒、热缩管材等部件预先套入电缆。压接前应检查一遍各零部件的数量、方向和安装顺序。检查导体尺寸，按工艺图纸要求，准备压接模具和压接钳。

　　利用专用工具按工艺要求的顺序进行导体连接，110kV交联电缆导体连接方式宜采用机械压力连接方法，建议采用围压压接法。

　　采用围压压接法进行导体连接时应满足下列要求：压接前应检查核对连接金具和压接模具，选用合适的接线端子、压接模具和压接机；压接前应清除导体表面污迹与毛刺；压接时导体插入长度应充足；围压压接每压一次，在压模合拢到位后应停留10～15s，使压接部位金属塑性变形达到基本稳定后，才能消除压力；在压接部位，围压形成的边应各自在同一个平面上；分割导体分块间的分隔纸（压接部分）宜在压接前去除；围压压接后，应对压接部位进行处理。压接后连接金具表面应光滑，并清除所有的金属屑末、压接痕迹。压接后连接金具表面不应有裂纹和毛刺，所有边缘处不应有尖端。电缆导体与接线端子应笔直无翘曲。

压接完毕后对压接部分进行处理，测量压接延伸量。零部件无缺漏，方向顺序准确。压接管压接部分不得存在尖锐和毛刺。压接完毕后电缆之间仍保持足够的笔直度。

根据工艺要求安装屏蔽罩。屏蔽罩外径不得超过电缆绝缘外径。电缆两边绝缘笔直度满足工艺要求。

以屏蔽罩中心为基准确定预制件最终安装位置，做好标记。使用无水溶剂清洁电缆绝缘表面，从绝缘部分向半导电屏蔽层方向擦清。清洁纸不能来回擦，擦过半导电屏蔽层的清洁纸绝对不能再擦绝缘层，擦过的清洁纸不能重复使用。

清洁电缆绝缘表面，用电吹风将绝缘表面吹干并确保无杂质后在电缆绝缘表面均匀涂抹硅油。使用专用收缩工具或牵引工具抽出已扩径的预制件，将预制件安装在正确位置。检查橡胶预制件的位置满足工艺图纸要求，定位准确。定位完毕擦去多余的硅油。预制件定位后宜停顿一段时间，一般建议等 20min 后再进行接地连接与密封处理等后续工序。

3）带材绕包。

根据工艺图纸要求，在预制件外绕包一定尺寸的半导电带，金属屏蔽带、防水带、绝缘带。要求绕包尺寸及拉伸程度符合工艺要求。

根据接头型式的不同，按照工艺要求恢复外半导电屏蔽层，直通接头与绝缘接头的制作方法基本相同，差别仅在于电缆绝缘屏蔽层的处理。

（4）尾部密封

1）外保护盒密封及接地处理。

根据工艺和图纸要求，恢复外半导电屏蔽层及金属屏蔽（护套）的连接，中间接头尾管与金属套进行接地连接时可采用搪铅方式或采用接地线焊接等方式。

采用搪铅方式进行接地或密封时，应满足以下技术要求：封铅要与电缆金属套和电缆附件的金属套管紧密连接，封铅致密性要好，不应有杂质和气泡；搪铅时不应损伤电缆绝缘，应掌握好加热温度，搪铅操作时间应尽量缩短；圆周方向的搪铅厚度应均匀，外形应力求美观。

中间接头尾管与金属套采用焊接方式进行接地连接时，跨接接地线截面应满足系统短路电流通流要求。接地连接牢靠，接地线截面满足设计要求。

完成接头铜盒的密封处理，接头密封应可靠无渗漏。中间接头密封可采用搪铅方式或采用环氧混合物/玻璃丝带等方式。

采用环氧混合物/玻璃丝带方式密封时，应满足以下技术要求：金属套和接头尾管需要绕包环氧玻璃丝带的地方应采用砂纸进行打磨；环氧树脂和固化剂应混合搅拌均匀；先涂上一层环氧混合物，再绕包一层半搭盖的玻璃丝带，按此顺序重新进行该工序，直到环氧混合物/玻璃丝带的厚度超过 3mm 为止；每层玻璃丝带下方为环氧涂层，应使每层玻璃丝带全部浸在环氧混合物中，避免水分与环氧混合物接触；确保环氧混合物固化，时间宜控制在 2h 以上。

2）收尾处理。

根据工艺和图纸要求，将同轴电缆或绝缘接地线与绝缘接头连接好，并与交叉互联箱连接良好。要求连接牢靠，交叉互联换位方式满足设计要求。

中间接头收尾工作，应满足以下技术要求：安装交叉互联换位箱及接地箱/接地线时，接地线与接地线鼻子的连接应采用机械压接方式，接地线鼻子与接头铜盒接地铜排的连接宜采用螺栓连接方式。

同一线路同类中间接头，其接地线或同轴电缆布置应统一，接地线排列及固定，同轴电缆的走向应统一，且为今后运行维护工作提供便利。

中间接头接地连接线应尽量短，3m 以上宜采用同轴电缆。连接线截面应满足系统单相接地电流通过时的热稳定要求，连接线的绝缘水平不得小于电缆外护层的绝缘水平。

电 力 电 缆 试 验

为了保证电力系统的安全可靠运行，在电力电缆安装敷设后及使用过程中必须对电力电缆进行一系列的电性能测试。按过程分为以下几种试验。

（1）交接试验：又称验收试验。电缆在安装敷设完毕后进行的试验，其目的是检查电缆安装敷设的质量，检查电缆在安装敷设过程中电缆是否损伤。

（2）例行试验：为获取电力电缆状态量，评估电力电缆状态，及时发现事故隐患，定期进行的各种试验称为例行试验。

（3）诊断性试验：巡检、在线监测、例行试验等发现电力电缆状态不良，或经受了不良工况，或受家族缺陷警示，或连续运行了较长时间，为进一步评估电力电缆状态进行的试验。

本章主要介绍交联聚乙烯电缆的电性能试验项目，主要涉及绝缘电阻、交流耐压试验、电缆相位的检查、导体的直流电阻测量及线路参数测量等几个方面。

第一节　电力电缆试验的具体要求

一、电力电缆试验的一般规定

（1）对电缆的主绝缘做耐压试验或测量绝缘电阻时，应分别在每一相上进行。对一相进行试验或测量时，其他两相导体、金属屏蔽或金属套和铠装层一起接地。对金属屏蔽或金属套一端接地，另一端装有护层过电压保护器的单芯电缆主绝缘做耐压试验时，必须将护层过电压保护器短接，使这一端的电缆金属屏蔽或金属套临时接地。

（2）对额定电压 0.6/1kV 的电缆线路可用 1kV 绝缘电阻表测量导体对地绝缘电阻代替耐压试验。

（3）对橡塑绝缘电力电缆主绝缘进行绝缘考核时，不做直流耐压试验。

（4）新敷设的电缆线路投入运行 3～12 个月，一般应做 1 次耐压试验，以后再按正常周期试验。

（5）运行部门根据电缆线路的状态评价结果，可根据各个省电力公司确定的基准例行试验周期上缩短或延迟例行试验周期（延迟不超过 1 个年度）。

二、电力电缆试验项目、周期和要求

橡塑绝缘电力电缆线路的试验项目、周期和要求见表 5-1。

表 5-1 橡塑绝缘电力电缆线路的试验项目、周期和要求

序号	项目	周期	要求	说明
1	电缆主绝缘绝缘电阻	①交接时；②必要时；③例行试验基准周期3年；④耐压试验前、后	自行规定	0.6/1kV 电缆用 1000V 绝缘电阻表；0.6/1kV 以上电缆用 2500V 绝缘电阻表；6/6kV 及以上电缆也可用 5000V 绝缘电阻表
2	电缆外护套绝缘电阻	①交接时；②必要时；③例行试验基准周期3年；④耐压试验前、后	每千米绝缘电阻值不应低于 0.5MΩ	采用 500V 或 1000V 绝缘电阻表。当每千米的绝缘电阻低于 0.5MΩ 时应判断外护套是否进水
3	电缆内衬层绝缘电阻	①交接时；②必要时；③例行试验基准周期3年	每千米绝缘电阻值不应低于 0.5MΩ	采用 500V 或 1000V 绝缘电阻表。当每千米的绝缘电阻低于 0.5MΩ 时应判断内衬层是否进水
4	铜屏蔽层电阻和导体电阻比	①交接时；②重做终端或接头后；③故障后诊断性试验；④必要时	在相同温度下，测量铜屏蔽层和导体的电阻，屏蔽层电阻和导体电阻之比应无明显改变，自行规定	比值增大，可能是屏蔽层出现腐蚀；比值减少，可能是附件中的导体连接点的电阻增大
5	电缆主绝缘交流耐压试验	①交接时；②新作终端或接头后；③必要时；④例行试验基准周期，220kV 及以上：3年；110kV 及以下：6年	电缆主绝缘交流耐压试验可选下列三种方法之一：①30～300Hz 谐振耐压试验：试验电压值和加压时间按表 5-2 规定；②对 110kV 及以上电压等级电缆，施加正常系统相对地电压 24 小时，不击穿；③35kV 及以下可选择 0.1Hz 超低频耐压试验：试验电压值按表 5-3 规定，交接试验时，加压时间 60min，不击穿；预防性试验时，加压时间 5min，不击穿	①进行 30～300Hz 谐振耐压试验时，试验电压波形畸变率应不大于 1%；②耐压前后采用 2500V 或 5000V 绝缘电阻表测量绝缘电阻；③对 110kV 及以上电压等级电缆进行试验时，应监测电缆及接头的局部放电状况
6	交叉互联系统	①交接时；②例行试验基准周期3年	交叉互联系统试验方法和要求见表 5-4	
7	检查相位	①交接时；②新做终端或接头后	电缆线路的两端相位应一致并与电网相位相符合	

表 5-2　　　　　　　橡塑绝缘电力电缆的 30～300Hz 的交流耐压试验电压

电缆额定电压 U_0/U	交接试验			预防性试验		
	倍数	电压值（kV）	加压时间（min）	倍数	电压值（kV）	加压时间（min）
1.8/3	$2U_0$	3.6	60	$1.6U_0$	3	5
3.6/6	$2U_0$	7.2	60	$1.6U_0$	6	5
6/6	$2U_0$	12	60	$1.6U_0$	10	5
6/10	$2U_0$	12	60	$1.6U_0$	10	5
8.7/10	$2U_0$	17.4	60	$1.6U_0$	14	5
12/20	$2U_0$	24	60	$1.6U_0$	19	5
21/35	$2U_0$	42	60	$1.6U_0$	34	5
26/35	$2U_0$	52	60	$1.6U_0$	42	5
64/110	$2U_0$	128	60	$1.6U_0$	109	5
127/220	$1.7U_0$	216	60	$1.36U_0$	173	5
190/330	$1.7U_0$	323	60	$1.36U_0$	258	5
290/500	$1.7U_0$	493	60	$1.36U_0$	394	5

表 5-3　　　　　　　橡塑绝缘电力电缆的 0.1Hz 超低频耐压试验电压

电缆额定电压 U_0/U	交接试验电压		预防性试验电压	
	倍数	电压值（kV）	倍数	电压值（kV）
1.8/3	$3U_0$	5	$3U_0$	5
3.6/6	$3U_0$	11	$3U_0$	11
6/6	$3U_0$	18	$3U_0$	18
6/10	$3U_0$	18	$3U_0$	18
8.7/10	$3U_0$	26	$3U_0$	26
12/20	$3U_0$	36	$3U_0$	36
21/35	$3U_0$	63	$3U_0$	63
26/35	$3U_0$	78	$3U_0$	78

表 5-4　　　　　　　橡塑绝缘电力电缆的交叉互联系统试验项目、时期和标准

序号	项目	周期	要求	说明
1	电缆外护套、绝缘接头外护套与绝缘夹板的直流耐压试验	①交接时；②互联系统故障时；③例行试验基准周期3年	在每段电缆金属屏蔽或金属护套与地之间加10kV，加压1min不应击穿	试验时必须将护层过电压保护器断开，在互联箱中应将另一侧的所有电缆金属套都接地
2	非线性电阻型护层过电压保护器	①交接时；②互联系统故障时；③例行试验基准周期3年	①护层过电压保护器的直流参考电压应符合产品标准的规定；②护层保护器及其引线对地的绝缘电阻用1000V绝缘电阻表测量绝缘电阻，不应低于10MΩ	

续表

序号	项目	周期	要求	说明
3	互联箱	①交接时； ②互联系统故障时； ③例行试验基准周期3年	①闸刀（或连接片）的接触电阻：在正常工作位置进行测量，接触电阻不应大于20μΩ； ②检查闸刀（或连接片）连接位置：应正确无误	①用双臂电桥； ②在密封互联箱之前进行；发现连错改正后必须重测闸刀（或连接片）的接触电阻

第二节　绝缘电阻试验

绝缘电阻的测量是电缆试验中被广泛应用的一种方法。绝缘电阻在一定程度上可以反映出电缆绝缘的好坏，同时可通过吸收比的试验来判断绝缘有无受潮。

一、试验原理

当直流电压作用到介质上时，在介质中通过的电流由三部分组成：泄漏电流 I_1、吸收电流 I_2 和充电电流 I_3。各电流与时间的关系如图 5-1（a）所示。

合成电流 $I = I_1 + I_2 + I_3$，I 随时间增加而减小，最后达到某一稳定电流值。同时，介质的绝缘电阻由零增加到某一稳定值。绝缘电阻随时间变化的曲线叫做吸收曲线，如图 5-1（b）所示。绝缘电阻受潮后，泄漏电流增大，绝缘电阻降低而且很快达到稳定值。绝缘电阻达到稳定值的时间越长，说明绝缘状况越好。

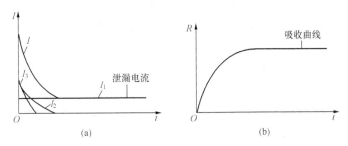

图 5-1　介质电流和绝缘电阻与时间的关系

二、测量的步骤及注意事项

1. 选择绝缘电阻表

通常绝缘电阻表按其额定电压分为 500、1000、2500、5000V 几种。根据不同额定电压的电缆选择不同电压等级的绝缘电阻表。

（1）500V 及以下电缆、橡塑电缆的外护套及内衬层使用 500V 绝缘电阻表；

（2）500～3000V 电缆使用 1000V 绝缘电阻表；

（3）3000V～10kV 电缆使用 2500V 绝缘电阻表；

（4）10kV 以上电缆使用 2500V 或 5000V 绝缘电阻表。

2. 检查绝缘电阻表

使用前应检查绝缘电阻表是否完好。检查的方法是：先将绝缘电阻表的接线端子间开路，按绝缘电阻表额定转速（约每分钟 120 转）摇动绝缘电阻表手柄，观察表计指针，应该指"∞"；然后将线路和地端子短路，摇动手柄，指针应该指"0"。

3. 对被试设备放电

试验前电缆要充分放电并接地，方法是将导电线芯及电缆金属护套接地，放电时间不少于 2min。

4. 接线

测试前应将电缆终端头表面擦净。绝缘电阻表有三个接线端子：接地端子（E）、屏蔽端子（G）和线路端子（L）。为了减小表面泄漏可这样接线：用电缆另一绝缘线芯作为屏蔽回路，将该绝缘线芯两端的导体用金属软线接到被测试绝缘线芯的套管或绝缘上并缠绕几圈，再引接到绝缘电阻表的屏蔽端子，如图 5-2 所示。应注意，线路端子上引出的软线处于绝缘状况，不可乱放在地上，应悬空。

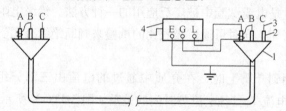

图 5-2　测量绝缘电阻的接线方法

1—终端；2—电缆相；3—引线；4—绝缘电阻表

5. 摇测绝缘电阻和吸收比

以恒定额定转速摇动绝缘电阻表（120r/min），到达额定转速后，再搭接到被测线芯导体上，分别读取摇转 15s 和 60s 时的绝缘电阻 $R15''$ 和 $R60''$，$R60''/R15''$ 的比值即为吸收比。通常以 $R60''$ 的值作为绝缘电阻值。

6. 对被试物放电

每次测完绝缘电阻后都要将电缆放电、接地。电缆线路越长，绝缘状态越好，则接地时间要长些，一般不少于 2min。

7. 记录

记录的内容包括被试电缆的名称、编号、铭牌规范、运行位置、试验现场的湿度以及摇测被试设备所得的绝缘电阻值和吸收比值等。

三、对试验结果的判断

对电气设备所测得的绝缘电阻和吸收比，应按其值的大小，通过比较，进行分析判断。

（1）所测得的绝缘电阻不小于每千米 0.5MΩ 和吸收比不应小于 1.3。若低于上述值，应进一步分析，查明原因。

（2）电缆的绝缘电阻随湿度变化而变化，随着湿度增大而减小，反之则增大，且因绝缘材料不同其变化也不同。

（3）当发现绝缘电阻低或相间绝缘电阻不平衡时，应仔细进行分析，判断是否因绝缘表面泄漏大引起，必要时应作屏蔽，消除表面泄漏的影响。

（4）吸收比是判断电缆绝缘好坏的一个主要因素。吸收比越大，电缆绝缘越好。如果电缆没有吸收现象，则说明电缆绝缘受潮不合格。

（5）同一条电缆三相之间绝缘电阻应平衡，一般不应相差太大。因为三相电缆的运行条件完全一样，绝缘电阻也应基本上相同。

（6）运行中的电缆其线芯的温度除受周围环境的影响以外，还与因停止运行进行试验前电缆的载流量和停电时间的长短有关，因此很难准确地按温度系数进行换算，或通过与过去所测绝缘电阻值进行比较来判断电缆的好坏和绝缘性能的变化情况。因此绝缘电阻的数值，只用来作为判断绝缘状态的参考数据，不能作为鉴定及淘汰电缆的依据。

第三节　谐振交流耐压试验

交流耐压试验是鉴定电力设备绝缘强度最严格、最有效和最直接的试验方法，它对判断电力设备能否继续参加运行具有决定性的意义，也是保证设备绝缘水平，避免发生绝缘事故的重要手段。由于电缆的电容量较大，采用传统的工频试验变压器很笨重、庞大，且大电流的工作电源在现场不易取得。因此一般都采用串联谐振交流耐压试验设备。其输入电源的容量能显著降低，重量减轻，便于使用和运输。初期多采用调感式串联谐振设备（50Hz），但存在自动化程度差、噪音大等缺点。因此现在大都采用调频式（30～300Hz）串联谐振试验设备，可以得到更高的品质数（Q 值），并具有自动调谐、多重保护，以及低噪音、灵活的组合方式（单件重量大为下降）等优点。

一、谐振交流耐压试验的原理及接线

1. 试验电压的产生和被试品无功功率的补偿

谐振交流试验电压一般用试验变压器产生，也有用谐振回路产生高电压。在串联谐振回路和并联谐振回路中，电抗器提供的滞后无功功率补偿了容性被试品的超前无功功率，试验变压器和试验电源只需提供有功功率。因此，可以大大减小试验电源和试验变压器的容量。

（1）串联谐振回路

串联谐振回路主要由电容性被试品和与之串联的电抗器和电源组成，原理接线如图 5-3 所示。改变回路参数或电源频率，回路即可调至谐振，同时将有一个幅值远大于电源电压，且波形接近于正弦波的电压加在试品上。

当电源频率 f、电感 L 及被试品电容 C_x 满足下式时，回路处于串

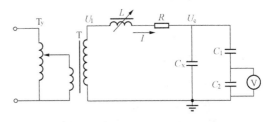

图 5-3　串联谐振回路原理接线图

T_y—调压器；T—试验变压器；L—调感电抗器；R—高压回路的等效电阻；C_x—被试品；C_1、C_2—电容分压器高、低压臂；V—电压表

联谐振状态

$$f = \frac{1}{2\pi\sqrt{LC_x}} \tag{5-1}$$

此时回路中电流为

$$I = \frac{U_{lx}}{R} \tag{5-2}$$

式中 U_{lx}——励磁电压；

    R——高压回路的等效电阻。

被试品上的电压为

$$U_{cx} = \frac{I}{\omega C_x} \tag{5-3}$$

式中 ω——电源角频率；

    C_x——被试品电容量。

输出电压 U_{cx} 与励磁电压 U_{lx} 之比为试验回路的品质因数 Q_s。

$$Q_s = \frac{U_{cx}}{U_{lx}} = \frac{\omega L}{R} \tag{5-4}$$

由于试验回路中的 R 很小，故试验回路的品质因数很大。在大多数正常情况下，Q_s 可达 15～50，即输出电压是励磁电压的 15～50 倍，因此这种方法能用电压较低的试验变压器得到较高的试验电压。

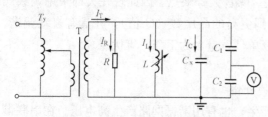

图 5-4 并联谐振回路原理接线图

T_y—调压器；T—试验变压器；R—高压回路的等效电阻；
L—调感电抗器；C_x—被试品；C_1、C_2—电容分压器高、
低压臂；V—电压表

（2）并联谐振回路

并联谐振回路主要由电容性被试品和与之并联的电抗器和电源组成，原理接线如图 5-4 所示。改变回路参数或电源频率，回路即可调至谐振。并联谐振回路能够以较小输出电流的试验变压器对电容量较大的被试品进行试验。

并联谐振回路的谐振条件与串联谐振相同，即

$$f = \frac{1}{2\pi\sqrt{LC_x}} \tag{5-5}$$

式中 f——电源频率；

    L——电感量；

    C_x——被试品电容量。

回路达到谐振时，两条并联支路的容抗与感抗相等，电感电流和电容电流的大小相等，方向相反。

试验变压器的输出电流 I_T 只包含有功分量

$$I_R = \frac{U}{R} \tag{5-6}$$

式中　U——试验电压；

　　　R——试验回路的等效电阻。

并联谐振回路的品质因数

$$Q_s = \frac{I_C}{I_R} \tag{5-7}$$

2. 电压的测量

（1）容升效应

试验变压器回路接电容性试品的简化等
效电路及相应的电压、电流相量图如图 5-5
所示。

容性电流在试验变压器的绕组上产生漏
抗压降，造成被试品上的电压值 $\dot{U}$ 超过试验
变压器一次侧电压折算到二次侧的折算值
$\dot{U}'$，这种现象称为容升效应。

略去回路电阻的影响，被试品上的电压
升高值

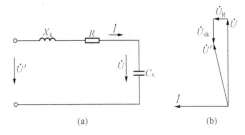

图 5-5　简化等值电路图及电压、电流相量图

(a) 电路图；(b) 相量图

X_k—调压器、试验变压器漏抗之和（折算到高压侧）；

R—高压回路的等效电阻；C_x—被试品

$$\Delta U = \omega U C_x X_k \tag{5-8}$$

式中　ω——电源角频率；

　　　U——被试品上的电压值；

　　　C_x——被试品电容量；

　　　X_k——调压器、试验变压器漏抗之和（折算到高压侧）。

从式（5-8）中可以看出，被试品的电容量及试验变压器的漏抗越大，容升效应越
明显，甚至可能发生串联电压谐振，造成试品端电压显著升高。

（2）电压波形畸变

试验电源的波形畸变、试验变压器的铁芯饱和以及调压器输出电压的波形畸变均可
致使试验电压波形畸变，减小试验电压波形畸变的措施有：

1）避免采用移圈式调压器；

2）电源电压应采用线电压；

3）试验变压器一般应在规定的额定电压范围内使用，避免使用在铁芯的饱和部分；

4）在试验变压器低压侧加滤波装置。

（3）电压的测量方法

在进行较大电容量试品的交流耐压试验时，由于存在容升效应，因此，为了避免被
试品受到过高电压的作用，应在被试品端部测量试验电压。

当试验电压存在高次谐波（主要是三次谐波）时，谐波分量与基波相重叠，使峰值
增大。而考验被试品绝缘强度的正是电压的峰值，因此，试验时应测量电压的峰值，除
以 $\sqrt{2}$ 作为试验电压值。另外，对试验电压波形有怀疑时，可同时测量峰值和方均根
（有效）值，计算两者比值应在 $\sqrt{2} \pm 0.07$ 以内。

3. 谐振交流耐压的优点

（1）所需电源容量大大减小。串联谐振电源是利用谐振电抗器和被试品电容谐振产生高电压和大电流的，在整个系统中，电源只需要提供系统中有功消耗的部分，因此，试验所需的电源功率只有试验容量的 $1/Q$。

（2）设备的重量和体积大大减少。串联谐振电源中，不但省去了笨重的大功率调压装置和普通的大功率工频试验变压器，而且，谐振励磁电源只需试验容量的 $1/Q$，使得系统质量和体积大大减少，一般为普通试验装置的 $1/3 \sim 1/5$。

（3）改善输出电压的波形。谐振电源是谐振式滤波电路，能改善输出电压的波形畸变，获得很好的正弦波形，有效地防止了谐波峰值对试品的误击穿。

（4）防止大的短路电流烧伤故障点。在串联谐振状态，当试品的绝缘弱点被击穿时，电路立即脱谐，回路电流迅速下降为正常试验电流的 $1/Q$。而并联谐振或者试验变压器方式做耐压试验时，击穿电流立即上升几十倍，两者相比，短路电流与击穿电流相差数百倍。所以，串联谐振能有效地找到绝缘弱点，又不存在大的短路电流烧伤故障点的忧患。

（5）不会出现任何恢复过电压。试品发生击穿时，因失去谐振条件，高电压也立即消失，电弧即刻熄灭，且恢复电压的再建立过程很长，很容易再次达到闪络电压前断开电源，这种电压的恢复过程是一种能量积累的间歇振荡过程，其过程长，而且不会出现任何恢复过电压。

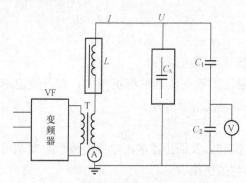

图 5-6　变频串联谐振试验成套装置原理简图
VF—变频控制器；T—励磁变压器；L—高压电抗器；
C_1、C_2—高压分压器高、低压臂；C_x—试品

4. 试验原理及接线

串联谐振交流耐压设备系统由控制源、励磁变压器、电抗器、分压器四部分组成，原理接线见图 5-6。

高压电抗器 L 的电抗值可调节使用，以保证回路在适当的频率下谐振。通过变频控制器 VF 提供电源，试验电压由励磁变压器 T 经过初步升压后，使高电压加在高压电抗器 L 和试品 C_x 上，通过改变变频控制器的输出频率，使回路处于串联谐振状态；调节变频电源的输出电压幅度值，使试品上的高压达到合适的电压值。

回路的谐振频率取决于与被试品串联的电抗器的电感 L 和试品的电容 C_x，谐振频率 $f = 1/(2\pi\sqrt{LC_x})$。

二、试验步骤及注意事项

（1）准备工作。根据相关规程或制造厂家的规定值确定试验电压，并根据试验电压和所试电缆的电容（见表 5-5）及长度选择合适电压等级的电源设备、测量仪表和保护电阻。如试验电压较高，则推荐采用串联谐振以降低试验电源的容量，试验前应根据相关数据计算电抗器、变压器的参数，以保证谐振回路能够匹配谐振以达到所需的试验电压和电流。

（2）试验前先进行主绝缘电阻和交叉互联、外护套的试验，各项试验合格后再进行本项试验。

（3）检查试验电源、调压器和试验变压器状态是否正常。按图5-7接线图准备试验，保证所有试验设备、仪表仪器接线正确、指示正确。

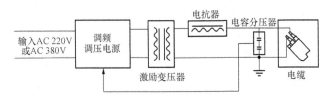

图 5-7　电缆耐压试验原理图

（4）设备仪表接好后，在空载条件下调整保护间隙，其放电电压为试验电压的110%～120%范围内（如采用串联谐振，需要另外的变压器调整保护间隙）。并调整试验电压在高于试验电压5%下维持2min后将电压降至零，拉开电源。

（5）电压和电流保护调试检查无误，各种仪表接线正确后，即可将高压引线接到被试电缆上进行试验。

（6）升压必须从零开始，升压速度在40%试验电压以内可不受限制，其后应均匀升压，速度约每秒3%的试验电压，升至试验电压后维持规程所规定时间。

（7）将电压降至零，拉开电源，该试验结束。电缆交流耐压时间较长，试验期间应注意试验电流的变化，试验前后应测量主绝缘的绝缘电阻。

表 5-5　　　　　　　　　　交联聚乙烯电力电缆单位长度的电容量

电缆导体截面积（mm²）	电容量（μF/km）						
	YJV、YJLV	YJV、YJLV	YJV、YJLV	YJV、YJLV	YJV、YJLV	YJV、YJLV	YJV、YJLV
	6/6kV、6/10kV	8.7/6kV、8.7/10kV	12/35kV	21/35kV	26/35kV	64/110kV	128/220kV
1（3）×35	0.212	0.173	0.152				
1（3）×50	0.237	0.192	0.166	0.118	0.114		
1（3）×70	0.270	0.217	0.187	0.131	0.125		
1（3）×95	0.301	0.240	0.206	0.143	0.135		
1（3）×120	0.327	0.261	0.223	0.153	0.143		
1（3）×150	0.358	0.284	0.241	0.164	0.153		
1（3）×185	0.388	0.307	0.267	0.180	0.163		
1（3）×240	0.430	0.339	0.291	0.194	0.176	0.129	
1（3）×300	0.472	0.370	0.319	0.211	0.190	0.139	
1（3）×400	0.531	0.418	0.352	0.231	0.209	0.156	0.118
1（3）×500	0.603	0.438	0.388	0.254	0.232	0.169	0.124

电缆导体截面积（mm²）	电容量（μF/km）						
	YJV、YJLV	YJV、YJLV	YJV、YJLV	YJV、YJLV	YJV、YJLV	YJV、YJLV	YJV、YJLV
	6/6kV、6/10kV	8.7/6kV、8.7/10kV	12/35kV	21/35kV	26/35kV	64/110kV	128/220kV
1（3）×600	0.667	0.470	0.416	0.287	0.256		
3×630						0.188	0.138
3×800						0.214	0.155
3×1000						0.231	0.172
3×1200						0.242	0.179
3×1400						0.259	0.190
3×1600						0.273	0.198
3×1800						0.284	0.297
3×2000						0.296	0.215
3×2200							0.221
3×2500							0.232

三、试验结果及计算

（1）电缆在施加所规定的试验电压和持续时间内无任何击穿现象，则可以认为该电缆通过耐受工频交流电压试验。

（2）如果在试验过程中，试样的端部或终端发生沿其表面闪络放电或内部击穿，必须另做终端，并重复进行试验。

（3）试验过程中因故停电后继续试验，除产品标准另有规定外，应重新计时。

四、试验原始记录的内容（见表 5-6）

表 5-6　　　　　　　　　　试验原始记录的内容

标识与编号		试验日期	
单　　位		安装地点	
运行编号		试验负责人	
试验参加人			
审　　核		记　　录	
铭　　牌			
型　　号		额定电压 kV	
制造厂			
出厂日期		备　　注	
1　绝缘电阻 MΩ			
试验项目	A 相	B 相	C 相
主绝缘（耐压前）			

续表

试验项目	A 相	B 相	C 相
主绝缘（耐压后）			
外护套			
护层保护器			
使用仪器		试验日期	
环境温度	℃	环境湿度	%
备　注			
2　交流耐压试验			
相　　别	电压 kV	时间 min	结　　论
A 相主绝缘			
B 相主绝缘			
C 相主绝缘			
使用仪器		试验日期	
环境温度	℃	环境湿度	%
备　注			

第四节　相　位　检　查

在电缆线路与电力系统接通之前，必须按照电力系统上的相位进行核相。这项工作对于单个用电设备关系不大，但对于输电网络、双电源系统和有备用电源的重要用户，以及有关联的电缆运行系统有重要意义。核对相位的方法很多，下面介绍几种常见的测试方法。

一、电压表指示法

比较简单的方法是在电缆的一端任意两个导电线芯处接入一个用干电池 2～4 节串联的低压直流电，如图 5-8 所示，假定接正极的导电线芯为 A 相，接负极的导电线芯为 B 相，在电缆的另一端用直流电压表或万用表的 10V 电压挡测量任意两个导电线芯。

如有相应的直流电压指示，则接电压表正极的导电线芯为 A 相，接电压表负极的导电线芯为 B 相，第三芯为 C 相。若电压表没有指示，说明电压表所接的两个导电线芯中，有一个导电线芯为 C 相，此时可任意将一个导电线芯换接到电压表上进行测试，直到电压表有正确的指示为止。

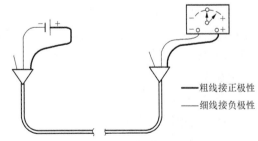

粗线接正极性
细线接负极性

图 5-8　核对电缆导线相位的方法

采用零点位于中间的电压表更方便。如果电压表指示为正值，则接电压表正极的导电线芯为 A 相，接电压表负极的导电线芯为 B 相；如果电压表指示为负值，则接电压表正极的导电线芯为 B 相，接电压表负极的导电线芯为 A 相；第三芯为 C 相。

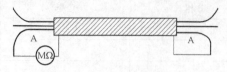

图 5-9　绝缘电阻表法核对
电缆导线相位的方法

二、绝缘电阻表法

接线如图 5-9 所示。检查的方法是将电缆的一端被试芯线接地，在另外一端用绝缘电阻表分别检查三相对地的电阻。

当电阻为零的一相与接地端相位相同，标以相同相位标号即可。反复三次，即可以确定 A、B、C 相。

第五节　电力电缆线路参数测试

电缆线路是电力系统的重要组成部分，其工频参数（主要指正序和零序阻抗）的准确性关系到电网的安全稳定运行，是计算系统短路电流、继电保护整定、电力系统潮流计算和选择合理运行方式等工作的实际依据。GB 501150—2006《电气装置安装工程电气设备交接试验标准》规定，35kV 以上的电缆线路必须进行线路参数测试。

高压电缆由于其品种与规格的多样性、金属护套接地方式的不同以及布置环境等因素的影响，正、零序阻抗计算非常复杂，而且往往理论计算值与实测值存在较大的差异，直接以电缆的出厂参数作为线路参数是不合适的。因此线路参数需要在线路建成后、投运前进行实测。

一、电缆线路参数试验前的准备

测量参数前，应收集电缆线路的有关设计资料，如线路名称、电压等级、线路长度、电缆型号和标称截面等，了解该电缆线路电气参数的设计值或经验值，根据这些资料，并结合现场实际情况做出测试方案。

二、电缆线路参数试验的方法

电力系统正常运行时，电源是对称的，所以输电线路测量工频参数时，所用的试验电源必须对称，相序必须与变电站的工作电源隔离，通常使用隔离变压器进行隔离。对于 110kV 及以上电缆线路在进行参数试验时，其金属护套的接地方式应为电缆正常运行时的方式。

1. 直流电阻试验

测量直流电阻是为了检查电缆线路的连接情况和导线质量是否符合要求。将电缆线路末端三相短路，如图 5-10 所示，在电缆线路始端使用双臂电桥逐次对 AB、BC、CA 相间直流电阻进行测量。

根据以下公式计算出单相直流电阻

$$\left.\begin{aligned} R_A &= (R_{AB} + R_{CA} - R_{BC})/2 \\ R_B &= (R_{AB} + R_{BC} - R_{CA})/2 \\ R_C &= (R_{BC} + R_{CA} - R_{AB})/2 \end{aligned}\right\} \qquad (5-9)$$

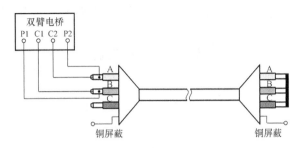

图 5-10 直流电阻试验接线图

2. 正序阻抗试验

对于正序阻抗，三相阻抗值基本相同，在测量每相的电压、电流后，即可算出阻抗。为获得电阻 R_1、电抗 X_1 和阻抗角 φ_1，可采用两个功率表测三相功率的方法。

试验接线图如图 5-11 所示。将线路末端三相短路（短路线应有足够的截面，且连接牢靠），在线路始端施加三相工频电源，分别测量各相的电流、三相的线电压和三相总功率。取测得电压、电流三个数的算术平均值，功率取两个功率表的代数和，计算公式为

$$
\left.
\begin{aligned}
Z_{\mathrm{I}} &= U_{\mathrm{av}} / (\sqrt{3}\, I_{\mathrm{av}}) \\
R_{\mathrm{I}} &= P / (3 I_{\mathrm{av}}^2) \\
X_{\mathrm{I}} &= \sqrt{Z_{\mathrm{I}}^2 - R_{\mathrm{I}}^2} \\
L_{\mathrm{I}} &= X_{\mathrm{I}} / 2\pi f \\
\varphi_{\mathrm{I}} &= \arctan^{-1}(X_{\mathrm{I}} / R_{\mathrm{I}})
\end{aligned}
\right\}
\tag{5-10}
$$

式中 U_{av} ——三相电压平均值，V；

I_{av} ——三相电流平均值，A；

P ——两个功率表的代数和，W；

Z_{I} ——正序阻抗，Ω；

R_{I} ——正序电阻，Ω；

X_{I} ——正序电抗，Ω；

L_{I} ——正序电感，H；

φ_{I} ——正序阻抗角，$^\circ$。

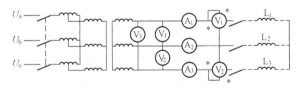

图 5-11 正序阻抗试验接线图

3. 零序阻抗试验

测量零序阻抗的试验接线图见图 5-12。测量时将线路末端三相短路接地（合上

接地刀闸亦可），在线路始端三相短路接单相交流电源，分别测量电流、电压和功率。

取测得电压、电流和功率三个数，分别代入下列公式计算

$$\left.\begin{array}{l} Z_0 = 3U_0/I_0 \\ R_0 = 3P/I_0^2 \\ X_0 = \sqrt{Z_0^2 - R_0^2} \\ L_0 = X_0/2\pi f \\ \varphi_0 = \arctan^{-1}(X_0/R_0) \end{array}\right\} \tag{5-11}$$

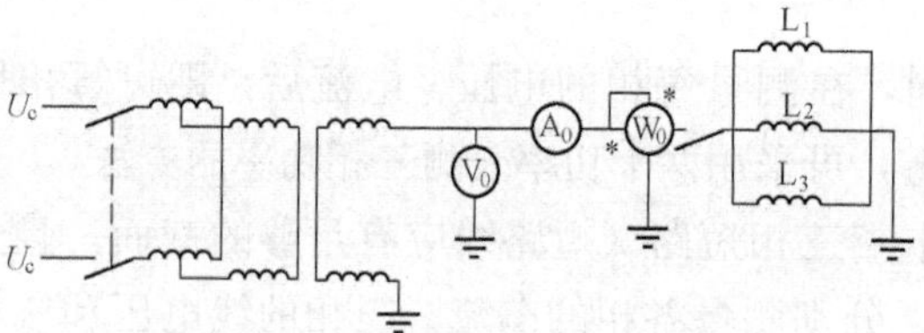

图 5-12　零序阻抗试验接线图

式中　U_0——电压值，V；

I_0——电流值，A；

P——功率，W；

Z_0——零序阻抗，Ω；

R_0——零序电阻，Ω；

X_0——零序电抗，Ω；

L_0——零序电感，H；

φ_0——零序阻抗角，°。

三、试验结果分析及注意事项

1. 直流电阻试验

每一相电缆线路直流电阻测出后，根据下式可换算成 20℃时单位长度的直流电阻值，并与出厂值进行校核。

$$R_x = R_a \frac{T + t_x}{T + t_a} \tag{5-12}$$

式中　R_a——温度为 t_a 时测得的电阻，Ω；

R_x——换算至温度为 t_x 时的电阻，Ω；

T——系数，铜线时为 235，铝线时为 225。

直流电阻测试虽然简便，但无法消除试验短接线的导体电阻和接触电阻的影响，会给测量带来一定的误差，此误差对大截面短电缆的测量结果影响尤为突出。为减小接触电阻的影响，准确测量电缆的直流电阻，电缆线路末端的短路线应有足够的截面，并使短路线尽可能的短，且连接牢靠。

2. 序阻抗试验

在进行正序、零序阻抗试验时，试验电压应按线路长度和试验设备容量来选取，应避免由于电流过小而引起较大的测量误差。电缆线路的零序阻抗与高压电缆的金属护套接地方式有关，因此测试时电缆线路金属护套的接地方式应为电缆正常运行时的方式。金属护套单端接地与两端直接接地或交叉互联接地，其零序阻抗相差很大。这是由于金属护套单端接地时，零序电流只能通过大地返回，大地电阻使线路每相等值电阻增大；当金属护套两端直接接地或交叉互联接地时，零序电流是通过金属护套返回，因此零序阻抗小得多。

第六节　直流耐压和泄漏电流试验

一、直流耐压试验

交流电力电缆之所以用直流来进行耐压试验，主要是由于电力电缆具有很大的电容，现场采用大容量试验电源不现实，所以改为直流耐压试验，以显著减小试验电源的容量。直流耐压试验一般都采用半波整流电路，由于电缆电容量较大，故不用加装滤波电容。对于 35kV 以上的电缆，试验电源采用倍压整流方式。试验中测量泄漏电流的微安表可接在低电位端，也可接在高电位端。

通常直流试验所带来的剩余破坏也比交流试验小得多（如交流试验因局部放电、极化等所引起的损耗比直流时大）。直流试验没有交流试验真实、严格，串联介质在交流试验中场强分布与其介电常数成反比，而施加直流时却与其电导率成反比，因此在直流耐压试验时，一是适当提高试验电压，二是延长外施电压的时间。正常的电缆绝缘在直流电压作用下的耐电强度约为 400～600kV/cm，比交流作用下大 1 倍左右，所以直流试验电压大致为交流试验电压的 2 倍，试验时间一般选为 5min。一般电缆缺陷在直流耐压试验持续的 5min 内都能暴露出来。

电缆的直流击穿强度与电压极性有一定关系。试验时一般电缆芯接负极，电缆芯接正极时，击穿电压比接负极时约高 10%。

浸渍纸绝缘电缆的击穿电压与温度关系很大，在温度 t℃时的击穿电压 U 与在 25℃时的击穿电压 U_0 有如下关系

$$U = U_0 [1 - 0.0054(t - 25)] \tag{5-13}$$

即在 25℃以上，每升高 1℃击穿电压降低 0.54%。

在进行直流耐压和泄漏电流试验时应均匀升压，升压过程中在 0.25、0.5、0.75、1.0 倍试验电压下各停留 1min，读取泄漏电流值，以便必要时绘制泄漏电流和试验电压的关系曲线。

进行完电缆直流耐压或泄漏电流试验后，应牢记先用 100～200kΩ 的限流电阻充分放电，然后还要对地直接放电，并保持足够的接地时间。

二、泄漏电流测量技术

绝缘良好的电缆泄漏电流很小，一般只有几到几十微安。由于试验设备用高压引线等杂散电流的影响，当将微安表接入低电位端测量时，往往使测量结果不准，有时误差竟达到真实值的几倍到几十倍。

在实际测量中应尽量将微安表接在高电位端的接线，这时对测量微安表、引线及电缆两头，应该严格地屏蔽，对于整盘电缆可以采用如图 5-13 所示的屏蔽接线方式。这里微安表采用金属屏蔽罩屏蔽，微安表到被试品的引线采用金属屏蔽线屏蔽，对电缆两端头则采用屏蔽帽和屏蔽环屏蔽。屏蔽和引线之间只有很小的电位差，所以并不需要很高的绝缘。

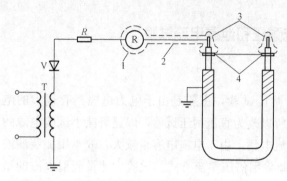

图 5-13　测量直流泄漏电流时的屏蔽方法

1—微安表屏蔽罩；2—屏蔽线；3—端头屏蔽帽；4—屏蔽环

在现场试验时，由于电缆两头相距很远，无法实现连接，所以上述方法是不可行的。有的运行单位采用借用三相电缆中的另一相作为两端屏蔽连线，但由于测量的泄漏电流包含了另一相的泄漏电流，且每相均承受两次耐压，因此采用这种方法的等效性值得研究。

现场采用两端同时测量的方法，其接线如图 5-14 所示，即在非高压电源端增加一个测量微安表，同时记录两端的泄漏电流值。这时高压电源端测得的泄漏电流包含电缆绝缘的泄漏电流和表面泄漏电流、杂散电流，而另一端测量的是表面泄漏电流和杂散电流，从而电缆的泄漏电流为两者之差。

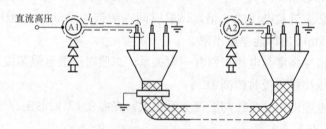

图 5-14　两端同时测量泄漏电流的接线

另一种简便有效的方法是在施加电压相和非施加电压相之间放置一个绝缘板，或将绝缘手套套在施加电压的那一相电缆终端上，以改善局部电场分布，减小电晕的影响。

三、交联聚乙烯电缆直流耐压试验相关问题的讨论

交联聚乙烯电缆绝缘直流耐压试验是一个有争议的试验项目，由于交联聚乙烯绝缘性质十分特殊，进行直流耐压试验可能是不适合的。主要观点有：

（1）直流电压对交联聚乙烯绝缘有积累效应，当经过直流耐压试验后，将在电缆绝缘中残余一定的直流电压，这时将电缆投入使用，大大增加了击穿的可能。

（2）交联聚乙烯电缆在运行中，在主绝缘交联聚乙烯中逐步形成水树枝、电树枝，这种树枝化老化过程，伴随着整流效应。由于有整流效应的存在，致使在直流耐压试验过程中，在水树枝或电树枝端头积聚的电荷难以消散，并在电缆运行过程中加剧树枝化的过程。

（3）由于交联聚乙烯电缆绝缘电阻很高，以致在直流耐压时所注入的电子不易散逸，它引起电缆中原有的电场发生畸变，因而更易被击穿。

（4）由于直流电压分布与实际运行电压不同，直流试验合格的电缆，投入运行后，在正常工作电压作用下也会发生绝缘故障。

因而，有的运行单位将交联聚乙烯电缆的直流耐压试验从常规预防性试验改为鉴定

性试验，即当其他预防性试验项目发现问题而又无法判断电缆能否投运时，才进行直流耐压试验。也有建议将直流耐压试验改做交流耐压试验，如采用串联谐振法或超低频法进行试验。近年来发展的交联聚乙烯电缆在线检测技术为交联聚乙烯电缆运行检测提供了新的方法。

第七节　接地电阻测试

高压电缆在运行过程中，电缆本体的金属屏蔽、金属护层、外护套、金属支架等电缆部件及附件，都应采取合适、可靠的接地方式进行接地，才能保障电缆的安全运行，提高其抵抗非正常状态的能力。

由于施工过程中的焊接工艺不合格、长期运行过程中地网锈蚀严重等因素，可能出现接地不可靠的现象发生。不能可靠接地会导致悬浮电位过高、电压致热等情况发生，严重威胁电缆的安全运行，影响供电可靠性。所以测量高压电缆线路的接地电阻有着重要意义。

接地电阻是接地体到无穷远处土壤的总电阻，它是接地电流经接地体流入大地时，接地体电位和接地电流的比值。为了保证电缆设备和人身安全，电缆本体、附件、构筑物等设施均应采取合理的接地方式在合适的部位可靠接地。

一、接地电阻测试的原理及接线

电缆接地系统接地电阻的测量包括电缆终端的接地电阻、绝缘接头交叉换位处的接地电阻、直通接头的接地电阻、沿线金属支架等的接地电阻测量。

目前常用的测试方法是打桩法。打桩法接地电阻测量方法包括两极法、三极法（三端子法和四端子法），如图5-15～图5-17所示。

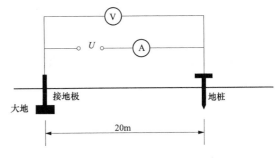

打桩法的基本原理是：人为在距接地点一定距离的部位打下一枚或多枚接地桩作为电极，试验线连接接地点和接地桩，通过大地形成回路，测得接地产生的接地电阻。

图 5-15　两极法试验原理图

1. 两极法

两极法原理接线图如图 5-15 所示，但该接线方式过于简单，精确性较差，一般不做使用。

$$R = \frac{U}{I}$$

式中　R——接地电阻，Ω；

　　　U——电压表所测电压，即接地极和地桩之间的电压，V；

　　　I——流过接地极和地桩之间的电流，A。

2. 三极法

三极法指由接地装置、电流极和电压极组成的三个电极测量接地装置电阻的方法。对新建的杆塔接地装置的交接验收应采用三极法测试。其中三极法也有两种形式，四端子法和三端子法，四端子法可看作三端子法的变形，在低接地电阻测量和消除测量电缆电阻对测量结果的影响时替代三极法，该方法是所有接地电阻测量方法中准确度最高的。三个电极布置方式采用直线法或30°夹角法，其接线方式如图5-16所示。

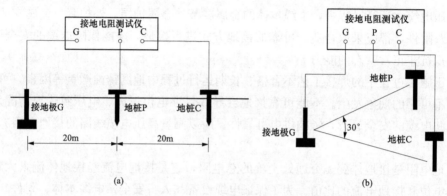

图 5-16　三端子接地电阻测试接线图

（a）直线法；（b）30°夹角法

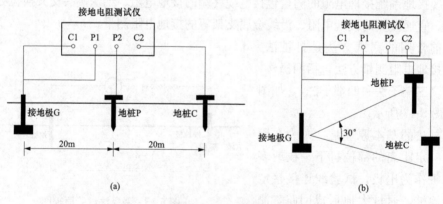

图 5-17　四端子接地电阻测试仪接线图

（a）直线法；（b）30°夹角法

C1、C2——接地电阻测试仪的电流极接线端子；

P1、P2——接地电阻测试仪的电压极接线端子；

G、P、C——接地电阻测试仪的接地极接线端子、电压极接线端子、电流极接线端子。

三端子法可看作C1、P1合二为一。测试接地装置工频特性参数的电流极应布置得尽量远，对于中型接地装置，d_{PG}通常为（0.5～0.6）d_{CG}；对于超大型接地装置，通常电流极与被试接地装置边缘的距离d_{CG}应为被试接地装置最大对角线长度D的4～5倍，当远距离放线有困难时，土壤电阻率均匀地区 d_{CG} 可取 2D，土壤电阻不均匀地区可取 3D。其中，D 为被试接地装置最大对角线长度；d_{PG} 为电位极与被试接地装置边缘的距离；d_{CG} 为电流极与被试接地装置边缘的距离。测试回路应尽量避开河流、湖泊，尽量远离管路和运行中的输电线路，避免和管路以及运行中的输电线路长距离并行。

二、试验判断依据

依据标准 Q/GDW 11316—2014《电力电缆线路试验规程》和 DL/T 475《接地装置特性参数测量导则》的规定，电缆线路接地电阻测试结果应不大于 10Ω。

第八节　振荡波局部放电测试

振荡波电压试验方法是利用电缆等值电容与电感线圈的串联谐振原理，使振荡电压在多次极性变换过程中电缆缺陷处会激发出局部放电信号，通过高频耦合器测量该信号从而达到检测目的。

振荡波检测技术对于高压交联聚乙烯电缆本体、终端和中间接头部位发生的各类局部放电缺陷，都有良好的检测效果。

1. 振荡波局部放电测试原理

试验接线图如图 5-18 所示，整个试验回路分为两个部分：一是直流预充电回路，二是电缆与电感充放电回路，即振荡回路。这两个回路之间通过快速关断开关实现转换。

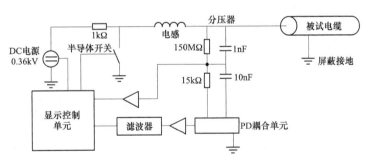

图 5-18　振荡波局部放电测试接线图

被试线芯的一端接高压直流电源的输出端，另一端悬空，电缆屏蔽层接地。测试时，高压电流源通过一个电感对被测电缆充电，高压电子开关并联在高压直流两端，从 0 开始逐渐升压，当所加电压达到预设值时，闭合高压电子开关，同时直流电源退出整个回路，被测电缆和电感形成 LC 阻尼振荡回路，产生振荡波电压，并以此电压振荡波信号来激发出电缆绝缘缺陷处的局部放电。测量回路分两路，一路为阻容分压器，用来测量振荡波分压信号；另一路为局部放电耦合单元，局部放电信号经放大器、滤波器放大，滤波后传递给信号采集卡，信号采集卡与计算机通过信号电缆连接，测试人员通过计算机进行数据采集与分析。

整个实验过程分多次加压，每次加压后呈振荡衰减，振荡测试过程时间很短，不到

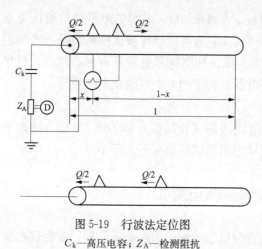

图 5-19　行波法定位图

C_k—高压电容；Z_A—检测阻抗

1s，所以振荡波试验对电缆绝缘性能的损害很小。

振荡波局部放电测试不仅可以对局部放电点进行定性检测，还可以在停电故障查找时，结合放电脉冲实现对放电故障点的定位，如图 5-19 所示，其原理介绍如下：

设 t_0 时刻，在电缆 x 处发生放电，产生的两个脉冲波沿电缆反向传播，t_1 时刻第一个脉冲波达到测试仪，第二个脉冲波经电缆对端反射后在 t_2 时刻到达测试仪，电流脉冲在确定的电缆中的传播速度是可以计算得出的，所以可以通过以下公式算出放电点对测试点之间的距离。

$$t_2 = \frac{(l-x)+l}{v}$$

$$\Delta t = t_2 - t_1 = \frac{2(l-x)}{v}$$

$$x = l - \frac{v \cdot \Delta t}{2}$$

式中　l——电缆总长度；

　　　v——电流脉冲在电缆中的传播速度。

2. 振荡波局部放电检测步骤

（1）测试前电缆接地放电；

（2）测量电缆绝缘电阻，比较相间绝缘电阻的阻值和历史变化情况；

（3）正确输入电缆信息；

（4）正确连接测试电路，校对放电量；

（5）试验电压应逐渐升到 0.1、0.3、0.5、0.7、0.9、1.0、1.1、1.5、1.7 U_0 并保持一定的时间（新电缆最高可加至 2.0 U_0），依次进行局部放电测量；

（6）数据分析，生成测试报告。

3. 振荡波试验的技术要求和注意事项

（1）检测对象及环境的温度宜在 $-10 \sim +40℃$ 范围内；空气相对湿度不宜大于 90%，不应在有雷、雨、雾、雪环境下作业；试验端子要保持清洁；避免电焊、气体放电灯等强电磁信号干扰。

（2）振荡波局放电测试适用于 35kV 及以下电缆线路的停电检测。

（3）试验电压应满足：

1）试验电压的波形连续 8 个周期内的电压峰值衰减不应大于 50%；

2）试验电压的频率应介于 20～500Hz；

3）试验电压的波形为连续两个半波、峰值呈指数规律衰减的近似正弦波；

4）在整个试验过程中，试验电压的测量值应保持在规定电压值的±3%以内。

（4）被测电缆本体及附件应当绝缘良好，存在故障的电缆不能进行测试。被测电缆的两端应与电网的其他设备断开连接，避雷器、电压互感器等附件需要拆除，电缆终端处的三相间需留有足够的安全距离。

（5）已投运的交联聚乙烯绝缘电缆最高试验电压 $1.7U_0$，接头局部放电超过 500pC、本体超过 300pC 应归为异常状态；终端超过 5000pC 时，应在带电情况下采用超声波、红外等手段进行状态监测。

[例 5-1] 某 10kV 电缆长度为 508m，采用电缆沟方式敷设，已投运 10 年。5 月 20~21 日，检测组对该条线路开展联合测试，该条线路属路灯供电专线电缆，运行方式为 A、C 相供电，B 相作为冷备用状态，供电方式为昼停夜开。检测组于 5 月 20 日晚对该条线路采用高频局部放电测试仪在首、末两端分别进行测试，首、末端测试结果如图 5-20、图 5-21 所示。

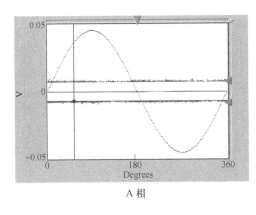

A 相

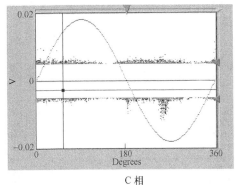

C 相

图 5-20　首端测试图

由于末端三相电缆距离过近，高频 TA 难以卡在 A 相本体上进行测量，因此在这一侧只能采集 C 相信息。从图 5-20 中可以看出，该条电缆 C 相存在一定程度的内部放电，但放电幅值不大。为了定位局部放电源，采用 OWTS 进行离线诊断，其结果如图 5-21 所示。

从图 5-22 中可以看出，该条电缆的局部放电点非常集中，均为距离末端 212m 处的接头。在 U_0 电压下，其

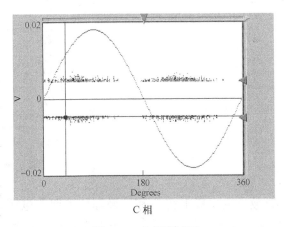

C 相

图 5-21　末端测试图

电力电缆施工、运维与故障检测实用技术

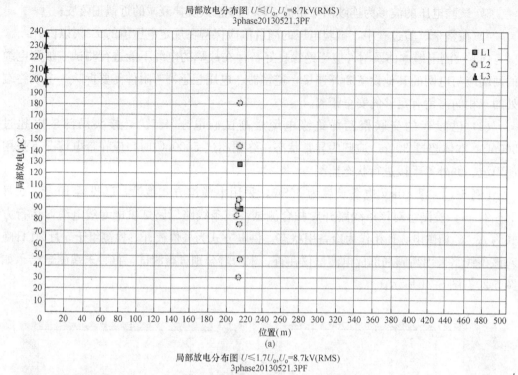

(a)

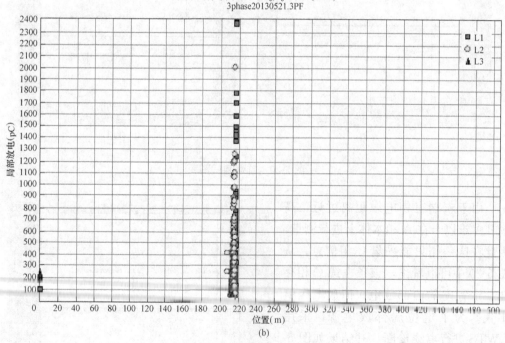

(b)

图 5-22 振荡波测试结果

局部放电主要集中在 C 相，局部放电起始电压（PDIV）为 8.7kV，放电幅值最大为 180pC，放电次数为 9 次；A 相局部放电起始电压（PDIV）为 8.7kV，放电幅值最大为 130pC，放电次数为 2 次。而在 $U_o < U < 1.7U_o$ 范围内，其放电幅值、次数均急剧上升，

146

A 相最大值达到 2379pC，C 相最大放电幅值达到 2000pC，必须及时处理。结合高频局部放电检测仪检测数据分析可以发现，采用 OWTS 进行离线局部放电诊断，通过提升试验电压能够较好检出因绝缘内部缺陷过于微小难以暴露在正常运行电压下的隐患。

为对该条电缆的整体绝缘老化状况进行评估，采用 0.1Hz 超低频高精度介质损耗测试系统进行超低频介质损耗测试（见图 5-23 和图 5-24），其测试结果如表 5-7 所示。

图 5-23　电缆末端振荡波测试现场

图 5-24　电缆末端超低频介质损耗测试现场

表 5-7　　　　　　　　　　　　　　　　电缆超低频介质损耗测试结果

介质损耗值	TanDelta $(0.5U_o)$ (10^{-3})	TanDelta $(1.0U_o)$ (10^{-3})	TanDelta $(1.5U_o)$ (10^{-3})	介质损耗变化率 DTD $(1.5U_o{\sim}1.5U_o)$ (10^{-3})	超低频介质损耗随时间稳定性 VLF-TD Stability [U_o 下测得的标准偏差（10^{-3}）]	介质损耗平均值 VLF-TD，U_o 下 (10^{-3})
A 相 (L1)	2.57	3.32	4.30	1.73	0.04	3.32
C 相 (L3)	15.06	18.84	19.27	4.21	0.23	18.84

参考 IEEE P400.2—2013 的判据建议，该条电缆 A、C 相落入需"采取进一步测试"建议值范围。表明该条电缆已存在较为严重的老化。

结合综合诊断结果表明，该条线路存在较严重的缺陷，制定检修策略为：更换距离末端 212m 处接头，并沿接头两侧部分更换 20m 电缆。

5 月 28 日，赴疑似缺陷现场进行消缺处理，打开电缆沟盖板后，发现此段电缆为排管、电缆沟混合敷设方式，在采用电缆识别仪对缺陷电缆识别后，为确保安全，在距离疑似缺陷接头 1m 处从外护套沿径向打入一接地钢钉，发现有水渗出，在该处切割后发现线芯严重受潮（见图 5-25）。由于该段电缆两侧均为管群，考虑到后期试验室开展理化分析的要求，为防止在管群内拖拽损伤电缆接头，在距离中间接头一侧 1m 处开断后将另侧电缆从管群内抽出 10m 并进行开断（见图 5-26），发现该处电缆线芯依然严重含水，且铜屏蔽、铠装层严重锈蚀。

图 5-25　疑似缺陷电缆线路现场实物图

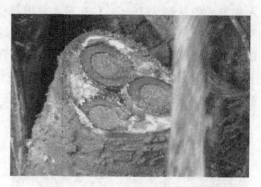

图 5-26　接头一侧 1m 处电缆剖面

在处缺完成后，工作组再次对该条线路进行阻尼振荡波及 0.1Hz 超低频介质损耗联合复测，测试结果表明，该条电缆局部放电异常点消除，介质损耗值在正常范围之内，线路隐患得以消除。

第九节　国内外新的电缆试验方法简介

基于电力电缆的吸收过程的特点，国内外已研究出几种新的停电试验方法，如残余电压法、反向吸收电流法、电位衰减法等，这些方法在实际应用中取得了较好的效果，有的已与在线检测配合使用。

一、残余电压法测量

如图 5-27 所示，测量时将开关 K2 打开，K3 打到接地侧，开关 K1 合向试验电源，使被试电缆充上直流电压。一般可按每毫米绝缘厚度上的电压为 1kV 来施加电压。约经 10min 充电后，将 K1 及 K2 先后打到接地侧，经约 10s 后打开 K1、K2，将开关 K3 合向试验电源，以测量电缆绝缘上的残余电压，对交联聚乙烯电缆测得的残余电压与其 tanδ 值的相关性较好。研究表明，交联聚乙烯电缆不同老化过程阶段其残余电压明显不同，电缆劣化越严重，残余电压越高。

二、反向吸收电流法

反向吸收电流法测量原理如图 5-28 所示。测量时先将开关 K2 闭合，K1 打到电源侧，让电缆加上 1kV 直流电压 10min，然后将 K1 打到接地侧让电缆放电；3min 后打开 K2，由电流表测量反向吸收电流。而"吸收电荷"Q 在这里定义为 3～33min，30min 内电流对时间的积分值。

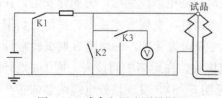

图 5-27　残余电压法测量原理

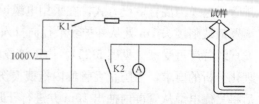

图 5-28　反向吸收电流法测量原理

图 5-29 给出了运行中因老化而退下的 6.6kV 交联聚乙烯电缆的吸收电荷、绝缘电阻及 tanδ 与该电缆交流击穿电压 U 的关系，可见其 Q-U 的相关性比 tanδ-U 还要好，而绝缘电阻与 U 的相关性最差。由此可见，当监测某电缆整体劣化时，以测量 Q 及 tanδ 为宜。因两者均取决于绝缘的整体特性，而测残余电荷时外界干扰也较小，测量比较准确。

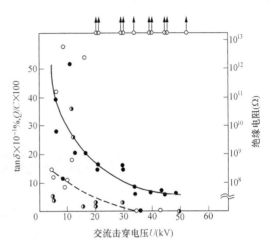

图 5-29 吸收电荷、绝缘电阻、tanδ 和交流击穿电压关系图

三、电位衰减法

电位衰减法是在电缆放电后，测量自放电的电压下降速度，其测量原理如图 5-30 所示。试验时先对电缆绝缘充电，再打开开关 K1 让它自放电。由于静电电压表的绝缘电阻远高于电缆的绝缘电阻，如电缆绝缘良好，则自放电很慢；如电缆绝缘品质已经下降，则放电电压下降速度很快，如图 5-31 所示的曲线。

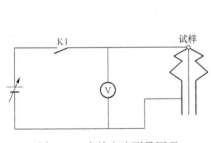

图 5-30 自放电法测量原理

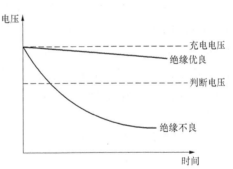

图 5-31 自放电电压的下降曲线

第六章

高压电力电缆带电检测

根据 Q/GDW 11223—2014《高压电缆状态检测技术规范》，状态检测，指利用红外热成像、局部放电、接地电流检测等专业无损检测技术手段，综合评估并诊断电力设备的运行状况、绝缘老化、工艺缺陷等潜伏性故障。带电检测，一般采用便携式检测设备，在运行状态下，对设备状态量进行的现场检测，通常为带电短时间内检测，有别于长期连续地在线监测。

带电检测技术能在设备不停电状态时进行检测，目前相关技术正在高速发展中，其中红外检测和金属护层接地电流检测开展时间较长，技术稳定可靠。局部放电检测的技术相对薄弱，信号判断的可靠性较差，除了一些显著的局部放电信号，都不能肯定地给出结果。此外，目前的局部放电检测仪器对于检测人员的技术要求较高，达到要求的运维人员非常稀缺，给推广带来很大的不便。但是局部放电检测也有自己的优点，可以发现微小的缺陷，提前采取措施预防事故发生，在技术并不成熟的条件下，对于检测的疑似对象，设备运维单位可以有针对性地进行跟踪重点监测观察。在所有的局部放电检测技术中，因为高频局部放电检测技术在电缆运维中使用较为广泛，所以本章将着重介绍高频局部放电检测。

本章主要介绍 10~500kV 交流电缆线路的带电检测作业：红外检测、金属护层接地电流、超声波局部放电、高频局部放电和特高频局部放电 5 个带电检测项目，各自的适用范围见表 6-1。

表 6-1　　　　　　　　各带电检测作业方法的适用范围

方法	适用电缆	重点检测部位	针对缺陷	检测方法	备注
红外热像	35kV 及以上电缆	终端、接头	连接不良、受潮、绝缘缺陷	在线	必做
金属护层接地电流	110kV 及以上电缆	接地系统	电缆接地系统缺陷	在线	必做
高频局部放电	110kV 及以上电缆	终端、接头	绝缘缺陷	在线	必做
特高频局部放电	110kV 及以上电缆	终端、接头	绝缘缺陷	在线	选用
超声波	110kV 及以上电缆	终端、接头	绝缘缺陷	在线	选用

第一节　高频局部放电

一、高频局部放电检测的相关规定

Q/GDW 11400—2015《电力设备高频局部放电带电检测技术现场应用导则》对高

频局部放电的人员、安全和检测条件等提出了要求。

1. 检测人员应具备的条件

（1）熟悉高频局部放电检测的基本原理、诊断程序和缺陷定性的方法，了解高频局部放电检测仪的技术参数和性能，掌握高频局部放电检测仪的操作程序和使用方法。

（2）了解被测电力设备的结构特点、运行状况和导致设备故障的基本因素。

（3）熟悉本导则，接受过高频局部放电带电检测的培训，具备现场检测能力。

（4）熟悉并能严格遵守电力生产和工作现场的相关安全管理规定。

2. 安全要求

（1）应严格执行电力安全工作规程。

（2）应严格执行发电厂、变（配）电站巡视的要求。

（3）检测至少由两人进行，并严格执行保证安全的组织措施和技术措施。

（4）应有专人监护，监护人在检测期间应始终行使监护职责，不得擅离岗位或兼职其他工作。

（5）应确保操作人员及测试仪器与电力设备的高压部分保持足够的安全距离。

（6）应避开设备防爆口或压力释放口。

（7）测试中，电力设备的金属外壳应接地良好。

（8）雷雨天气应暂停检测工作。

3. 检测条件要求

为确保安全生产，特别是确保人身安全，在严格执行电力相关安全标准和安全规定外，还应注意以下几点：

（1）被检电力设备上无其他作业。

（2）被检电力设备的金属外壳及接地引线应可靠接地，应与检测仪器和传感器绝缘良好。

（3）检测过程中应尽量避免其他干扰源（如：偏磁电流）带来的影响。

（4）对同一设备应保持每次测试点的位置一致，以便于进行比较分析。

除了上述检测条件要求外 Q/GDW 11316—2014 更加详细地指定了高频局部放电的检测环境温度应在－10～＋40℃，空气相对湿度不宜大于 90%。

Q/GDW 11223—2014《高压电缆状态检测技术规范》对高频局部放电的周期和判断依据做出了规定，详见表 6-2 和表 6-3。

二、局部放电的特征

局部放电是指发生在电极之间但并未贯穿电极的放电，它是由于设备绝缘内部存在薄弱点或生产安装过程中造成的缺陷，在高电场强度作用下局部发生重复击穿和熄灭的现象。它表现为绝缘内气体的击穿、小范围内固体或液体介质的局部击穿或金属表面的边缘及尖角部位场强集中引起局部击穿放电等。这种放电的能量是很小的，所以它的短时存在并不影响到电气设备的绝缘强度。但若电气设备绝缘在运行电压下不断出现局部放电，这些微弱的放电将产生累积效应会使绝缘的介电性能逐渐劣化并使局部缺陷扩大，形成电树枝，并快速发展，从而导致整个绝缘击穿。

表 6-2   高频局部放电检测的检测周期

电压等级	周期	说明
110（66）kV	①投运或大修后 1 个月内； ②投运 3 年内至少每年 1 次，3 年后根据线路的实际情况，每 3～5 年 1 次，20 年后根据电缆状态评估结果每 1～3 年 1 次； ③必要时	①当电缆线路负荷较重，或迎峰度夏期间应适当调整检测周期。 ②对运行环境差、设备陈旧及缺陷设备，要增加检测次数。 ③高频局部放电在线监测可替代高频局部放电带电检测
220kV	①投运或大修后 1 个月内； ②投运 3 年内至少每年 1 次，3 年后根据线路的实际情况，每 3～5 年 1 次，20 年后根据电缆状态评估结果每 1～3 年 1 次； ③必要时	
500kV	①投运或大修后 1 个月内； ②投运 3 年内至少每年 1 次，3 年后根据线路的实际情况，每 3～5 年 1 次，20 年后根据电缆状态评估结果每 1～3 年 1 次； ③必要时	

表 6-3   判断依据

状态	测试结果	图谱特征	建议策略
正常	无典型放电图谱	无放电特征	按正常周期进行
注意	具有具备放电特征且放电幅值较小	有可疑放电特征，放电相位图谱 180°分布特征不明显，幅值正负模糊	缩短检测周期
缺陷	具有具备放电特征且放电幅值较大	有可疑放电特征，放电相位图谱 180°分布特征明显，幅值正负分明	密切监视，观察其发展情况，必要时停电处理

　　局部放电是一种复杂的物理过程，除了电荷的转移和电能的损耗之外，还会产生电磁辐射、超声波、光、热以及新的生成物等。从电性能方面分析，产生放电时，在放电处有电荷交换、有电磁波辐射、有能量损耗。最明显的是反映到试品施加电压的两端，有微弱的脉冲电压出现。如果绝缘中存在气泡，当工频高压施加于绝缘体的两端时，如果气泡上承受的电压没有达到气泡的击穿电压，则气泡上的电压就随外加电压的变化而变化。若外加电压足够高，即上升到气泡的击穿电压时，气泡发生放电，放电过程便大量中性气体分子电离，变成正离子和电子或负离子，形成了大量的空间电荷，这些空间电荷，在外加电场作用下迁移到气泡壁上，形成了与外加电场方向相反的内部电压，这时气泡上剩余电压应是两者叠加的结果，当气泡上的实际电压小于气泡的击穿电压时，于是气泡的放电暂停，气泡上的电压又随外加电压的上升而上升，直到重新到达其击穿电压时，又出现第二次放电，如此出现多次放电。当试品中的气隙放电时，相当于试品失去电荷 q（q 称为视在放电量），并使其端电压突然下降 ΔU，这个一般只有微伏级的

电源脉冲叠加在千伏级的外施电压上。高频局部放电测试设备的工作本质就是将这种电压脉冲检测出来。

三、局部放电的发生机理

局部放电的发生机理可以用放电间隙和电容组合的电气等值回路来代替，在电极之间放有绝缘物，对它施加交流电压时，在电极之间局部出现的放电现象，可以看成是在导体之间串联放置着 2 个以上的电容，其中一个发生了火花放电。最常见的电极组合的电气等值回路如图 6-1 所示。

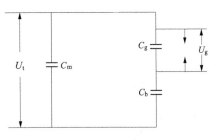

图 6-1　电极组合的电气等值回路

在图 6-1 中，C_g 为串入绝缘物中放电间隙（比如气泡）的电容；C_b 为和 C_g 串联的绝缘物部分的电容；C_m 为除了 C_b 和 C_g 以外的电极之间的电容。

设电极间总的电容为 C_a，则

$$C_a = C_m + \frac{C_g C_b}{C_g + C_b} \tag{6-1}$$

在这样的等值回路中，当对电极间施加交流电压 u_t（瞬时值）时，在 C_g 上不发生火花放电的情况下，加在 C_g 上的瞬时电压 u_t 为

$$u_t = U_t \frac{C_b}{C_b + C_g} \tag{6-2}$$

随着外施电压 u_t 的升高，u_t 也随着增大，u_t 达到 C_g 的火花电压 u_p 时，在 C_g 上就产生火花放电。这时，C_g 间的电压和式中的 u_t 逐渐发生差异，如设它为 u_g 由于放电的原因，u_g 迅速地从 u_p 下降到 u_r（剩余电压，有的叫残压）。现设在 C_g 间，经过 t 秒后放出的电荷为 $Q（t）$，则

$$u_g(t) = u_p - \frac{1}{C_{gr}} Q(t) \tag{6-3}$$

式中，C_{gr} 是从 C_g 两端看到的电容，它等于

$$C_{gr} = C_g + \frac{C_m C_b}{C_m + C_b} \tag{6-4}$$

所以得到

$$u_p - u_r = u_p - u_g(\infty) = \frac{1}{C_{gr}} Q(\infty) \tag{6-5}$$

这里，将 u_g 从 u_p 大致变成 u_r 的时间称为局部放电脉冲的形成时间。当将这些量表示成时间的函数时，成为图 6-2 的曲线。

局部放电脉冲的形成时间，除了极端不均匀电场和油中放电的情况之外，一般是在 $0.01\mu s$ 以下，而且认为 u_r 大致是零。在上述前提下，观察一下各个电气量的情况（局部放电几个主要参量）。

（1）视在放电电荷 q。它是指将该电荷瞬时注入试品两端时，引起试品两端电压的瞬时变化量与局部放电本身所引起的电压瞬时变化量相等的电荷量，视在电荷一般用

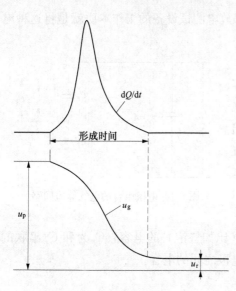

图 6-2　C_g 间的放电电荷和电压
随时间变化的曲线

pC（皮库）来表示。

（2）局部放电的试验电压。它是指在规定的试验程序中施加的规定电压，在此电压下，试品不呈现超过规定量值的局部放电。

（3）局部放电能量 w。是指因局部放电脉冲所消耗的能量。

（4）局部放电起始电压 U_i。当加于试品上的电压从未测量到局部放电的较低值逐渐增加时，直至在试验测试回路中观察到产生这个放电值的最低电压。实际上，起始电压 u_i 是局部放电量值等于或超过某一规定的低值的最低电压。

（5）局部放电熄灭电压 U_e。当加于试品上的电压从已测到局部放电的较高值逐渐降低时，直至在试验测量回路中观察不到这个放电值的最低电压。实际上，熄灭电压 u_e 是局部放电量值等于或小于某一定值时的最低电压。

下面所述的电压、电容、电荷及电能的单位分别采用 V，F，C 及 J 表示。

根据式（6-5），各个局部放电脉冲的放电电荷为

$$q_r = Q(\infty) = C_{gr}(u_p - u_r) \tag{6-6}$$

设 $C_g \gg C_b$，$u_r \approx 0$，则可得

$$q_r \approx C_g u_p \tag{6-7}$$

应用式（6-4）及式（6-6），各个局部放电的能量 w 为

$$w = \int_0^{q_r} u_g \mathrm{d}Q = u_p q_r - \frac{1}{2}\frac{1}{C_{gr}}q_r^2 = \frac{1}{2}C_{gr}(u_p^2 - u_r^2) \tag{6-8}$$

设 $C_g \gg C_b$（即 $C_{gr} \approx C_b$），$u_r = 0$，则可得

$$w = \frac{1}{2}C_g u_p^2 \tag{6-9}$$

其次，设由于局部放电引起试品电极间的电压变化为 ΔU，则

$$\Delta U = \frac{C_b}{C_m + C_b}(u_p - u_r) \tag{6-10}$$

利用式（6-6），消去 $(u_p - u_r)$，可得

$$\Delta U = \frac{C_b q_r}{C_g C_m + C_g C_b + C_m C_b} \tag{6-11}$$

引入新的参数 q

$$q = \frac{C_b}{C_g + C_b}q_r \tag{6-12}$$

利用式（6-1），经过变换后，ΔU 可写成下列形式

$$\Delta U = \frac{q(C_g + C_b)}{C_g C_m + C_g C_b + C_m C_b} = \frac{q}{C_a} \tag{6-13}$$

从电极间来看，就好像是 q 的电荷已经放掉一样，发生了 ΔU 的电压变化。

q 称为视在的放电电荷。由式可知，$q < q_r$。在 $C_m \gg C_g$ 或 $C_m \gg C_b$ 时，q 为

$$q \approx C_b u_p \tag{6-14}$$

在实际测量中，由于测量 ΔU 和 C_a 是可能的，所以，能够求出 q，但是 q_r 一般是求不出的。

由式 (6-8)，放电能量 w 为

$$w = \frac{1}{2} C_{gr}(u_p^2 - u_r^2) = \frac{C_g C_m + C_g C_b + C_m C_b}{C_m + C_b}(u_p - u_r)(u_p + u_r) \tag{6-15}$$

利用式 (6-6) 和式 (6-13)，可得

$$w = \frac{1}{2} q \frac{C_g + C_b}{C_b}(u_p + u_r) \tag{6-16}$$

现设 C_g 放电时的外施电压瞬时值为 U_s（局部放电起始电压的波峰值），可得

$$w = \frac{1}{2} q \frac{U_s}{u_p}(u_p + u_r) \tag{6-17}$$

当 $u_r \approx 0$ 时，w 近似为

$$w \approx \frac{1}{2} q U_s \tag{6-18}$$

即，对于单一气泡放电的情况，若能测量局部放电起始电压 $U_i \left(= \frac{U_s}{\sqrt{2}} \right)$ 和 q 的话，就可求出放电能量。

上述机理仅分析了绝缘材料只存在一个气隙且这个气隙的放电电压与极性无关的情况，实际的试验中气隙往往多于一个，两种极性的放电电压也不同，同时还可能存在两极均放电的情况，分析更复杂。

局部放电强度衡量参数除视在放电量、单次放电能量、放电次数频度外，还有平均放电电流、平均放电功率等，但以视在放电量的测量最为普遍，因此经常看到仪器显示的放电量结果以 pC 作为单位。

四、局部放电的分类

电力电缆中的局部放电大致可分为绝缘材料内部放电、表面放电及电晕放电。

1. 内部放电

在电气设备的绝缘系统中，各部位的电场强度往往是不相等的，当局部区域的电场强度达到电介质的击穿场强时，该区域就会出现放电，但这种放电并没有贯穿施加电压的两导体之间，即整个绝缘系统并没有击穿，仍然保持绝缘性能，发生在绝缘体内的称为内部局部放电。

当绝缘介质内出现局部放电后，外施电压在低于起始电压的情况下，放电也能继续维持。该电压在理论上可比起始电压低一半，也即绝缘介质两端的电压仅为起始电压的

一半,这个维持到放电消失时的电压称之为局部放电熄灭电压。而实际情况与理论分析有差别,在固体绝缘中,熄灭电压比起始电压约低 5%～20%。在油浸纸绝缘中,由于局部放电引起气泡迅速形成,所以熄灭电压低得多。这也说明在某种情况下电气设备存在局部缺陷而正常运行时,局部放电量较小,也就是运行电压尚不足以激发大放电量的放电。当其系统有一过电压干扰时,则触发幅值大的局部放电,并在过电压消失后如果放电继续维持,最后导致绝缘加速劣化及损坏。

2. 表面放电

如在电场中介质有一平行于表面的场强分量,当这个分量达到击穿场强时,则可能出现表面放电。这种情况可能出现在套管法兰处、电缆终端部,也可能出现在导体和介质弯角表面处,如图 6-3 所示。内介质与电极间的边缘处,在 r 点的电场有一平行于介质表面的分量,当电场足够强时则产生表面放电。在某些情况下,可以计算空气中的起始放电电压。

表面局部放电的波形与电极的形状有关,如电极为不对称时,则正负半周的局部放电幅值是不等的,如图 6-4 所示。当产生表面放电的电极处于高电位时,在负半周出现的放电脉冲较大、较稀;正半周出现的放电脉冲较密,但幅值小。此时若将高压端与低压端对调,则放电图形亦相反。

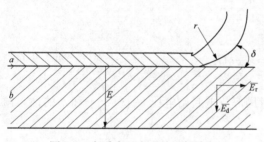

图 6-3　介质表面出现的局部放电

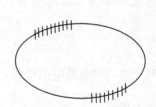

图 6-4　表面局部放电波形

3. 电晕放电

电晕放电是在电场极不均匀的情况下,导体表面附近的电场强度达到气体的击穿场强时所发生的放电。在高压电极边缘,尖端周围可能由于电场集中造成电晕放电。电晕放电在负极性时较易发生,也即在交流时它们可能仅出现在负半周。电晕放电是一种自持放电形式,发生电晕时,电极附近出现大量空间电荷,在电极附近形成流注放电。现以棒—板电极为例来解释,在负电晕情况下,如果正离子出现在棒电极附近,则由电场吸引并向负极运动,离子冲击电极并释放出大量的电子,在尖端附近形成正离子云。负电子则向正极运动,然后离子区域扩展,棒极附近出现比较集中的正空间电荷而较远离电场的负空间面电荷则较分散,这样正空间电荷使电场畸变。因此负棒时,棒极附近的电场增强,较易形成。

在交流电压下,当高压电极存在尖端,电场强度集中时,电晕一般出现在负半周,或当接地电极也有尖端点时,则出现负半周幅值较大、正半周幅值较小的放电。

五、高频局部放电检测原理

常用的高频局部放电检测装置包括传感器、信号处理单元、信号采集单元和数据处理终端。高频局部放电检测装置结构如图 6-5 所示，装置实物图如图 6-6 所示。

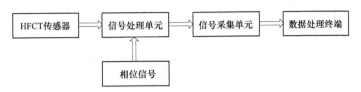

图 6-5　高频局部放电检测装置结构图

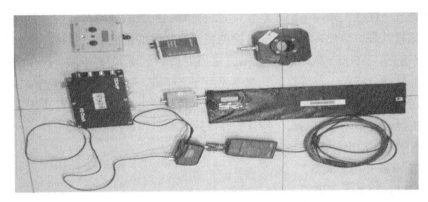

图 6-6　高频局部放电检测装置实物图

1. 传感器

高频电流传感器一般采用罗格夫斯基线圈（Rogowski coils，简称罗氏线圈），结构示意图如图 6-7 所示。

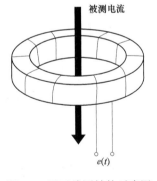

罗氏线圈一次侧为流过电流的导体，二次侧为多匝线圈。令流过导体的电流为 $I(t)$，二次线圈感应出的电动势为 $e(t)$，根据安培环路定律和法拉第电磁感应定律，可由麦克斯韦方程解得

$$e(t) = M \frac{\partial I(t)}{\partial t}$$

式中　M——罗氏线圈的互感系数。

图 6-7　罗氏线圈结构示意图

通常选用高磁导率的磁芯作为线圈骨架，并采用自积分式线圈结构作为高频局部放电检测的传感器，其有效频率检测范围一般为 3～30MHz。

在实际使用中，根据 HFCT 传感器按安装位置的不同主要分为接地线 HFCT 和电缆本体 HFCT。安装在电力设备接地线或电缆交叉互联系统上的 HFCT 传感器，内径一般为几十毫米；安装在单芯电力电缆本体上的 HFCT 传感器，内径一般在 100mm 以上，传感器灵敏度相对接地线 HFCT 较低。

2. 信号采集单元

信号采集单元主要有数据采集卡构成，将实际采集到的模拟信号转化为可供进一步处理的数字信号。信号采集单元的主要性能参数为采样率、采样分辨率、带宽以及存储深度。常用的高频局部放电检测设备采样率在几 ms/s 到 100ms/s。采样率越高越能够还原局部放电信号的高频分量。

3. 信号处理单元

针对传感器的输出信号，需要进行滤波和放大。实际测量中会有各类噪声和干扰信号，因此需要配合硬件滤波器或后续数字滤波功能进行滤波。信号处理单元的性能主要由上、下限截止频率和放大倍数来衡量。一般要求仪器能够在叠加 40～500kHz 固定频率正弦信号的情况下能够有效检测出 100pC 放电量。

4. 数据处理终端

数据处理终端往往采用笔记本电脑，安装有专门的数据处理与分析诊断软件，主要用于显示测量结果。常规高频局部放电检测装置所提供的检测结果包括：单脉冲时域波形显示、单周期（20ms）时域波形显示、多周期局部放电 Q-ϕ 谱图、PRPD 谱图、局部放电脉冲频谱分析等。有些仪器还具有数字滤波功能、局部放电类型模式识别功能、局部放电定位功能、多通道同步测量以及多种测量检测方法联合测量等功能。一般要求仪器的整机灵敏度不小于 100pC，并且能够有效检测且识别出电晕放电。

六、高频局部放电检测

1. 检测步骤及注意事项

（1）测试过程基本步骤

1）安装高频局部放电传感器，连接检测装置的电源线、信号线、同步线、数据传输线等一系列接线，并开始检测，如图 6-8 和图 6-9 所示。

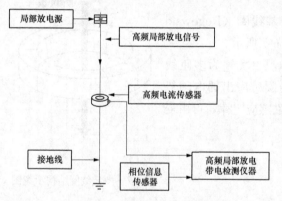

图 6-8　高频局部放电安装示意图

图 6-9　电缆终端现场 HFCT 安装图

2）观察数据处理终端（笔记本电脑）的检测信号时域波形与对应的 PRPD 谱图，排除干扰并判断有无异常局部放电信号。

3）确定存在异常局部放电信号后，可利用去噪、模式识别以及放电聚类等方法进一步识别。对于信号分类方法同一信号源的信号（放电信号或干扰信号）具有相似的时域和频域特征，他们在时频图中会聚集在同一区域。反之，不同类型的信号在时域特征或者频域特征上有区别，因此在时频图中会相互分开。按照时频图中的区域分布特征，可将信号分类，分类方法见表 6-4 的方法。

4）对放电源进行定位，结合放电特征及放电缺陷诊断结果给出检测诊断结论，并提出检修建议。

表 6-4　　　　　　　　　　　　　高频局部放电信号分类方法

特点	参考方法	典型示例
有明显的聚团特征，具有明显的聚团中心，各团之间分区明显，没有交集	将各团所在区域划分为一类	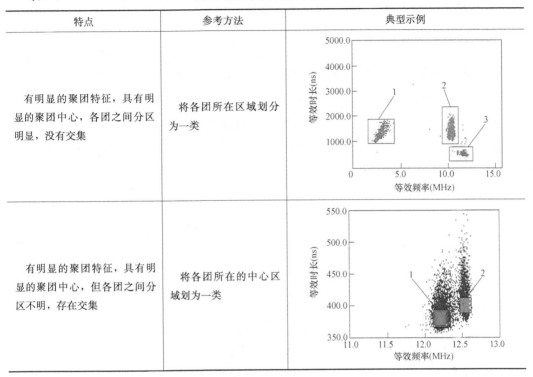
有明显的聚团特征，具有明显的聚团中心，但各团之间分区不明，存在交集	将各团所在的中心区域划为一类	

（2）现场电缆局部放电带电测试注意事项

1）根据现场测试环境应准备相应的防护和工作器具，如在电缆隧道内工作应确认隧道内是否存在有毒易燃气体并采取相应手段予以排除。

2）对于在电缆互层交叉互联接地线和直接接地线上进行的测试工作应使用合适的工具打开接地箱，在开启过程中严禁接触裸母排等导体，传感器的卡装等操作应佩戴10kV 电压等级绝缘手套。

3）对于电缆终端下方的测试应保证所有操作处于电气安全距离范围内。

2. 局部放电信号识别与定位

（1）高频局部放电检测的诊断

1）首先根据相位图谱特征判断测量信号是否具备典型放电图谱特征或与背景或其他测试位置有明显不同，若具备，继续如下分析和处理。

2）同一类设备局部放电信号的横向对比。相似设备在相似环境下检测得到的局部放电信号，其测试幅值和测试谱图应相似，同一变电站内的同类设备也可以作类似横向比较。

3）同一设备历史数据的纵向对比。通过在较长的时间内多次测量同一设备的局部放电信号，可以跟踪设备的绝缘状态劣化趋势，如果测量值有明显增大，或出现典型局部放电谱图，可判断此测试点内存在异常，典型放电图谱参见表6-5。

4）若检测到有局部放电特征的信号，当放电幅值较小时，判定为异常信号；当放

159

电特征明显，且幅值较大时，判定为缺陷信号。电力设备高频局部放电检测的指导判据参见表 6-3。

5）必要时，应结合特高频、超声波局部放电和油气成分分析等方法对被测设备进行综合分析。

6）对于具有等效时频谱图分析功能的高频局部放电检测仪器，应将去噪声和信号分类后的单一放电信号与典型局部放电图谱（见表 6-5）相类比，可以判断放电类型、严重程度、放电信号远近等。

表 6-5 　　　　　　　　　　　　高频局部放电典型图谱

放电类型	图谱特征	缺陷分析
电晕放电	相位谱图　　　　　　　分类图谱 每个脉冲时域波形　　　单个脉冲频域波形	高电位处存在尖端，电晕放电一般出现在电压周期的负半周。若低电位处也有尖端，则负半周出现的放电脉冲幅值较大，正半周幅值较小
内部放电	相位谱图　　　　　　　分类图谱 每个脉冲时域波形　　　单个脉冲频域波形	存在内部局部放电，一般出现在电压周期中的第一和第三象限，正负半周均有放电，放电脉冲较宽且大多对称分布

续表

放电类型	图谱特征		缺陷分析
沿面放电	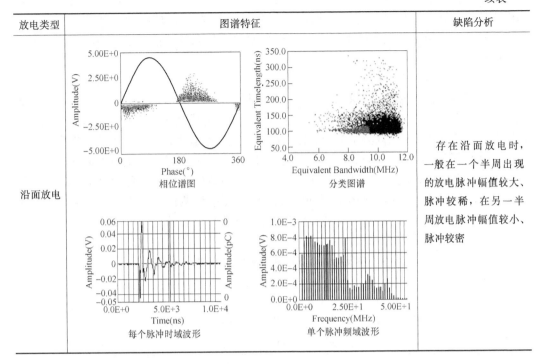 相位谱图　　分类图谱 每个脉冲时域波形　　单个脉冲频域波形		存在沿面放电时，一般在一个半周出现的放电脉冲幅值较大、脉冲较稀，在另一半周放电脉冲幅值较小、脉冲较密

（2）放电源的定位

对于电力电缆运行情况下局部放电源的定位，较为简单的方法是利用高频局部放电检测传感器在电缆终端、各个接头处分别进行局部放电信号的检测，通过对比分析不同传感器位置放电信号的时域和频域特征，来进行放电源的大致定位。该方法主要利用的是放电脉冲信号在电缆中传输衰减的原理，随着放电信号的传播，放电信号幅值减小、上升时间下降、脉冲宽度变宽，信号高频分量严重衰减等，因而可利用这些特点判断出放电源的大致位置。但值得注意的是，该方法较为粗略，精度较低，仅能大致判断出在哪个接头附近或哪两接头间存在缺陷。

另一种方法是利用分布式局部放电同步检测技术。该方法与上述方法类似，不同的是在连续几个接头处进行同步测量，根据不同测量处耦合到同一脉冲信号的幅值大小、极性以及到达时间的不同而准确定位放电源的位置。该方法已在电缆在线局部放电检测中逐渐展开应用，如图 6-10 所示。

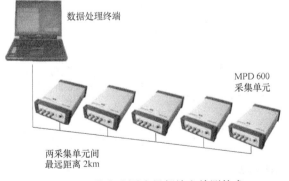

图 6-10　分布式同步局部放电检测技术

还有一种方法是进行双端局部放电定位。该方法采用的仍为脉冲反射（TDR）原理。对于较长电缆，放电信号的严重衰减会导致反射脉冲不可分辨，因此有必要进行双端局部放电定位：在电缆两端分别安装高频检测传感器，在电缆远端同时安装便携式应答装置和大幅值脉冲发生器。当在远端检测到放电脉冲信号时（高于设定阈值），便携式应答装置被启动，触发大幅值脉冲发生器发出一个幅值较大的脉冲，从而可根据原脉冲与大脉冲信号之间的时间差对电缆缺陷进行准确定位。

3. 局限性

（1）高频电流传感器的安装方式也限制了该检测技术的应用范围。由于高频电流传感器为开口 TA 的形式，这就需要被检测的电力设备的接地线或末屏引下线具有引出线，而且其形状和尺寸能够卡入高频电流传感器。而对于变压器套管、电流互感器、电压互感器等容性设备来说，若其末屏没有引下线，则无法应用高频局部放电检测技术进行检测。

（2）抗电磁干扰能力相对较弱。由于高频电流传感器的检测原理为电磁感应，周围及被测串联回路的电磁信号均会对检测造成干扰，影响检测信号的识别及检测结果的准确性。这就需要从频域、时域、相位分布模式等方面对干扰信号进行排除。

4. 高频局部放电检测报告

高压电缆设备高频局部放电检测报告

电缆线路名称：_____ 电压等级：_____

电缆线路长度：_____ km 电缆型号及制造厂家：_____

中间接头型号及制造厂家：_____ 终端型号及制造厂家：_____

投运日期：_____ 测量仪器和型号：_____

测试位置	测试日期	负责人	测试相位	测试频率 MHz	背景噪音 Pc	有无局部放电	放电幅值 pC
_____站终端			A 相				
			B 相				
			C 相				
_____号接头			A 相				
			B 相				
			C 相				
......			A 相				
			B 相				
			C 相				
_____号接头			A 相				
			B 相				
			C 相				
_____站终端			A 相				
			B 相				
			C 相				
综合检测结论：							

附件（附每一检测点的代表性图谱及分析结论）

162

七、高频局部放电的案例分析

1. 案例经过

2017 年 7 月 7 日，工作人员对 110kV x 线路电缆终端接头进行局部放电带电检测，在电缆接地引下线上检测到异常高频信号，对信号源进行分析判断，信号来自 110kV x 线外部终端接头 A 相。后经停电处理，对检修后线路进行电缆局部放电复测，检测结果显示，110kV x 线路外部终端接头 A 相高频信号消失。

2. 检测仪器及装置（见表 6-6）

表 6-6　　　　　　　　　　　　　　测试仪器及装置

序号	仪器名称	仪器厂家	仪器型号
1	JD-S100 局部放电带电检测系统	上海思源驹电	JD-S100
2	红外热成像仪	FLIR	—

3. 检测数据

采用高频法对 110kV x 线路终端接头进行测试，其中 3 个 HFCT 传感器分别套接在 A、B、C 三相电缆接头的接地线上，图 6-11 所示为现场测试照片。

典型的测试数据如图 6-12 所示，其中通道 1（黄色标识）、通道 2（绿色标识）、通道 4（红色标识）为 A、B、C 电缆接头接地线上测得的高频信号，通道 3（紫色标识）为电缆接头附近的特高频信号。

图 6-11　电缆接头现场测试照片

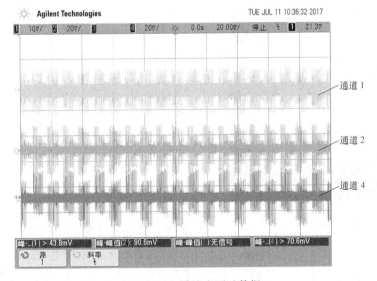

图 6-12　电缆接头测试数据

由图 6-12 可以看到，在电缆接头中可测得明显的高频脉冲信号，特高频信号未检测到异常。高频信号脉冲信号个数较多，幅值较大，具有明显的工频相关性，与悬浮类放电的特征相符。

4. 综合分析

将图 6-12 所示的信号在时域展开，可以得到如图 6-13 所示的脉冲波形。

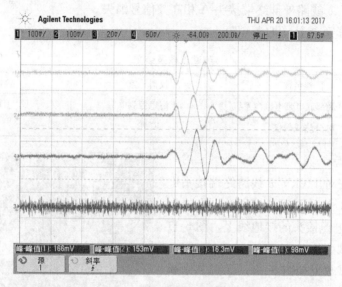

图 6-13　电缆接头测试数据

由图 6-13 可以看到，三相电缆接头上测得的高频脉冲信号波形具有明显的相似性，且 A 相与其他两相极性相反；未发现有与之对应的特高频脉冲信号；此外，高频信号的频率成分不高，推测可能为其他地方传入的局部放电信号。

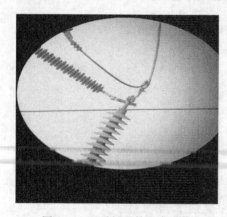

图 6-14　显示望远镜观察图像

高频、特高频两种方法的检测结果显示，在 110kV x 线终端接头中发现 A 相存在异常的局部放电现象，通过分析，怀疑为杆塔端传过来的信号，建议对杆塔段进行检测。

5. 验证情况

2017 年 7 月 7 日测试人员首先采用望远镜瞭望的方法发现杆塔 A 相线夹好像局部接触不良，如图 6-14 所示。用红外测温仪检测发现，x 线户外杆塔处电缆终端接头 A 相发热严重，最高温度达到 296.7℃，如图 6-15 所示。

为进一步确认位置和信号性质，采用高频局部放电对 110kV x 线另一侧终端接头进行测试，其中 2 个 HFCT 传感器分别套接在 A、B 二相电缆接头的接地线上，C 相接地线由于距离太短无法套入传感器，如图 6-16 所示为现场测试照片。

图 6-15 红外测温图谱

图 6-16 电缆接头现场测试照片

典型的测试数据如图 6-17 所示，其中通道 1、通道 2 为 A、B 相电缆接头接地线上测得的高频信号。

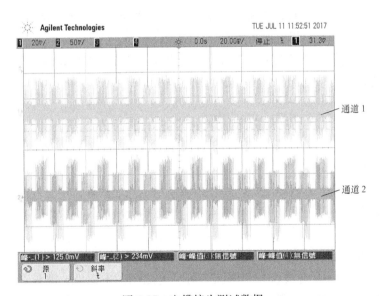

图 6-17 电缆接头测试数据

由图 6-17 可以看到，在电缆接地线上可测得明显的高频脉冲信号。高频脉冲信号个数较多，幅值较大，具有明显的工频相关性，与悬浮类放电的特征相符。

6. 结论及建议

综合以上特征，站外杆塔高频信号与变电站 GIS 出线信号为同一信号源，且由测得的 AB 相数据可以看出高频脉冲信号幅值要明显高于在变电站内电缆终端上测得的信号，因此，变电站内电缆终端测得的信号应为杆塔处传入的信号。

7. 处理情况

2017 年 7 月 16 日，110kV x 线申请了停电并针对户外杆塔处电缆终端接头进行查证。经过查证确认，110kV x 线户外杆塔处电缆终端接头 A 相局部发热严重是造成此次电缆异常的主要原因。其原因如下：①接线螺丝未紧固到位（见图 6-18）；②铜铝过渡未采取有效措施，形成原电池效应，致使局部发热严重。

图 6-18 110kV x 线户外杆塔处电缆终端接头

随即，对其进行了处理。措施为：更换导线及线夹，对电缆出线梗打磨去除氧化层，在铜铝接触面加装铜铝过渡板并涂导电酯。

同时对 x 线电缆户外终端 B、C 两相接触面进行检查并紧固螺丝。送电后，再次对 110kV x 线电缆进行带电测试，局部放电信号消失。

第二节 红 外 检 测

一、红外检测概念

发热故障是电缆常见故障之一，红外检测技术是发热故障常用有效的检测手段。利用红外成像技术，对电力系统中具有电流、电压致热效应或其他致热效应的带电设备进行检测和诊断。

二、红外检测技术原理

红外线（Infrared）是波长介于微波与可见光之间的电磁波，波长在 $1\sim760nm$ 之间，比红光长的非可见光。高于绝对零度（$-273.15℃$）的物质都可以产生红外线。现代物理学称之为热射线。一般来说，材料温度越高，辐射红外线的能力越强。红外测温正是利用这一性质。

红外热像仪是通过非接触探测红外热量，并将其转换生成热图像和温度值，进而显示在显示器上，并可以对温度值进行计算的一种检测设备。红外热像仪能够将探测到的热量精确量化，能够对发热的故障区域进行准确识别和严格分析。

三、红外检测步骤

红外检测时，电缆应带电运行，且运行时间应该在 24h 以上，并尽量移开或避开电缆与测温仪之间的遮挡物，如玻璃窗、门或盖板等，拍摄时应聚焦到位，电缆终端应充满画面，四周留有适当空间；需对电缆线路各处分别进行测量，避免遗漏测量部位，每个被摄部位最好站在同一距离单独拍摄，分别保存图像信息；最好在设备负荷高峰状态下进行，一般不低于额定负荷 30%。

(1) 检测操作时，应充分利用红外测温仪的有关功能并进行修正，以达到检测最佳效果。

(2) 红外测温仪开机后，等待内部温度数值显示稳定，然后进行功能修正步骤。

(3) 红外测温仪的测温量程（所谓"光点尺寸"）宜设置修正至安全及合适范围内。

(4) 为使红外测温仪测量准确，测温前一般要根据被测物体材料发射率修正。

(5) 发射率修正的方法是：根据不同物体的发射率调整红外测温仪放大器的放大倍数（放大器倍数＝1/发射率），使具有某一温度的实际物体的辐射在系统中所产生的信号与具有同一温度的黑体所产生的信号相同。

(6) 红外测温仪检测时，先对所有应测试部位进行激光瞄准器瞄准，检查有无过热异常部位，然后再对异常部位和重点被检测设备进行检测，获取温度数值。

(7) 检测时，应及时记录被测设备显示器显示的温度值数据。

四、红外检测仪及使用注意事项

(1) 红外检测时应注意周围的检测环境，在有雷、雨、雾、雪、大风等情况下不应进行室外设备的检测，测试时环境温度不宜低于 0℃，相对空气湿度不宜大于 95%，同时应对环境温度进行记录。

(2) 户外检测时，尽量避免阳光直射和反射的影响，避开被测物附近热辐射源的干扰。

(3) 防止激光对人身造成伤害。

(4) 仪器应满足精度要求：±0.2℃（30℃时）。

五、红外检测诊断依据（见表 6-7）

表 6-7　　　　　　　高压电缆线路接头部位红外诊断依据　　　（Q/GDW 11223—2014）

部位	测试结果	结果判断	建议策略
金属连接部位	相间温差<6℃	正常	按正常周期进行
	6℃≤相间温差<10℃	异常	应加强监测，适当缩短检测周期
	相间温差>10℃	缺陷	应停电检查
终端、接头	相间温差<2℃	正常	按正常周期进行
	2℃≤相间温差<4℃	异常	应加强监测，适当缩短检测周期
	相间温差>4℃	缺陷	应停电检查

注　对于各种材料和结构部位的绝对温升极限可参考标准 DL/T 664—2008《带电设备红外诊断应用规范》。

六、红外检测周期（见表6-8）

表6-8　　　　　　　　高压电缆线路接头部位红外测温周期　　　（Q/GDW 11223—2014）

电压等级	部位	周期	说明
35kV	终端	①投运或大修后1个月内； ②其他6个月1次； ③必要时	
	接头	①投运或大修后1个月内； ②其他6个月1次； ③必要时	
110（66）kV	终端	①投运或大修后1个月内； ②其他6个月1次； ③必要时	①电缆中间接头具备检测条件的可以开展红外带电检测，不具备条件可以采用其他检测方式代替； ②当电缆线路负荷较重，或迎峰度夏期间、保电期间可根据需要应适当增加检测次数
	接头	①投运或大修后1个月内； ②其他6个月1次； ③必要时	
220kV	终端	①投运或大修后1个月内； ②其他3个月1次； ③必要时	
	接头	①投运或大修后1个月内； ②其他3个月1次； ③必要时	
500kV	终端	①投运或大修后1个月内； ②其他3个月1次； ③必要时	
	接头	①投运或大修后1个月内； ②其他3个月1次； ③必要时	

七、发热检测部位及原因分析（见表6-9）

表6-9　　　　　　　　　　　发热检测部位及原因分析

发热部位	可能发热原因	判断依据
金属连接线夹	外部线夹松动、氧化、接触不良引起的接触电阻增加，导致发热	①横向对比法：对与电缆本体、接头、终端以及附件等，不同相之间进行横向对比，发现有异常温升，应结合历史数据进行发热分析，或结合其他试验做进一步判断
	材质不良引起局部发热，如线夹镀银层厚度不足	
电缆终端伞裙	内部局部放电引起的伞裙或尾管局部区域过热	
	场强不匀引起的局部发热	
	材质不良引起的绝缘性能不足	
电缆护层接地线	护层接地线接地不良引起的护层接地线发热	
	护层接地线截面或载流量选取不足	

续表

发热部位	可能发热原因	判断依据
金属支架、附件	漏磁引起金属支撑附件涡流损耗发热	②纵向对比法：同一部位与历史数据进行对比，有明显温升时，应结合横向数据以及载流量等数据进行进一步分析
	材质不良、未使用非导磁性材料	
电缆终端头、中间接头整体	受潮、劣化或气隙引起的电缆头整体、局部发热	
	场强不匀引起的局部发热	
	护套受损引起的局部发热	
	包接不良引起的局部发热	
	材质不良引起的本体整体、局部发热	
电缆本体	内部性能异常造成的根部有整体性发热	
	场强不匀引起的局部发热	
	护套受损引起的局部发热	
	包接不良引起的整体、局部发热	
	材质不良引起整体、局部发热	

八、辐射率参考值

常用材料辐射率的参考值见表 6-10。

表 6-10　　　　　　　　　　常用材料辐射率的参考值

材料	温度（℃）	辐射率近似值
抛光铝或铝箔	100	0.09
轻度氧化铝	25～600	0.10～0.20
强氧化铝	25～600	0.30～0.40
黄铜镜面	28	0.03
氧化黄铜	200～600	0.59～0.61
抛光铸铁	200	0.21
加工铸铁	20	0.44
完全生锈轧铁板	20	0.69
完全生锈氧化钢	22	0.66
完全生锈铁板	25	0.80
完全生锈铸铁	40～250	0.95
镀锌亮铁板	28	0.23
黑亮漆（喷在粗糙铁上）	26	0.88
黑或白漆	38～90	0.80～0.95
平滑黑漆	38～90	0.96～0.98
亮漆（所有颜色）	—	0.90
非亮漆	—	0.95

续表

材料	温度℃	辐射率近似值
纸	0～100	0.80～0.95
不透明塑料	—	0.95
瓷器（亮）	23	0.92
屋顶材料	20	0.91
水	0～100	0.95～0.96
冰	—	0.98
棉纺织品（全颜色）	—	0.95
丝绸	—	0.78
羊毛	—	0.78
皮肤	—	0.98
木材	—	0.78
树皮	—	0.98
石头	—	0.92
混凝土	—	0.94
石子	—	0.28～0.44
墙粉	25	0.92
石棉板	23	0.96
大理石	20	0.93
红砖	100	0.95
白砖	1000	0.90
白砖	0～200	0.85
沥青	23	0.85
玻璃（面）	—	0.94
碳片	—	0.85
绝缘片	—	0.91～0.94
金属片	—	0.88～0.90
环氧玻璃板	—	0.80
镀金铜片	—	0.30
图焊料的铜	—	0.35
铜丝	—	0.87～0.88

九、红外测温检测报告

高压电缆红外热像检测报告

报告编号：

检测工况：			
检测单位		仪器型号	
电缆线路名称		仪器编号	
设备（部位）名称		环境温度 T_0（℃）	
电压等级		环境湿度（%）	
设备相位		目标距离（m）	
检测日期时间		辐射系数	
负荷电流		风速（m/s）	
额定电流		图像编号	
图像分析			
红外图像，jpg 格式		可见光图像，jpg 格式	
热点部位		图像特征分析图（可选），jpg 格式	
热点温度 T_1			
正常点温度 T_2			
缺陷类型			
温升			
温差			
相对温差			
缺陷分析			
处理意见			
备注			

检测人员	审核	日期

十、红外检测案例分析（红外检测发现电缆终端缺陷）

1. 案例经过

某单位在一次局部放电检测中发现某处电缆尾管存在疑似放电信号，后结合红外测温技术进行分析，发现确实在疑似放电部位检测到明显温升，热成像图如图 6-19 所示。

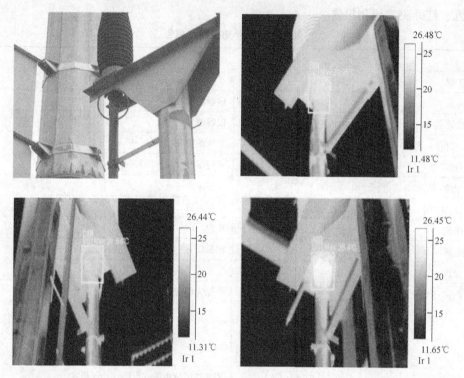

图 6-19　电缆终端红外热像图

2. 验证情况

后经解剖发现，发热电缆终端搪铅松脱，造成局部放电和接触电阻增大，引起局部放电信号和异常温升。

第三节　金属护层接地电流检测

一、金属护层接地电流检测

当电缆通过交流电流时，会在电缆线芯周围产生交变的电磁场，交变的电磁场在电缆的金属屏蔽层上会产生交变的感应电动势。在三芯电缆中，三根线芯周围的金属屏蔽中的感应电动势相角差120°，幅值相等，三相相互抵消，理论上电动势为零，一般运行中，感应电动势也非常小。而对于更高电压等级的单芯电力电缆，电动势无法在三相之间相互抵消，而且随着电压等级的提高和输电距离的增加，感应电动势也会随之增加。如不采取可靠合适的接地方式进行接地，会使电缆金属屏蔽层中产生悬浮电位或较大的环流，产生局部放电或发热，这样一方面会降低电缆的载流能力，一方面对绝缘造成损害，造成严重的电缆事故。

因为电缆金属屏蔽层位于主绝缘和外护套之间，外护套破损出现多点接地；金属护层接地方式错误或是接地出现故障时，接地电流都会产生相应的变化，对接地电流的检测能够及时发现上述缺陷或隐患，减少可能发生的停电事故。

二、金属护层接地电流检测方法

1. 钳形电流表测量法

（1）测试接地电流应记录当时的负荷电流；

（2）检测前应对环境干扰进行空测，以排除环境干扰；电流表精确度应小于0.2A；

（3）检测前钳型电流表处于交流电流档位，测试前先调至最大量程档位进行试测，根据读数调整量程，由大至小依次调节，最好使读数位于量程的三分之一至三分之二；

（4）测试时接地线均应视为带电体，不得用手直接触摸，测试过程中实验仪器也不得碰触，为保证试验数据准确性，钳形夹应与被测接地线垂直。

2. 接地电流在线监测

传统的巡检试验测试接地电流，当高压电缆接地线、交叉互联线和接地箱出现故障时，往往难以及时发现，产生严重后果。采用在线监测系统，可以实时监测电缆的接地电流，及时发现存在问题。在线监测设备通过检测设备测量和采集接地线电流及主电缆电流有效值，并通过GPRS或光纤的方式，以一定时间间隔将数据远程传输到计算机后台或服务器，后台程序将收集的数据建立历史数据文件，并将这些数据绘制成曲线，反映整条电缆各个时间段的长期运行状态，及时发出警告。

三、测试结果分析

对电缆金属护层接地电流测量数据的分析，要结合电缆线路的负荷情况，综合分析金属护层接地电流异常的发展变化趋势。

（1）对于电缆护层单端接地方式，接地电流主要为电容电流，不应随负荷电流变化而变化，单芯电缆的三相接地电流应基本相等，电流绝对值不应与负荷电流比较，而应与设计值或计算值比较，偏差较大时应查明原因。

（2）对于电缆护层两端接地方式，接地电流主要为感应电流，其大小与负荷电流近似成正比。当三相非正三角形布置时，单芯电缆的三相接地电流会有差别（边相比中相大），但最大值与最小值之比应小于2，接地电流的绝对值应不超过负荷电流的10%，否则应采取措施，如改为电缆护层单端接地或交叉互联系统等。

（3）对于交叉互联系统，正常情况下应当三相平衡且数值都不大，当接地电流大于负荷电流的10%或三相差别较大时，应检查交叉互联是否错误、分段是否合理。

（4）在电缆投运初期测量中，应重点分析是否存在电缆安装、设计错误，在日常巡视中，应注意与初期值的比较，有较大差异时，应查找电缆外护套及电缆接地系统的故障。

四、金属护层接地电流异常原因

（1）交叉互联换位出现错误。电缆接地系统中，一组完整的交叉互联段内交叉互联换位次序前后应一致，即同时为"A-B-C-A"或"A-C-B-A"。若交叉互联换位次序错误，则金属护层内环流将变得很大。

（2）单端接地系统的不接地端故障接地。单端接地系统的不接地端与地之间通常安装有护层保护器，有时由于疏忽，使得护层保护器被短接，造成单端接地系统的不接地端故障接地，系统的接地方式也由单端接地变成了两端直接接地。

（3）护层保护器击穿。正常情况下，接地系统内护层保护器是绝缘的。运行过程中，系统若受到雷电过电压和操作过电压冲击，护层保护器可能被击穿，并形成通路，使系统接地方式发生变化。

（4）外护套老化。部分老旧电缆运行时间长，外护套老化严重，绝缘水平低，出现了实际的多点接地。

（5）外护套损伤。电缆在运行过程中产生热蠕动或其他原因，使电缆外护套存在局部硌伤缺陷。

（6）同路径其他电缆的影响。同路径敷设的其他电缆与三相电缆之间存在互感，在三相电缆上引起的感应电压不同，由此带来的金属护层环流异常。

（7）电缆线路改造的影响。由于电网建设使电缆需要迁改，或者由于电缆线路与其他地下管线发生冲突，电缆局部需要迁改，使原本平衡的交叉互联系统被破坏。

（8）隧道内积水或人为破坏，导致接地系统被破坏。

五、接地电流诊断依据和检测周期（见表 6-11 和表 6-12）

表 6-11　　　　　高压电缆线路地电流检测诊断依据　　　　（Q/GDW 11223—2014）

测试结果	结果判断	建议策略
满足下面全部条件： ①接地电流绝对值＜50A； ②接地电流与负荷比值＜20%； ③单相接地电流最大值/最小值＜3	正常	按正常周期进行
满足下面任何一项条件时： ①50A≤接地电流绝对值≤100A； ②20%≤接地电流与负荷比值≤50%； ③3≤单相接地电流最大值/最小值≤5	注意	应加强监测，适当缩短检测周期
满足下面任何一项条件时： ①接地电流绝对值＞100A； ②接地电流与负荷比值＞50%； ③单相接地电流最大值/最小值＞5	缺陷	应停电检查

表 6-12　　　　　高压电缆线路地电流检测周期　　　　（Q/GDW 11223—2014）

电压等级	周期	说　明
110（66）kV	①投运或大修后一个月内； ②其他 ? 个月 1 次； ③必要时	①当电缆线路负荷较重，或迎峰度夏期间应适当缩短检测周期。 ②对运行环境差、设备陈旧及缺陷设备，要增加检测次数。 ③可根据设备的实际运行情况和测试环境做适当的调整。 ④金属护层接地电流在线监测可替代外护层接地电流的带电检测
220kV	①投运或大修后一个月内； ②其他 3 个月 1 次； ③必要时	
500kV	①投运或大修后一个月内； ②其他 3 个月 1 次； ③必要时	

六、高压电缆外护层接地电流检测记录

高压电缆外护层接地电流检测记录

电缆线路名称：_____ 电压等级：_____

电缆线路长度：_____ 电缆型号及制造厂家：_____

中间接头型号及制造厂家：_____ 终端型号及制造厂家：_____

投运日期：_____ 测量仪器和型号：_____

序号	测试地点	测试日期	当前负荷（A）	气温	负责人	测试设备类型（换位箱或接地箱）	接地环流（换位箱：A-B相；接地箱：A相）（A）	接地环流（换位箱：B-C相；接地箱：B相）（A）	接地环流（换位箱：C-A相；接地箱：C相）（A）	接地环流（地线）（A）

综合检测结论：

第四节 特高频局部放电检测

一、特高频局部放电检测介绍

特高频局部放电检测法所采集的电磁波信号频率一般介于100~3000MHz之间。因其使用更高频率的电磁波作为采集对象，可以较好地排除诸如手机通信信号、照明干扰信号等环境中存在的干扰信号，故采集到的信号更准确。相对于超声检测，高频电信号在电缆GIS终端等部位衰减更小，检测范围更大，所以可以减少传感器的布置，节省设

备和人工成本。

特高频法可采用阿基米德螺旋天线传感器在中间接头附近接收局部放电辐射到空间的电磁波。传感器如图 6-20 所示。

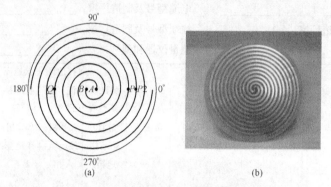

图 6-20　特高频局部放电传感器布置示意图
(a) 原理图；(b) 实物图

二、特高频局部放电检测现场操作步骤

（1）将传感器放置在电缆接头非金属封闭处，以减少金属对内部电磁波的屏蔽以及传感器与螺栓产生的外部静电干扰。

（2）保持每次测试点的位置一致，以便于进行比较分析。

（3）如检测到异常信号，则应在该接头进行多点检测比较，查找信号最大点的位置。

（4）记录检测图谱。

（5）当检测到异常时记录异常信号放电谱图、分类谱图以及频谱图，并给出初步分析判断结论。

三、特高频局部放电检测分析过程

首先根据相位图谱特征判断测量信号是否具备与电源信号相关性。若具备，说明存在局部放电，继续如下步骤：

（1）排除外界环境干扰，将传感器放置于电缆接头上，检测信号与在空气中检测信号进行比较，若一致并且信号较小，则基本可判断为外部干扰；若不一样或变大，则需进一步检测判断。

（2）检测相邻间隔的信号，根据各检测间隔的幅值大小（即信号衰减特性），初步定位局部放电部位。信号衰减越大说明检测位置离实际放电位置越远，反之越近。

（3）可进一步分析峰值图形、放电速率图形和三维检测图形综合判断放电类型。

（4）在条件具备时，综合应用超声波局部放电仪等仪器进行精确的定位。

四、特高频局部放电检测注意事项

（1）检测目标及环境的温度宜在 $-10 \sim +40℃$ 范围内；空气相对湿度不宜大于 90%，不应在有雷、雨、雾、雪的环境下进行检测；室内检测避免气体放电灯对检测数据的影响；检测时应避免手机、照相机闪光灯、电焊等无线信号的干扰。

（2）特高频局部放电测试主要适用于电缆 GIS 终端的检测。

五、特高频诊断依据和检测周期（见表 6-13 和表 6-14）

表 6-13　　　　　　　　　　特高频局部放电的诊断依据　　　　　　（Q/GDW 11223—2014）

状态	测试结果	图谱特征	建议策略
正常	无典型放电图谱	无放电特征	按正常周期进行
注意	具有具备放电特征且放电幅值较小	有可疑放电特征，放电相位图谱 180°分布特征不明显，幅值正负模糊	缩短检测周期
缺陷	具有具备放电特征且放电幅值较大	有可疑放电特征，放电相位图谱 180°分布特征明显，幅值正负分明	密切监视，观察其发展情况，必要时停电处理

表 6-14　　　　　　　　　　特高频检测的检测周期　　　　　　（Q/GDW 11223—2014）

电压等级	周期	说明
110（66）kV	①投运或大修后 1 个月内； ②投运 3 年内至少每年 1 次，3 年后根据线路的实际情况，每 3～5 年 1 次，20 年后根据电缆状态评估结果每 1～3 年 1 次； ③必要时	①当电缆线路负荷较重，或迎峰度夏期间应适当调整检测周期。 ②对运行环境差、设备陈旧及缺陷设备，要增加检测次数。 ③特高频局部放电在线监测可替代超高频局部放电带电检测
220kV	①投运或大修后 1 个月内； ②投运 3 年内至少每年 1 次，3 年后根据线路的实际情况，每 3～5 年 1 次，20 年后根据电缆状态评估结果每 1～3 年 1 次； ③必要时	
500kV	①投运或大修后 1 个月内； ②投运 3 年内至少每年 1 次，3 年后根据线路的实际情况，每 3～5 年 1 次，20 年后根据电缆状态评估结果每 1～3 年 1 次； ③必要时	

六、特高频局部放电典型图谱（见表 6-15）

表 6-15　　　　　　　　　　特高频局部放电典型图谱

缺陷	图谱
绝缘内部空穴或沿面放电	

续表

缺陷	图谱
悬浮极间放电	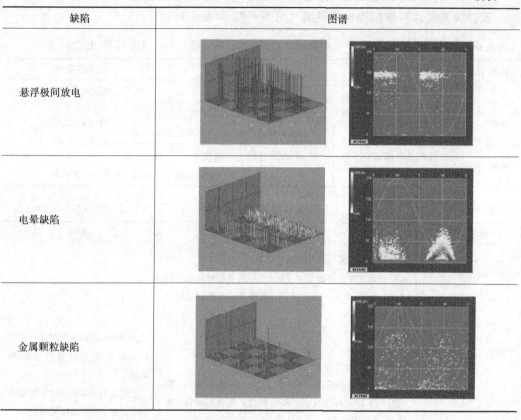
电晕缺陷	
金属颗粒缺陷	

七、特高频局部放电干扰源典型图谱（见表 6-16）

表 6-16　　　　　　　　　特高频局部放电干扰源典型图谱

干扰源	图谱
雷达噪声	
电动机噪声	

续表

干扰源	图谱
闪光噪声	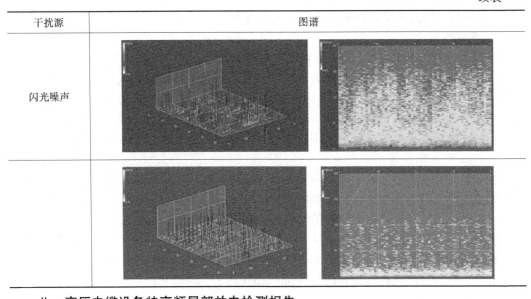

八、高压电缆设备特高频局部放电检测报告

高压电缆设备特高频局部放电检测报告

电缆线路名称：＿＿＿＿＿＿＿＿＿＿＿　　电压等级：＿＿＿＿＿＿＿＿＿＿＿

电缆线路长度：＿＿＿＿＿＿＿＿＿＿　　电缆型号及制造厂家：＿＿＿＿＿＿＿＿

中间接头型号及制造厂家：＿＿＿＿＿＿　　终端型号及制造厂家：＿＿＿＿＿＿＿＿

投运日期：＿＿＿＿＿＿＿＿＿＿＿　　测量仪器和型号：＿＿＿＿＿＿＿＿＿＿

测试位置	测试日期	负责人	测试相位	测试频率 （MHz）	背景噪声 （Pc）	图谱	有无局部放电
＿＿＿站终端			A 相				
			B 相				
			C 相				
＿＿＿号接头			A 相				
			B 相				
			C 相				
………							
＿＿＿号接头			A 相				
			B 相				
			C 相				
＿＿＿站终端			A 相				
			B 相				
			C 相				
综合检测结论：							

九、特高频局部放电检测案例分析

[例6-3] 特高频局部放电检测 GIS 电缆终端

1. 案例经过

2012 年 1 月 12 日,应用特高频局部放电检测设备在某 220kV 变电站内 110kV GIS 设备区多个部位检测到典型的局部放电异常信号,根据信号幅值的强弱确定了局部放电产生的 GIS 间隔,该间隔主要设备包括断路器、隔离开关、绝缘盆子、GIS 电缆终端等。采用高频局部放电检测设备在该 GIS 间隔的三相电缆终端接地线处均检测到了局部放电信号,通过对局部放电特征谱图进行分析,确定局部放电信号由同一个局部放电源产生,来源于 A 相设备。

应用具有高速数据采集功能的示波器,通过读取脉冲信号到达不同检测部位的时延对局部放电源进行准确定位,从而判断发生局部放电异常的设备与部位。根据局部放电定位结果对可能存在局部放电缺陷的设备进行停电或者倒闸操作处理,并再次进行局部放电检测,分析局部放电信号是否消失。针对拆卸下来的设备在实验室进行现场工况模拟试验,对局部放电检测与定位结果进行试验验证,进一步分析与确认缺陷产生的环氧树脂套管,然后对环氧树脂套管进行 X 光扫描发现了气腔缺陷。

2. 检测分析方法

在本案例中特高频检测手段发挥了重要作用,通过对 GIS 设备区进行普测发现了局部放电信号,进而根据局部放电信号幅值的强弱确定了局部放电源产生于某一 GIS 间隔,采用的特高频传感器检测频带为 300～1500MHz,A、B、C 三相电缆终端检测结果如图 6-21 所示。

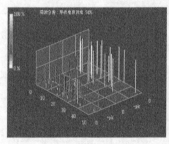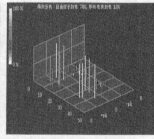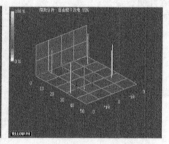

图 6-21 特高频传感器的带电检测结果(从左到右依次为 A、B、C 三相电缆终端处所检测的信号)

本案例在利用特高频局部放电手段进行检测的过程中,同时利用高频局部放电的检测技术对 GIS 电缆终端进行了检测,高频局部放电检测技术是基于罗戈夫斯基线圈原理的电感耦合法,传感器是从局部放电产生的磁场中耦合能量,再经电感线圈转化为电信号。局部放电发生后,放电脉冲电流将沿着电缆及电缆附件的轴向方向传播,即会在垂直于电流传播方向的平面上产生磁场,高频检测法正是从该磁场中耦合放电信号。高频局部放电检测传感器从三相电缆 GIS 终端接地线上提取的信号如图 6-22 所示。从图 6-22 中的第一列可以看到,局部放电信号的相位分布(Phase Resolved Partial Discharge,PRPD)特征谱图呈"眼眉"状,三相局部放电信号形状非常类似,其中 A 相信号为正极性、B、C 相信号与 A 相信号相反为负极性,表明局部放电信号穿过 A 相传感器的方向与穿过其他两相传感器的方向相反,即局部放电信号沿着 A 相电缆终端接地线传播，再经同一接地排传播至其他两相的接地线，局部放电信号传播方向示意图如图6-23所示，从上到下各行为 A、B、C 三相，从左到右各列分别为局部放电 PRPD 谱图，放电脉冲波形图，脉冲频谱图。

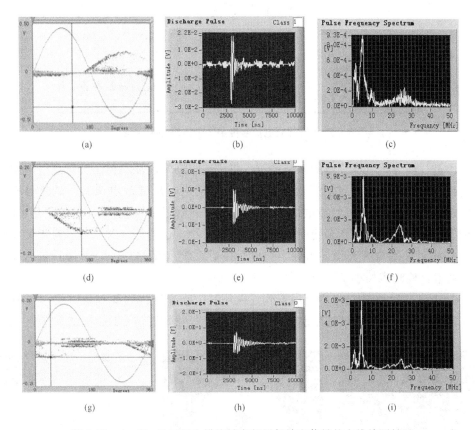

图 6-22　A、B、C 三相电缆终端高频局部放电信号的在线检测结果

采用示波器通过读取时延的方法对局部放电源进行定位，图 6-24 为示波器采集到的两传感器检测到的局部放电信号，从图中可以看出两传感器时间差为 1.35ns，根据局部放电信号在 GIS 中传播速度约等于电磁波在空气中的传播速度特性，即 1ns 时间传播距离为 30cm，可以计算出放电源距离1 号传感器 65cm，据此可判断局部放电源处于电缆 GIS 终端处，根据电缆终端的结构特点，可知局部放电源可能在电缆终端的高压出线端附近。

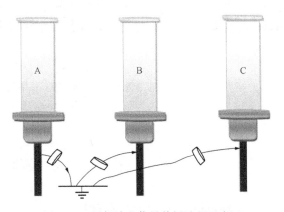

图 6-23　局部放电信号传播路径示意图

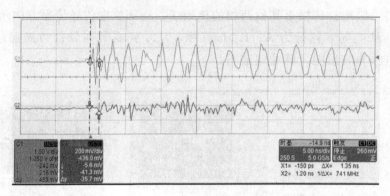

图 6-24　局部放电信号传至 2 个传感器的时延

为了进一步分析电缆终端的缺陷部位，将该电缆终端的环氧树脂套管进行拆除、更换新的环氧树脂套管。并重新对更换后的电缆终端进行局部放电试验，试验电压升至96 kV 并保持 5min 未检测到放电信号，证明局部放电缺陷产生在原环氧树脂套管内。

为了深入分析环氧树脂套管中缺陷的类型、大小、位置等，对原环氧树脂套管进行了 X 光扫描。采用的 X 光设备为数字化放射摄影系统（简称 CT），其为断层扫描与立体成像技术，检测步长小于 1mm。

从图 6-25（a）扫描结果中可以看到，在环氧树脂套管内嵌的高压电极与环氧树脂之间存在明显气隙。将环氧树脂套管切开后，可见气隙位置与 CT 扫描结果完全一致。

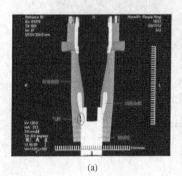
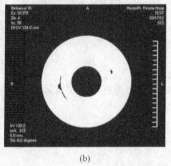
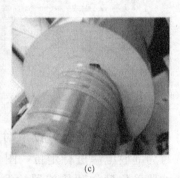

(a)　　　　　　　　　　　(b)　　　　　　　　　　　(c)

图 6-25　环氧树脂套管 X 光透视图

(a) 环氧树脂套管横截面 X 光透视扫描结果；(b) 环氧树脂套管断面扫描结果；
(c) 实际切开环氧树脂套管后定位的结果

第五节　超声波局部放电检测

一、超声波局部放电检测原理

超声波是指频率大于 20000Hz 的声波。局部放电的过程，除了伴随着电荷的转移和能量的损耗外，同时也会造成机械振动，从而产生声信号。对局部放电过程中的声信号进行采集、检测和分析，从而对局部放电的位置、程度和性质进行判断的技术就是超声波局部放电检测技术。局部放电产生的声信号会沿着非真空介质向四周传播。由于在液体和气体中声波衰减较快，而在固体中声波能量损失较小，所以使用接触式超声波探头对局部放电产生的超声波信号进行采集。

典型的超声波局部放电装置一般分为硬件系统和软件系统两大部分。硬件系统用于检测超声波信号，软件系统用于对所测得的数据进行特征分析并作出初步诊断。硬件系统组成图如图 6-26 所示。

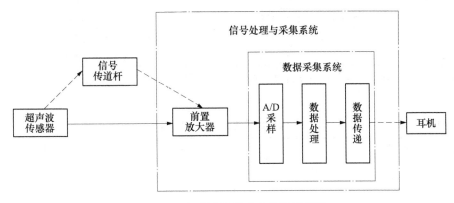

图 6-26　超声波局部放电检测原理图

二、超声波局部放电检测步骤

（1）测试前检查测试环境，排除干扰源。

（2）对检测部位进行接触或非接触式检测。检测过程中，传感器放置应避免摩擦，以减少摩擦产生的干扰。

（3）手动或自动选择全频段对测量点进行超声波检测。

（4）测量数据记录。记录异常信号所处的相别、位置，记录超声波检测仪显示的信号幅值、中心频率及带宽。

（5）若存在异常，则应进行多点检测，查找信号最大点的位置。

（6）记录测试位置、环境情况、超声波读数。

三、超声波局部放电试验分析

根据相位图谱特征，判断测量信号是否具备与电源信号的相关性。

正常的电缆设备，不同相别测量结果应该相似。如果信号的声音明显有异，判断电缆设备或邻近设备可能存在放电。应与此测试点附近不同部位的测试结果进行横向对比（单相的设备可对比 A、B、C 三相同样部位的测量结果），如果结果不一致，可判断此测试点异常。也可以对同一测试点不同时间段测试结果进行纵向对比，看是否有变化，如果测量值有增大，可判断此测试点内存在异常。

四、超声波局部放电检测注意事项

（1）检测目标及环境的温度宜在 $-10 \sim +40℃$ 范围内，空气相对湿度不宜大于 90%，若在室外不应有雷、雨、雾、雪的环境下进行检测。

（2）超声波局部放电检测设备技术参数应满足：测量量程为 0～55dB，分辨率优于

1dB；误差在±1dB 以内。

（3）超声波局部放电检测一般通过接触式超声波探头，在电缆终端套管、尾管以及 GIS 外壳等部位进行检测。

五、超声波局部放电检测诊断依据和检测周期（见表 6-17 和表 6-18）

表 6-17　　　　　　　　　　超声波局部放电检测的诊断依据

结果判断	测试结果	建议策略
正常	无典型放电波形及音响且数值≤0dB	按正常周期进行
注意	>1dB，且≤3dB	缩短检测周期，必要时停电处理
缺陷	>3dB	密切监视，观察其发展情况，应停电处理

注　由于现阶段暂时无法由超声波检测的数值给出缺陷的具体等级，目前仅能对测得的结果初步判为正常、异常或缺陷

表 6-18　　　　　　　　　　超声波局部放电检测的检测周期

电压等级	周期	说明
110（66）kV	①投运或大修后 1 个月内； ②投运 3 年内至少每年 1 次，3 年后根据线路的实际情况，每 3~5 年 1 次，20 年后根据电缆状态评估结果每 1~3 年 1 次； ③必要时	
220kV	①投运或大修后 1 个月内； ②投运 3 年内至少每年 1 次，3 年后根据线路的实际情况，每 3~5 年 1 次，20 年后根据电缆状态评估结果每 1~3 年 1 次； ③必要时	①当电缆线路负荷较重，或迎峰度夏期间应适当调整检测周期。 ②对运行环境差、设备陈旧及缺陷设备，要增加检测次数
500kV	①投运或大修后 1 个月内； ②投运 3 年内至少每年 1 次，3 年后根据线路的实际情况，每 3~5 年 1 次，20 年后根据电缆状态评估结果每 1~3 年 1 次； ③必要时	

六、超声波频局部放电典型图谱（见表 6-19）

表 6-19　　　　　　　　　　超声波频局部放电典型图谱

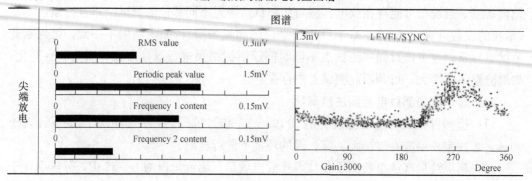

续表

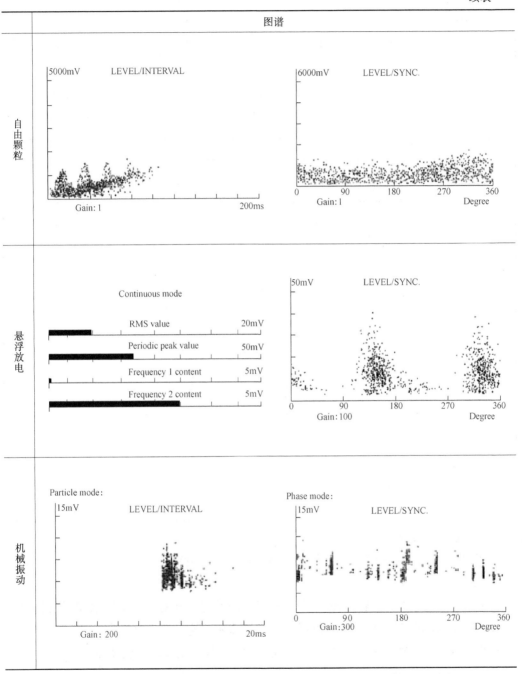

七、高压电缆设备超声波局部放电检测报告

高压电缆设备超声波局部放电检测报告

电缆线路名称：_____   电压等级：_____

电缆线路长度：_____   电缆型号及制造厂家：_____

中间接头型号及制造厂家：_____   终端型号及制造厂家：_____

投运日期：_____   测量仪器和型号：_____

测试日期		报告日期	
温度/湿度	℃， %	环境描述	
情况记录	测试位置	超声波读数（dB）	情况描述
测试位置照片或示意图			
初步分析			
备注			

八、超声波局部放电案例分析

[例 6-4]　超声波局部放电检测变压器 GIS 筒体与电缆终端部位

1. 案例经过

2010 年 6 月 28 日，某供电公司下属超高压输变电公司对某 220kV 变电站进行局部放电例行检测，在 220kV GIS 室测试过程中发现室内空间超高频信号明显，经定位分析发现信号来自 2 号主变压器 220kV 电缆 B 相的筒体与电缆终端连接部位。

2. 检测分析方法

采用 PDS-G1500 声电联合局部放电测试与定位系统。将超声传感器布置在 B 相筒体下端电缆终端的交界面上，测得对应的超声和超高频信号。相关图片分别如图 6-27～图 6-29 所示。

可以看出，超高频和超声信号一一对应，超高频信号幅值很强，超声信号幅值较小。展开后可以看到声电信号起始沿时差约为 200μs，考虑到超声在 SF$_6$ 气体内的传播速度，局部放电源应该在超声传感器所在位置附近 50cm 的范围内。

图 6-27　超高频初步判断信号大致位置

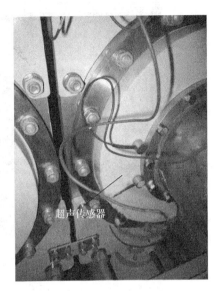

图 6-28　超声辅助定位

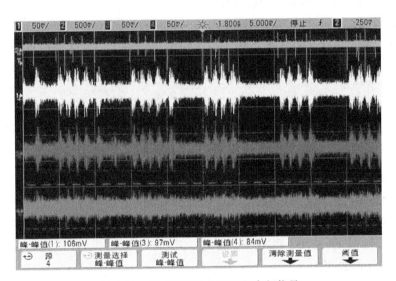

图 6-29　相互对应的超声和超高频信号

处理过程：该信号正在连续跟踪监测，测试中发现，该部位局部放电信号在时间上呈现间歇性，测试期间在 12：00～13：00 信号突然消失，消失了近一个小时后又出现稳定的局部放电信号，信号特征参见图 6-30。

由多周期信号相位分布特征可以看到，工频正负半周期的局部放电脉冲基本对称，每个半周内有 4～5 个脉冲，脉冲间距较宽。此类信号有可能是绝缘内部气隙放电或者悬浮电位放电，放电有间歇性，放电信号幅值较强。

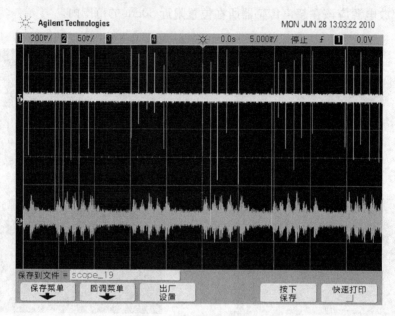

图 6-30 连续监测放电信号

[例 6-5] 超声波检测电缆 GIS 终端

1. 案例经过

2012 年 1 月，运维人员在某 220kV 变电站巡视过程中，发现兆常Ⅱ线（264 间隔）1A 电缆 GIS 终端有渗油现象。经过与厂家人员的共同确认，定位为一般缺陷，待停电时安排检修工作。

2. 检测分析方法

2012 年 5 月，运维人员利用兆通站综合自动化改造停电机会进行消缺。当打开 264 间隔 1A 电缆终端时，发现内部存在严重放电烧伤痕迹，绝缘已严重劣化。将 264 间隔其余户内终端进行解体，发现 2A、1B、1C 终端情况与 2B 类似，判断该批电缆终端存在家族性缺陷，且情况较为严重。对兆通站运行中的 5 路 30 个充油式电缆 GIS 终端进行超声局部放电带电检测，发现 8 支 220kV 电缆户内终端有放电（不含 264 间隔的 6 支），包括：263 的 1A、1B、2C；262 的 1C；265 的 1A、1B、1C、2C，随后安排对电缆终端进行了消缺处理。

[例 6-6] 超声波检测电缆户内终端

1. 案例经过

工作人员对开关柜进行带电测试时，发现 10kV 04 板Ⅰ西 1、06 板Ⅱ胜 1、25 板铁 1 开关柜后仓下部存在异常超声信号，且耳机中存在明显的局部放电声音，超声波局部放电检测数值较大。经反复检测及定位，确认超声信号来自电缆沟内，打开盖板，发现电缆表面有明显放电痕迹。

2. 检测过程

2017 年 04 月 21 日，工作人员对村变电站 10kV 开关柜进行了局部放电测试，包括超声波测试、暂态地电压测试。检测仪器及装置见表 6-20，测试数据见表 6-21，测试报告见表 6-22。

表 6-20　　　　　　　　　　　　　　　检测仪器及装置

测试仪器	型号	厂家
局部放电测试仪	UltraTEV plus＋	英国 EA
局部放电带电检测系统	JD-S100	上海思源

表 6-21　　　　　　　　　　　开关柜暂态地电压局部放电检测报告

变电站名称	某 110kV 变电站	检测单位	—	检测日期	2017.4.21	检测人员	—
运行编号	—	设备类型	10kV 开关柜	设备型号	—	设备厂家	—
仪器名称	局部放电测试仪	仪器型号	EA	温度	19	湿度	30%
天气	晴	金属背景	5dB	空气背景	5dB	额定电压	40.5kV

序号	开关柜编号	前中 dBmV	前下 dBmV	后上 dBmV	后中 dBmV	后下 dBmV	侧上 dBmV	侧中 dBmV	侧下 dBmV	负荷 A
1	04 板	8	5	9	9	7				33.77
2	06 板	7	5	9	10	9				127.56
3	25 板	13	7	11	11	7				44.32
特征分析	无									
检测结论	正常									
备注										

表 6-22　　　　　　　　　　　开关柜超声波局部放电检测报告

变电站名称	某 110kV 变电站	检测单位	—	检测日期	2017.4.21	检测人员	—
运行编号	—	设备类型	10kV 开关柜	设备型号	—	设备厂家	—
仪器名称	局部放电测试仪	仪器型号	EA	温度	19	湿度	30%
天气	晴	额定电压	10.5kV				

序号	开关柜编号	前超声监听状态	前超生幅值（dBmV）	后超声监听状态	后超生幅值（dBmV）	负荷 A
1	04 板		−5	下盘	20	33.77
2	06 板		−6	下盘	19	127.56
3	25 板		−5	上盘	25	44.32
特征分析	04 板、03 板、25 板后仓下部超声波数值严重偏大，远大于正常值 8，且能听到放电声，推测存在放电现象					
检测结论	异常					
备注						

3. 综合分析

对 10kV 开关柜进行暂态地电压测试，暂态地电压数值正常；对开关柜进行超声波检测，前盘数值正常，后仓下部超声波数值偏大，且耳机中能听到明显的局部放电声，推测存在放电现象。为确认异常情况，建议用超声波法进行定位。

为确定信号来源，用超声波法对信号源进行定位，发现信号来自电缆沟内，超声波局部放电检测值超过最大检测值，现场检测照片如图 6-31 所示。

图 6-31　测试照片

为进一步确定信号来源，用超声波法对信号源进行定位，现场检测照片数据如图 6-32 和图 6-33 所示。

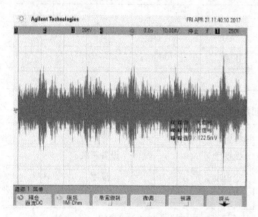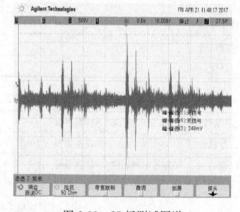

图 6-32　04 板、06 板测试图谱　　　　图 6-33　25 板测试图谱

图 6-34　04 板开关柜放电源位置

综合暂态地电压、超声波检测结果分析该信号来自 04 板开关柜（后仓）、06 板开关柜（后仓）、25 板开关柜（后仓）底部电缆沟内。放电源位置如图 6-34～图 6-36 所示。

从图中可以看出，04 板门口侧电缆对进线柜体隔板放电，肉眼可见；06 板 B、C 两相电缆相间放电；24 板、25 板之间电缆由于有交叉，距离过近，放电尤其严重。

根据数据及现场检查情况分析，发现

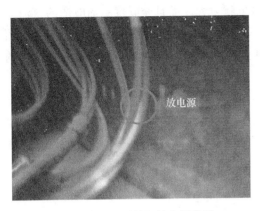

图 6-35　06 板开关柜放电源位置　　　　图 6-36　25 板开关柜放电源位置

04 板由于电缆穿过开关柜的位置为接续管部位，绝缘薄弱，导致电缆对隔板放电；06 板 B、C 两相电缆放电部位为交叉的接续管处；24 板、25 板之间电缆接续管部位有交叉，距离过近，且两条电缆线路的屏蔽线距离过近，导致两条线路放电严重，肉眼可见电缆外绝缘已经变色。

通过分析及现场检查，发现三条线路的放电部位均为接续管的位置，主要是由于电缆接续管为电缆的薄弱部位，2016 年"7·9"大雨过后，该部位绝缘性能降低，在长时间过负荷的情况下，绝缘劣化，造成绝缘距离不够，导致放电。

根据放电的严重程度，建议 04 板、06 板开关柜适时安排停电检修；25 板开关柜尽快安排停电检修。

随即，通知工作人员对 25 板电缆进行了停电处理，对放电部位重新进行接续，加大绝缘。对切开后的电缆进行检查，可以发现电缆线芯内侧向外有碳化痕迹，绝缘已经劣化。处理后再次对 25 板进行带电检测，无异常。

建议对该变电站所有开关柜电缆进行检查，必要时，对全部接续管部位进行改造。改造后，所有的接续管位置不建议在同一平面上，而应错位进行。

第六节　国外交联聚乙烯电缆在线检测新方法

交联聚乙烯电缆传统试验方法可以从不同侧面研究电缆老化情况，但不全面。所以针对交联聚乙烯电缆，国外发展了几种在线检测方法。

一、直流分量法

由于交联聚乙烯电缆中存在着树枝化（水树枝、电树枝）绝缘缺陷，它们在交流正、负半周表现出不同的电荷注入和中和特性，导致在长时间交流工作电压的反复作用下，水树枝的前端积聚了大量的负电荷，树枝前端所积聚的负电荷逐渐向对方漂移，这种现象称为整流效应。由于"整流效应"的作用，流过电缆接地线的交流电流便含有微弱的直流成分，检测出这种直流成分即可进行劣化诊断。用图 6-37 所示的测量回路可在交联聚乙烯电缆系统中，检测到电缆线芯与屏蔽层的电流中极小的直流分量。

研究表明，水树枝发展得愈长，直流分量也就愈大，而且交联聚乙烯电缆的直流分量电流 I_{dc} 与其直流泄漏电流及交流击穿电压间往往具有较好的相关性，如图 6-38 和图 6-39 所示。在线检测出 I_{dc} 增大时，常常说明水树枝的发展、泄漏电流的增大，这样的绝缘劣化过程会导致交流击穿电压的下降。

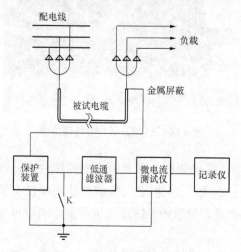

图 6-37　直流分量在线监测回路

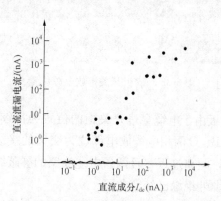

图 6-38　泄漏电流与直流分量的关系图

对交联聚乙烯电缆，目前国外将用直流分量法测得的值分为大于 100nA、1~100nA、小于 1nA 三挡，分别表明绝缘不良、绝缘有问题需要注意、绝缘良好。

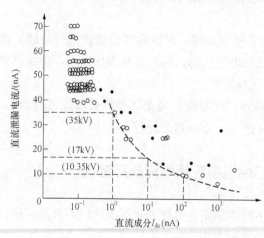

图 6-39　交流击穿电压与直流分量的相关性

直流分量法测得的电流极微弱，有时也不大稳定，微小的干扰电流就会引起很大误差。研究表明，这些干扰主要来自被测电缆的屏蔽层与大地之间的杂散电流，因杂散电流及真实的由水树枝引起的电流，均经过直流分量装置，以致造成很大误差。可以考虑采取旁路杂散电流或在杂散电流回路中串入电容将其阻断等方法。

二、直流叠加法

直流叠加法的基本原理是，在接地的电压互感器的中性点处加进低压直流电源（通常为 50V），使该直流电压与施加在电缆绝缘上的交流电压叠加，从而测量通过电缆绝缘层的微弱的纳安级直流电流或其绝缘电阻，其测量原理如图 6-40 所示。

由于直流叠加法是在交流高压上再叠以低值的直流电压，这样在带电情况下测得的绝缘电阻与停电后加直流高压时的测试结果很相近。但绝缘电阻与电缆绝缘剩余寿命的相关性并不很好，分散性相当大。绝缘电阻与许多因素有关，即使同一根电缆，也难以仅靠测量其绝缘电阻值来预测其寿命。

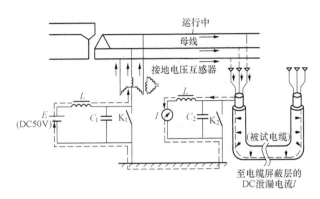

图 6-40 直流叠加法测量原理图

对于中性点固定接地的三相系统，也可在三相电抗器中性点上加进低压直流电源而仍用直流叠加法在线检测电缆绝缘性能。

同时，国外在直流叠加法在线监测的研究中已经积累了大量的数据，表 6-23 给出了日本目前通用的直流叠加法绝缘电阻的判断标准。

表 6-23   日本直流叠加法测量绝缘电阻的判断标准

测定对象	测量数据（MΩ）	评 价	处理建议
电缆主绝缘电阻	＞1000	良好	继续使用
	100～1000	轻度注意	继续使用
	10～100	中度注意	密切关注下使用
	＜10	高度注意	更换电缆
电缆护套绝缘电阻	＞1000	良好	继续使用
	＜1000	不良	继续使用、局部修补

三、电缆绝缘 tanδ

对电缆绝缘层 tanδ 值的在线检测方法，与电容型试品的在线检测 tanδ 方法很相似。对多路电缆进行 tanδ 巡回检测时，仍常由电压互感器处获取电源电压的相位来进行比较，其原理框图如图 6-41 所示。

通常认为，发现集中性的缺陷采用直流分量法较好，因为 tanδ 值往往反映的是普遍性的缺陷，个别的较集中的缺陷不会引起整根长电缆所测到的 tanδ 值的显著变化。由图 6-42 可见，电缆绝缘中水树枝的增长会引起 tanδ 值的增大，但分散性较大。同样，在线测出 tanδ 值的上升可反映绝缘受潮、劣化等缺陷，交流击穿电压会降低，其间的关系如图 6-43 的实例所示，同样具有一定的分散性。

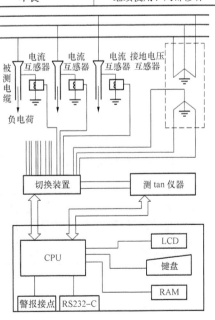

图 6-41 多路巡回检测 tanδ 测量原理

在对已运行过的交联聚乙烯电缆进行加速老化试验，得出水树枝发生的个数以及最长的水树枝长度与电缆 $\tan\delta$ 测量值的关系，如图 6-44 及图 6-45 所示，它们的趋势是明确的，但分散性很大。如将最长的水树枝长度与每单位长度电缆中的树枝数的乘积作为横坐标，则与测得的 $\tan\delta$（纵坐标）之间具有更好的相关性，说明测得的 $\tan\delta$ 值取决于整体损耗的变化。

用测电缆绝缘 $\tan\delta$ 方法时，从在线检测 $\tan\delta$ 值可估计整体绝缘的状况，目前给出了在线监测 $\tan\delta$ 的参考标准，如表 6-24 所示。

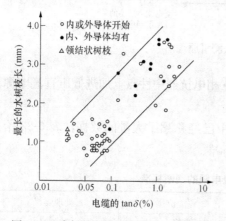

图 6-42　水树枝长度与电缆 $\tan\delta$ 的关系

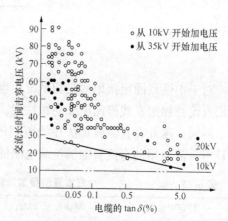

图 6-43　电缆 $\tan\delta$ 与长时击穿电压的关系

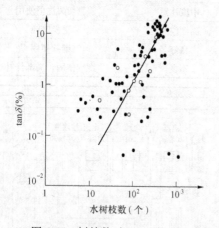

图 6-44　树枝数对 $\tan\delta$ 影响图

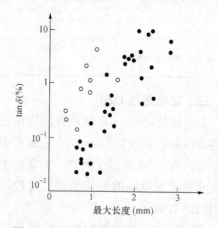

图 6-45　最大树枝长度与 $\tan\delta$ 的关系

表 6-24　　　　　　　　　　　在线检测 $\tan\delta$ 的参考标准

参考标准	<0.2%	0.2%～5%	>5%
状态分析	绝缘良好	有水树枝形成	水树枝明显增多

第七章

电力电缆故障测寻

第一节 电缆故障测寻概述

电力电缆供电以其安全、可靠、有利于美化城市与厂矿布局等优点，获得了越来越广泛的应用。

电力电缆多埋于地下，一旦发生故障，寻找起来十分困难，往往要花费数小时，甚至几天的时间，不仅浪费了大量的人力、物力，而且会造成难以估量的停电损失。如何准确、迅速、经济地查寻电缆故障便成了供电企业日益关注的课题。

电缆故障情况及埋设环境比较复杂，变化多，测试人员应熟悉电缆的埋设走向与环境，确切地判断出电缆故障性质，选择合适的仪器与测量方法，按照一定的程序工作，才能顺利、准确地测寻到电缆故障点。

一、各类电力电缆故障产生的原因

1. 机械损伤

机械损伤是指电缆受到直接的外力损坏造成的损伤。

2. 绝缘受潮

绝缘受潮主要是由于终端头或中间接头结构不密封或安装不良而导致进水。

3. 绝缘老化

绝缘老化是指浸渍剂在电热作用下化学分解成蜡状物等，产生气隙，发生游离，使介质损耗增大，导致局部发热，引起绝缘击穿。

4. 过电压

过电压指雷击或其他过电压使电缆击穿。

5. 护层腐蚀

护层腐蚀指由于地下酸碱腐蚀、杂散电流的影响，使电缆铅包外皮受腐蚀出现麻点、开裂或穿孔，造成故障。

6. 长期过负荷

长期过负荷运行会使电缆各部位发热、过载，出现电缆热击穿及过热导致电缆线芯烧断等故障。

7. 设计和制造工艺问题

设计和制造工艺问题，指电缆屏蔽处理不当，导体连接不良，机械强度不足等。

8. 材料缺陷

材料缺陷主要表现在三个方面：一是电缆制造的问题，铅（铝）护层留下的缺陷；

在包缠绝缘过程中，纸绝缘上出现褶皱、裂损、破口和重叠间隙等缺陷；二是电缆附件制造上的缺陷，如铸铁件有砂眼，瓷件的机械强度不够，其他零件不符合规格或组装时不密封等；三是对绝缘材料的维护管理不善，造成电缆绝缘受潮、脏污和老化。

二、电缆故障测寻步骤

电缆故障测寻工作一般要经过故障性质判断、故障测试、路径查寻、精确定点四个步骤。

1. 电缆故障性质判断

电缆故障性质的判断，即确定故障类型与严重程度，以便测试人员对症下药，选择适当的电缆故障测距和定点方法。

2. 电缆故障测距

电缆故障测距，又叫粗测，在电缆的一端使用专业仪器初步确定故障距离。

3. 路径查寻

在对电缆故障进行测距之后，要根据电缆的路径走向，找出故障点的大体方位。由于有些电缆是直埋式或埋设在沟道里，而图纸资料又不齐全，不能明确判断电缆路径，这就需要专用仪器测量电缆路径。

4. 精确定点

电缆故障定点，又叫精测，即按照故障测距结果，根据电缆的路径走向，在故障测距的一个很小范围内，利用声磁法或其他方法确定故障点的准确位置。

第二节　电缆故障性质判断

电缆通常埋置于地下，发生故障后，除特殊情况（如电缆终端头的爆炸事故，当时发生的外力破坏事故）可直接观察到故障点外，一般均无法通过巡视发现，必须采用测试电缆故障的仪器进行测量来确定电缆故障点的位置。不同电缆故障类型，测寻方法也不同。因此在故障测寻工作开始前，首先应准确确定电缆故障性质，然后才能根据故障性质进行下一步的故障测距。

根据电缆发生故障的直接原因可以分为两大类：一类为试验击穿故障，另一类为在运行中发生的故障。

一、试验击穿故障性质的判断

在试验过程中发生击穿的故障，其性质比较简单，一般为一相接地或两相短路，很少有三相同时在试验中接地或短路的情况，更不可能发生断线故障。其另一个特点是故障电阻均比较高，一般不能直接用绝缘电阻表测出，而需要借助直流耐压试验设备进行测试，其方法如下。

（1）在试验中发生击穿时：对于分相屏蔽型电缆均为一相接地，对于统包型电缆，则应将未试相地线拆除，再进行加压，如仍发生击穿，则为一相接地故障，如果将未试相地线拆除后不再发生击穿，则说明是相间故障，此时则应将未试相分别接地，以检验是哪两相之间发生短路故障。

（2）在试验中，可以升压，但是当升至某一定值时，电缆绝缘强度迅速降低，发生闪络，而当电压降低后，电缆绝缘恢复，这种故障即为闪络性故障。

二、运行故障性质的判断

与试验击穿故障的性质相比，运行电缆故障的性质相对比较复杂，除发生接地或短路故障外，还可能发生断线故障。因此在测寻前，还应作电缆导体连续性的检查，以确定是否发生断线故障。运行电缆故障一般不会是闪络性的故障。确定电缆故障的性质，一般应用1000或2500V绝缘电阻表和万用表进行测量并做好记录。测试方法如下。

1. 用绝缘电阻表测量电缆对地绝缘电阻

（1）将选择和隔离出的故障电缆从两终端与系统解开，在电缆终端头挂一组接地线，使故障电缆充分放电并接地。

（2）根据所需鉴别的电缆电压等级，选用对应的绝缘电阻表。（6～10kV选用2500V绝缘电阻表，1000V及以下选用1000V绝缘电阻表）。

（3）检测绝缘电阻表：绝缘电阻表放置在平稳的地方，不接线空摇在额定转速下指针应趋于"∞"大，再慢慢摇绝缘电阻表将绝缘电阻表用引线短接绝缘电阻表指针应趋于"0"，说明绝缘电阻表工作正常。

（4）接线测量：测量前应先将接地线拆除，将电缆终端头套管表面擦净，用试验短路接地线将非测量相和电缆接地线连接并一起接地。绝缘电阻表有三个接线端子，接地端子（E）屏蔽端子（G）和线路端子（L）。（为了减少表面泄漏，应这样接线：用电缆另一绝缘线芯作为屏蔽回路，将该绝缘体线芯两端的导体用金属软线接到被试绝缘线芯绝缘上并缠绕几圈，再引接到绝缘电阻表的屏蔽端子上），将接地端子接电缆终端头接地铜编织接地线上。

（5）打开绝缘电阻表电源开关，待指针稳定后再将线路端子（L）搭接到被测线芯导体上，读取表计稳定时的绝缘电阻值并做好记录。

（6）电缆A、B、C三相应分别采用此接线方法测量。

（7）注意每次测试后应对电缆充分放电。

2. 万用表测量接地电阻

（1）如果有绝缘电阻趋近于0MΩ的，则再采用万用表测量其接地电阻准确阻值；

（2）将电缆接地拆除并清洁电缆终端头表面；

（3）将万用表置于欧姆挡选择量程，如果被试电阻大小未知应先选择最大量程再逐步减小；

（4）将测试一表笔接电缆接地铜编织线上，将另一表笔接电缆被试线芯上读取电阻值；

（5）电缆A—地、B—地、C—地三相应分别采用此接线方法测量。

3. 绝缘电阻表测量相间绝缘电阻

（1）将电缆接地放电时间不少于2min拆除接地线；

（2）根据所需鉴别的电缆电压等级，选用对应的绝缘电阻表（6～10kV选用2500V及以上绝缘电阻表，1000V及以下选用1000V或500V绝缘电阻表）；

（3）接线测量：将绝缘电阻表电源开关打开，待指针稳定后将接地端子（E）和线路端子（L）接入线芯 A—B 两相间，读取表计稳定时的电阻值并做好记录；

（4）同样方法测量 A—C 及 B—C 相间电阻值；

（5）每次测试后应对电缆充分放电。

4．万用表测量相间电阻值

（1）如果有绝缘电阻趋近于 0MΩ 的，则再采用万用表测量其相间电阻准确阻值；

（2）将万用表置于欧姆挡选择量程，如果被试电阻大小未知，应先选择最大量程再逐步减小；

（3）将测试两表笔分别接电缆被试两相线芯上，读取稳定阻值；

（4）电缆 A—B、A—C、B—C 相间应分别采用此接线方法测量。

5．导体连续性试验

（1）将被测试电缆接地充分放电后拆除接地线；

（2）将被测试电缆的两端接地铜编织线拆除并与地绝缘（如采用双接地方式，则铜屏蔽接地与铠装接地都要拆除并与地绝缘）；在被测试电缆的另一端将三相线芯短接；

（3）将万用表的功能/量程开关置于导通测量挡或欧姆挡最小量程；

（4）将两表笔分别接于被测量两相；

（5）采用此方法依次测量 A—B、A—C、B—C 阻值，并做好记录。

6．直流耐压试验

若用绝缘电阻表测得电阻值很高时，且无法确定是否为故障相。此时应对电缆做直流耐压试验，以判断电缆是否存在故障。

7．电缆故障性质的判断及特点

根据以上测量结果，进行分析判断。

（1）接地故障：电缆有一芯或多芯接地。其中又可分为低阻接地和高阻接地。

故障特点：一般是由于外力破坏，在运行电压的作用下绝缘击穿。发生在电缆本体较多。目前对于低阻故障，业内还没有达成共识。有的定义 100Ω 以内为低阻故障，有的定义低于 1kΩ 为低阻故障，还有其他定义，这里笔者推荐结合自己的测试设备，如果用低压脉冲法测试得到的反射波表现明显，则都可以认为是低阻范畴。单纯从工作的角度出发而言，笔者认为没有必要讨论低阻到底有多低才是低阻，因为无论是低阻还是高阻故障，目前的脉冲电流法可以测试出距离。

（2）短路故障：电缆两芯或三芯短路，或两芯或三芯短路并接地。

故障特点：多发生在电缆中间接头和终端头，故障点较明显。属敞开型故障，电阻值较低。

（3）断线故障：电缆一芯或数芯断线。故障特点：一般是被故障电流烧断，或受机械外力拉断，形成完全断线或不完全断线，故障点较明显。属敞开型故障，电阻值较高，阻值一般与正常相相当。

（4）闪络性故障：一般为试验击穿故障。

故障特点：故障点外观完好，电阻值呈高阻。多发生在中间接头和终端头。在试验中，当电压升至某一定值时，电缆发生闪络击穿。当电压降低时，电缆绝缘又恢复，这种故障称为开放性闪络故障。有时在特殊条件下，绝缘击穿后又恢复正常，即使提高试验电压，也不再击穿，这种故障称为封闭性闪络故障。以上两种现象均属于闪络性故障。

（5）混合性故障：同时具有上述接地、短路、断线两种及以上性质的故障称为混合故障。

第三节　电缆故障测距方法

电缆故障测距是故障测寻最关键的一步，也是故障测寻核心环节。电缆故障测距经过以下发展过程。

20世纪70年代前，世界上广泛使用电桥法及低压脉冲反射法进行电力电缆故障测距，两者对低阻故障很准确，但对高阻故障不适用，故常常结合燃烧降阻（烧穿）法，即加大电流将故障处烧穿使其绝缘电阻降低，以达到可以使用电桥法或低压脉冲法测量的目的。烧穿方法损伤电缆绝缘，现已很少使用。

20世纪80年代之后出现了高压脉冲法，该方法无需将电缆烧穿，测试速度大大加快，有了明显的进步。该方法根据加压方式的不同分为直流高压闪络法（直闪法）和冲击高压闪络法（冲闪法）。而根据记录放电脉冲波形方式的不同，又可分为电流法和电压法，其中电压取样法可测率高，波形清晰易判，盲区比电流法少一半，但接线复杂，分压过大时可能危及人及仪器。电流取样法接线简单，但波形干扰大，不易判别，盲区大。两种方法目前是国产高阻故障测距仪的主流方法。电流法和电压法基本上解决了电缆高阻故障问题，在我国电力行业应用十分广泛，且应用经验十分丰富，但是仪器存在盲区，特别是近端故障。

到了90年代，发明了二次脉冲法测试技术。因为低压脉冲准确易用，结合直流高压源发射冲击闪络电压，在故障点起弧的瞬间通过内部装置触发发射一低压脉冲，此脉冲在故障点闪络处（电弧的电阻值很低）发生短路反射，并将波形记忆在仪器中，电弧熄灭后，复发一正常的低压测量脉冲到电缆中，此低压脉冲在故障处（高阻）没有击穿产生通路，直接到达电缆末端，并在电缆末端发生开路反射，将两次低压脉冲波形进行对比较容易判断故障点（击穿点）位置。

综上所述，电缆故障测距大致可分为电桥法和脉冲法两大类。脉冲法又分为低压脉冲法、直流高压闪络法、冲击高压闪络法、二次脉冲法。

一、电桥法

电桥法是一种传统、经典的，对低阻故障行之有效的方法。

电桥法操作相对简单，测试精度也较高。但由于电桥电压和检流计灵敏度的限制，此法仅适用于直流电阻小于100Ω的低阻泄漏故障，而且要求电缆必须有一根以上的完好相才具备条件。对高阻故障、断路故障和三相均有泄漏的故障电缆则无能为力。

电桥法测试线路的原理接线如图7-1（a）所示，将被测电缆终端故障相与非故障相短接，电桥两臂分别接故障相与非故障相，图 7-1（b）给出了等效电路图。

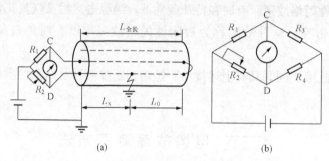

图 7-1　电桥法测试图

（a）连接图；（b）等效电路图

通过调节 R_2 的电阻值，使电桥达到平衡，即 CD 间的电位差为 0，无电流流过检流计，此时根据电桥平衡原理可得

$$R_3/R_4 = R_1/R_2 \tag{7-1}$$

R_1、R_2 为已知电阻，设 $R_1/R_2 = K$，则 $R_3/R_4 = K$

由于电缆直流电阻与长度成正比，设电缆导体电阻率为 R_0，$L_{全长}$ 代表电缆全长，L_X、L_0 分别为电缆故障点到测量端及末端的距离，则 R_2 可用（$L_{全长}+L_0$）R_0 代替，可推出

$$L_{全长}+L_0 = KL_X$$

而

$$L_0 = L_{全长} - L_X \tag{7-2}$$

所以

$$L_X = 2L_{全长}/(K+1)$$

电缆断路故障可也用电容电桥测量，原理与上述电阻电桥类似，不再赘述。

二、低压脉冲法

1. 适用范围

脉冲法主要对电缆的断线、低阻短路和低阻接地故障进行故障测距。据统计，这类故障约占电缆故障的 8%。同时低压脉冲法还可用于测量电缆的全长、校验波速以及初步判断及定位电缆的中间头、T 形接头等。

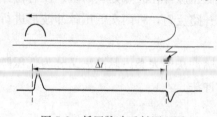

图 7-2　低压脉冲反射原理图

2. 测试原理

低压脉冲法测量的基本原理是行波理论，其反射原理图如图 7-2 所示。由仪器发射高频脉冲信号，信号的波长小于测试电缆长度，或者二者可以相比拟时，被测试的电缆可以看作传输线。而正常的电缆各处参数基本相等，所以被测电缆

又看作均匀传输线。测试仪器从电缆一端发射低压脉冲波，正常电缆各处特性阻抗相等，不会发生波的折射和反射问题，而一旦遇到故障点，由于特性阻抗发生了变化，所以当电压波传到该处发生折、反射现象。反射波返回仪器端，并被记录波形和时间 t，在固定介质中，波的传输速度 v 是一定的，从而得到故障距离。

不同故障发生的折、反射现象不同，折射波继续前行，我们无法检测到，但是反射波却可以很容易在仪器端被记录。所以我们通常研究反射波与入射波的关系，来表明故障点处发生的物理关系，一般用反射系数 β 来表示反射电压 U_e 与入射电压 U_i 的关系式，即

$$U_e = \frac{Z - Z_c}{Z + Z_c} U_i = \beta U_i \qquad (7\text{-}3)$$

式中　Z_c——电缆的特性阻抗；

　　　　Z——电缆故障点的等效波阻抗。

对于低电阻故障，若故障点对地电阻为 R，则该点的等效波阻抗 $Z = R / Z_c$；对于开路故障，若故障电阻为 R，则该点的等效阻抗 $Z = R + Z_c$。

当 $-1 < \beta < 0$ 时：说明低阻抗点存在反射波，且反射波与入射波反极性。R 愈小，$|\beta|$ 愈大，$|U_e|$ 愈大；

当 $R = 0$ 为短路故障时，$\beta = -1$，$U_e = -U_i$：电压波在短路故障点产生全反射；

当 $0 < \beta < +1$ 时：说明开路故障点也存在反射波，且反射波与入射波同极性。R 愈大，$|\beta|$ 愈大，$|U_e|$ 愈大；

当 $R = \infty$，即为断线故障时，$\beta = +1$，$U_e = -U_i$：电压波在断线故障点产生开路全反射。

低压脉冲法测量的具体过程如下。首先由仪器内部连续发射一定频率的低压高频脉冲（脉冲幅值通常一定，脉冲宽度可调），在 t_0 时刻加到电缆故障相任意一端。此时脉冲以速度 v 向电缆故障点传播，并经过 Δt 时间后到达故障点，并产生反射脉冲，反射脉冲波又以同样的速度 v 向测量端传播，经过同样的时间 Δt 于 t_1 时刻到达测量端。记故障点到测量端的距离为 L，则有如下关系

$$L = v \Delta t = \frac{1}{2} v (t_1 - t_0)$$

所以只要记录 t_0 和 t_1 时刻，就可以测出测量端到故障点的距离。

3. 对低压脉冲反射波形的理解

（1）开路故障波形

开路故障的反射脉冲与发射脉冲极性相同，理想波形如图 7-3 所示。

当电缆近距离开路故障或仪器选择的测量范围为几倍的开路故障距离时，仪器就会显示多次反射波形，每个反射脉冲波形的极性都和发射脉冲相同，而且反射波间距离相等，如图7-4 所示。

(a)

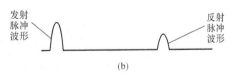
(b)

图 7-3　开路故障波形

(a) 电缆；(b) 波形

（2）短路或低阻接地故障波形

短路和低阻故障的反射脉冲与发射脉冲极性相反，理想波形如图 7-5 所示。

图 7-6 所示的是采用低压脉冲法的一个实测的低阻接地故障（负脉冲入射波）波形。从这个波形上可以看到，红线标定的就是脉冲波的起点，蓝线标定的就是脉冲波的终点，即"阻抗不匹配点"，也就是故障点距离，1923.2m。

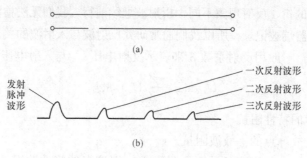

图 7-4　开路故障波形多次反射

（a）电缆；（b）波形

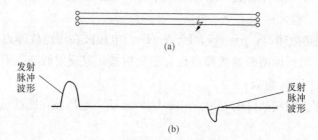

图 7-5　短路或低阻接地故障波形

（a）电缆；（b）波形

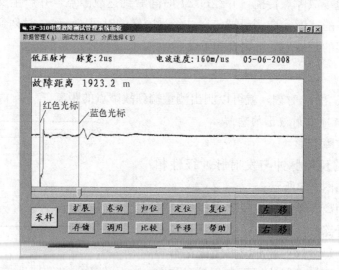

图 7-6　低压脉冲实测低阻接地故障波形

（3）标定反射脉冲的起始点

如图 7-6 所示，在测试仪器的屏幕上有两个光标：一个是红色光标，由于入射波是负脉冲，所以脉冲发生的最初始时刻为脉冲的下降沿，因此将红色光标定在图中的位置，标志着入射波的零点。二是蓝色光标处的脉冲，根据行波理论，短路或低阻故障处，反射波的极性与入射波相反，我们需要标记出反射波刚刚到达故障点的位置。由于入射波的起始位置为下降沿，所以在入射波刚刚到达故障位置时，理论上应产生一个陡峭反射波上升沿，也就是反射波的起始点，然而电缆不可能从绝缘无穷大立刻变为低阻值（除非人为原因），故障点前端存在电缆阻值过渡区域，造成反射波形陡度变缓，所以用蓝色光标标定了图 7-6 所示的反射波起始点，这样屏幕就会自动显示出故障点距测试端的电气距离。

一般低压脉冲仪器依靠操作人员移动标尺或电子光标，来测量故障距离。由于每个故障点反射脉冲波形的陡度不同，有的波形比较平滑，实际测试时，人们往往因不能准确地标定反射脉冲的起始点，而增加故障测距的误差，所以准确地标定反射脉冲的起始点非常重要。

（4）低压脉冲比较测量法

在实际测量时，电缆线路可能比较复杂，存在着中间接头、接地不良、不同性质电缆对接等情况，使得脉冲反射波形不容易理解，反射波形起始点不好标定。

实际上电力电缆三相均有故障的可能性很小，绝大部分情况下有良好的线芯存在。操作人员可以通过比较电缆良好线芯与故障线芯脉冲反射波形的差异处，来寻找故障点，避免了理解复杂的脉冲反射波形的困难，使故障点容易准确、快速识别。

如图 7-7（a）所示，这是一条带中间接头的电缆，发生了单相低阻接地故障。首先通过故障线芯对地测量得到一低压脉冲反射波形，如图 7-7（b）所示；然后在测量范围与波形增益都不变的情况下，再用良好的线芯对地测得一个低压脉冲反射波形，如图 7-7（c）所示；然后，把两个波形进行比较，在比较后的波形上会出现了一个明显的差异点，这是由于故障点反射脉冲所造成的，如图 7-7（d）所示，该点所表示的距离即是故障点位置。

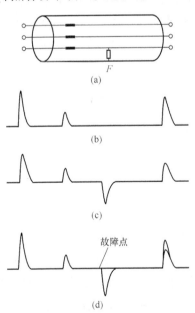

图 7-7　低压脉冲方式比较
测量法测试单相对地故障
（a）故障电缆；（b）良好导体的测量波形；
（c）故障导体的测量波形；（d）良好与
故障导体测量波形相比较

三、直流高压闪络法

直流高压闪络法简称直闪法，用于测量闪络击穿性故障，即故障点电阻极高，在用高压试验设备把电压升到一定值时就产生闪络击穿的故障。

采用如图 7-8 所示的接线进行测试。在电缆的一端加上直流高压，当电压达到某一值时，电缆被击穿而形成短路电弧，使故障点电压瞬间突变到零，产生一个与所加直流负高压极性相反的正突跳电压波。此突跳电压波在测试端至故障点间来回传播形成一系列有规律的波传播过程，正确选择出相同波的起始点即可得到准确的位置。当故障距离较近时，入射波和反射波形成叠加区域，造成无法准确标定距离，形成测试盲区。

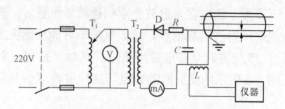

图 7-8　直流高压闪络法测量接线图

T_1—调压器；T_2—高压试验变压器（常见容量为 0.5～1.0kVA，输出电压为 30～60kV）；

C—储能电容器；L—线性电流耦合器（取样器）

如图 7-9 所示，就是远距离故障直闪脉冲电流波形图。

四、冲击高压闪络法

冲击高压闪络法简称冲闪法，用于测量高阻接地和短路故障。其测量时接线如图 7-10 所示，它与直闪法接线（见图 7-8）基本相同，不同的是冲闪法的储能电容 C 与电缆之间串入一个球形间隙 G。首先，通过调节调压升压器对电容 C 充电，当电容 C 上电压足够高时，球形间隙 G 击穿，电容 C 对电缆放电，这一过程相当于把直流电源电压突然加到电缆上去，本质上是对直闪法的改进。我们知道直闪法面对相对高阻故障时，由于设备容量所限，无法继续升压，也就无法检测出高阻故障的距离。而冲闪法则利用球隙作为过渡，间接提升了向电缆注入的压力值，以此来将高阻故障点击穿。

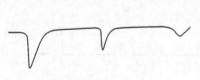

图 7-9　远距离故障直
闪脉冲电流波形图

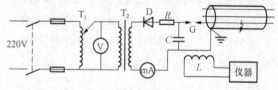

图 7-10　冲击高压闪络
法测量接线图

如图 7-11 所示是几个采用冲闪法电流取样现场实测波形供参考。

五、二次脉冲法

二次脉冲法是近几年来出现的比较先进的一种测试方法，是基于低压脉冲波形容易分析、测试精度高的情况下开发出的一种新的测距方法。接线图如图 7-12 所示。

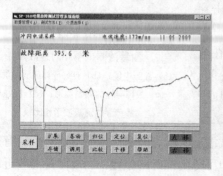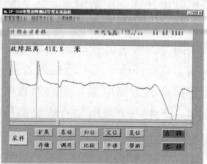

图 7-11　冲闪法电流取样实测波形图（一）

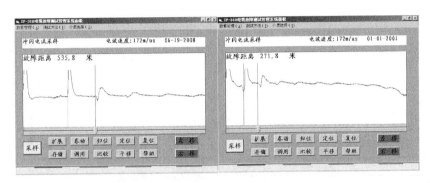

图 7-11　冲闪法电流取样实测波形图（二）

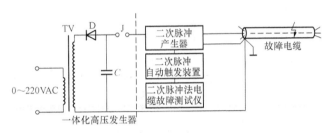

图 7-12　二次脉冲法测试接线图

其基本原理是：通过高压发生器给存在高阻或闪络性故障的电缆施加高压脉冲，使故障点出现弧光放电。由于弧光电阻很小，在燃弧期间原本高阻或闪络性的故障就变成了低阻短路故障。此时，通过耦合装置向故障电缆中注入一个低压脉冲信号，记录下此时的低压脉冲反射波形（称为带电弧波形），则可明显地观察到故障点的低阻反射脉冲；在故障电弧熄灭后，再向故障电缆中注入一个低压脉冲（二次脉冲），记录下此时的低压脉冲反射波形（称为无电弧波形），此时因故障电阻恢复为高阻，低压脉冲信号在故障点没有反射或反射很小。把带电弧波形和无电弧波形进行比较，两个波形在相应的故障点位移上将明显不同，波形的明显分歧点离测试端的距离就是故障距离。

以上是二次脉冲的基本原理。在仪器的实际制作过程中，遇到一个非常大的技术难点就是弧光放电时间非常短暂，如何在这短暂的时间内去发射低压脉冲，并接收到反射波。国外的解决方法是在燃弧期间去触发延弧装置，增加燃弧时间，也就是所谓的三次脉冲法，通常只需要一次激发即可得到测试波形。而国内的厂家可能还未解决燃弧触发技术，也可能是想减少设备成本，更换了另一个思路去解决仪器制造的技术难点。其主要思路是依靠概率碰撞，也就是依靠多次发射低压脉冲去尝试，看能不能正好碰到的是燃弧时间。由于发射的脉冲数较多，一般情况总有一个会碰到燃弧，如果运气实在不好，发射的脉冲都没有碰到燃弧，那么操作人员只要再次尝试即可。这就是国内出售八次脉冲电缆故障探测仪、十六次脉冲电缆故障探测仪等产品的原因，读者可以结合实际情况，选择合适的产品。

如图 7-13 所示是几个采用二次脉冲法测试的现场实测波形供参考。

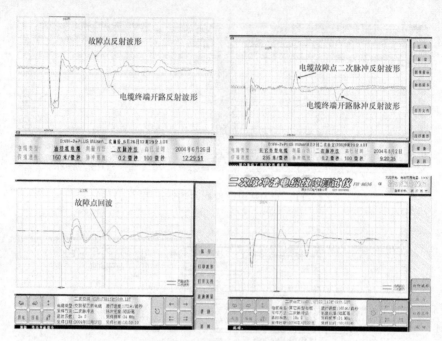

图 7-13　二次脉冲法实测波形图

第四节　电 缆 路 径 查 寻

在对电缆故障进行测距之后，要根据电缆的路径走向，找出故障点的大体方位来。由于有些电缆是直埋式或埋设在沟道里，而图纸资料丢失或者不全，不能明确判断电缆路径，这就需要专用仪器测量电缆路径。

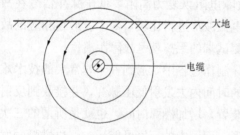

图 7-14　电缆周围的脉冲磁场图

1. 脉冲磁场的波形与方向

使用与冲闪法测试相同的高压设备，向电缆中施加高压脉冲信号，使故障点击穿放电时，故障点的放电电流是暂态脉冲电流。根据对脉冲电流的分析和实际应用中的表现，我们可近似地认为暂态电流磁场与稳态电流磁场的变化规律是基本一致的。也就是说，从较远处看，电缆周围的电磁场如图 7-14 所示。

由图可知，如果把感应线圈以其轴心垂直于大地的方向分别放置于电缆的左右两侧，那么右侧的磁力线是以从下方进入线圈的方向穿过线圈的，而左侧的磁力线则是从线圈下方出来的。故障定点仪器可以检测记录下电缆故障点放电产生的脉冲磁场信号，在电缆的左右两侧，记录到的脉冲磁场波形的初始方向不同，如图 7-15 所示。可把波形初始方向向上的称为正磁场，向下的称为负磁场（注意：电缆的左右侧磁场的方向是不同的）。

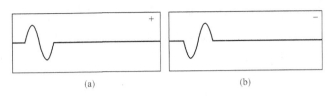

图 7-15　电缆周围脉冲磁场波形图
(a) 正磁场；(b) 负磁场

2. 利用脉冲磁场方向探测电缆的路径

使用与冲闪法故障测距时相同的高压设备，向电缆中施加高压脉冲信号，使故障点击穿放电，在地表表面查看仪器显示的磁场波形，在正负磁场交替的正下方就是电缆，通过这种方法就能找到电缆的路径。

3. 电缆线路鉴别

(1) 工频感应鉴别法

工频感应鉴别法也叫感应线圈法，当绕制在铁芯上的感应线圈接近载流电缆导体时，其线圈中将产生交流电信号，接通耳机则可收听。若将感应线圈放在待检修的电缆上，由于其导体中没有电流通过，因而听不到声音。而感应线圈放在临近有电的电缆上，则能从耳机中听到交流电信号。这种方法操作简单，缺点是当并列电缆条数较多时，由于相邻电缆之间的工频信号相互感应，信号强度难以区别。

(2) 音频信号鉴别法

电缆路径探测仪由音频信号源、通用接收机、探测线圈组成。接入音频信号有两种方法，一种是将音频信号源的输出端与电缆一端的两相导体连接，将电缆另一端的两相导体跨接，或三相短路接地。另一种接法是将音频信号接在电缆一相导体与接地的金属护套之间，在另一端也将该相导体与金属护套连接。当音频信号源开机后，发出 1kHz 或 10kHz 的音频信号，在待鉴别的电缆处，用专用接收机、探测线圈和耳机在现场收听。当探测线圈环绕待测电缆转动时，耳机中的音频信号有明显的强弱变化。在采用第一种接法时，当探测线圈分别在两相接入信号的导体的上下方时，音频信号为最强。在采用第二种接法时，当探测线圈靠近接入信号的导体时音频信号为最强。这样能与邻近电缆的工频电流、零序电流和高次谐波电流所产生的干扰信号相区别，从而确定接入音频信号的电缆是否为需要检修的电缆。

(3) 利用脉冲磁场方向鉴别

在需鉴别电缆的对端做一个相对地间隙模拟故障，然后通过高压信号发生器向电缆中施加高压脉冲信号，把感应线圈分别放在各条电缆的两侧，磁场方向发生变化的电缆就是作业电缆。

第五节　电缆故障精确定点

电缆故障的精确定点是故障探测的关键。在进行电缆故障测距时，无论采用哪种仪器和测量方法，都难免有误差。因此根据测距结果只能定出电缆故障点的大体位置。目前，比较常用的方法是冲击放电声测法、声磁信号同步接收定点法、跨步电压法及主要用于低阻故障定点的音频感应法。

1. 冲击放电声测法

冲击放电声测法（简称声测法）是利用直流高压试验设备向电容器充电、储能，当电压达到某一数值时，球间隙击穿，高压试验设备和电容器上的能量经球间隙向电缆故障点放电，产生机械振动声波，用人耳的听觉予以区别。声波的强弱，取决于击穿放电时的能量。能量较大的放电，可以在地平表面辨别，能量小的就需要用灵敏度较高的拾音器沿初测确定的范围加以辨认。声测试验的接线图，按故障类型不同而有所差别。图7-16是接地（短路）、断线不接地和闪络三种类型故障的声测接线图。

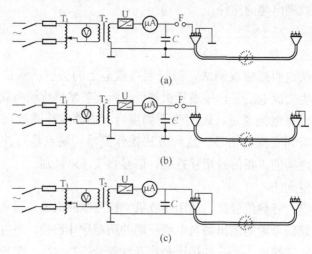

图 7-16　声测试验接线图

（a）接地（短路）故障；（b）断线不接地故障；（c）闪络故障

T_1—调压器；T_2—试验变压器；U—硅整流器；F—球间隙；C—电容器

声测法很容易受到周边环境的噪声干扰，无法辨别故障点。

2. 声磁信号同步接收定点法

声磁信号同步接收定点法（简称声磁同步法）是向电缆施加冲击直流高压使故障点放电，在放电瞬间电缆金属护套与大地构成的回路中形成感应环流，从而在电缆周围产生脉冲磁场。用感应接收仪器沿电缆路径接收脉冲磁场信号和故障点发出的放电声信号，当仪器探头检测到的声、磁两种信号时间间隔最小点时，即为故障点。声磁同步法比声测法的抗干扰性能好，所以现在应用十分广泛。

图7-17为电缆故障点放电产生的典型磁场和声音波形图。

3. 音频信号法

此方法主要是用来探测电缆的路径走向。在电缆两相间或者相和金属护层之间（在对端短路的情况下）加入一个音频电流信号，用音频信号接收器接收这个音频电流产生的音频磁场信号，就能找出电缆的敷设路径；在电缆中间有金属性短路故障时，对端就

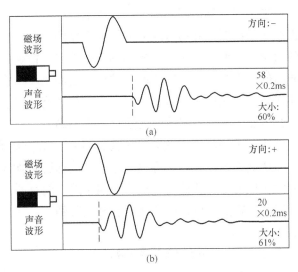

图 7-17　电缆故障点放电产生的典型磁场和声音波形图

(a) 负磁场（离故障点较远）；(b) 正磁场（离故障点较近）

不需短路，在发生金属性短路的两者之间加入音频电流信号后，音频信号接收器在故障点正上方接收到的信号会突然增强，过了故障点后音频信号会明显减弱或者消失，用这种方法可以找到故障点。

4. 跨步电压法

通过向故障相和大地之间加入一个直流高压脉冲信号，在故障点附近用电压表检测放电时两点间跨步电压突变的大小和方向，来找到故障点的方法。接线图如图 7-18 所示。

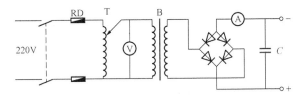

图 7-18　跨步电压法直流电源接线图

这种方法的优点是可以指示故障点的方向，对测试人员的指导性较强。但此方法只能查找直埋电缆外皮破损的开放性故障，不适用于查找封闭性故障或非直埋电缆的故障。

5. 电缆故障精确定点应注意的问题

(1) 对于高阻故障的定点，由于故障的阻抗较高，探测时施加的冲击电压较高，故障点才会发生闪络放电，故放电声和由此而产生的冲击振动波一般说来都比较大，较便于收听、分析和辨别。

(2) 对于低阻故障的定点，由于这类故障电阻小，因此故障点的放电间隙也小，致使施加的冲击高压在不很高的情况下，故障点便发生闪络放电。这时因闪络放电而产生的冲击振动波也小,再加上现场其他因素的干扰,放电声往往不易分辨甚至听不到放电声。这时可控制冲击电压的高低,并通过加大贮能电容器的电容量,增强放电强度,从而获得较强、较大的放电声,便于收听、分析和判断故障点的精确位置。

(3) 对于开路故障的定点,是在故障相的一端加冲击高压,而故障相的另一端用另外两相和电缆铅包连接后充分接地,然后利用定点仪在粗测范围内进行定点。因开路故障类似于高阻故障,其定点方法与高阻故障的定点方法相同。

(4) 如果故障点就在测试端附近,这时故障点的放电声会被球隙的放电声所淹没,因而不易被测听到。当遇到这种情况时,可以将球间隙放到远离测试端的另一端,并通过已知的正常相对故障相加电压,从而达到故障相闪络放电的目的。这时因串入回路的球间隙远离测试端,因此故障点的放电声就比较容易监听到。

6. 电力电缆故障测寻记录

电力电缆故障测寻记录

编号:_____

电缆型号:_____ 截面:_____ mm² 全长:_____ m

一、故障情况

相间	测量值(Ω)		相对地	测量值(Ω)		天气 (温、湿度)
	绝缘电阻表	万用表		绝缘电阻表	万用表	
A—B相			A—地			
B—C相			B—地			
A—C相			C—地			

根据试验结果,初步判定该电缆为_____性质的故障。

二、所采用测试方法接线图

三、故障波形记录图

四、故障测寻情况和结果

对电缆进行故障测寻，发现电缆故障点。使用的仪器为_____，测寻方法为

_____。测得的结果距_____端_____ m处。

五、本次故障测寻心得体会

_____

_____

故障报告填写人：_____　　　　　　　　_____年_____月_____日

第六节　电缆故障测寻新方法

目前故障测寻的方法已经基本稳定，主要依靠行波理论。思维已经基本固定，先粗

测再精确定点，测寻相对比较耗时。如果想要突破现有的技术限制，笔者认为必须要有新的故障测寻理论出现，以下是电力电缆故障测寻中的新思想，不成熟，但是能够扩展我们的思维，仅供参考。

日本学者提出利用故障时发生电弧放电，故障点温度升高的特点进行故障定位，其方法是在高压电缆护套中加装光纤温度传感器，分析故障时电缆线路温度变化就可以确定故障点位置。

国内杨斌和孙玉国针对电力电缆铺设环境特点及应用需求，提出了一种新型全光纤电力电缆故障定位预警系统设计方法。采用复合在电力电缆中的光纤作为传感器，通过采集和分析电力电缆周边的振动波形，实现对电力电缆漏电故障的实时监控与定位。经过他们的实验证明，系统对光纤沿线的电力电缆周边发生的振动事件能够进行有效的监控，测量距离大于 20km，定位精度 ±3m。

上海交通大学的吴承恩等提出一种超高压电缆故障测寻实用方法。其原理是依靠加装在高压电缆线路两端的故障录波器装置，在故障前后记录的电压、电流数据，采用有效的故障测距算法进行故障定位。

市场上某公司新出了一种新型的电缆故障测试仪，利用高频信号发生器向电缆输入高频电流，这样会在电缆四周产生电磁波，然后在地面上用探头沿着电缆路径接收电缆周围高频电磁场，电磁场的变化经接收处理后直接显示在仪器屏幕上，根据显示数值的大小直接判断故障点位置，可以在不停电情况下用耦合式接线实现在线故障探测。对于这种新型的故障测试仪，目前笔者还没亲自使用过，有三点表示怀疑，其一，线路长达几公里的时候，也要沿着路径逐一探寻？其二，注入的高频电流对电力系统是否产生危害？其三，电缆四周存在电磁干扰及埋深较大时，信号采集及识别能力如何？

为了寻求突破性的故障测寻技术，需要我们不断开阔视野，博采众长，努力突破。

第八章

电力电缆运行管理与维护

第一节 电缆缺陷管理

对于已投入运行或备用的各电压等级的电缆及附属设备有威胁安全运行的异常现象，统称为电缆缺陷。

一、电缆设备评级

电缆设备的评级，是供电设备安全运行的重要环节，也是供电设备管理的一项基础工作。设备评级既能全面反映设备的技术状况，又有利于加强设备的维修和技术改进，保证安全供电。

1. 设备评级

可分为以下三级。

一级设备是经过运行考验，技术状况良好，能保证在满负荷下安全供电的设备。

二级设备是基本完好的设备，能经常保证安全供电，但个别部件有一般缺陷。

三级设备是有重大缺陷的设备，不能保证安全供电，或出力降低，漏剂严重，外观很不整洁，锈烂严重。

2. 设备评级参考标准

一级设备：①规格能满足实际运行需要，无过热现象。②无机械损伤，接地正确可靠。③绝缘良好。各项试验符合规程要求。④电缆终端无漏油、漏胶现象，绝缘套管完整无损。⑤电缆的固定和支架完好。⑥电缆的敷设途径及接头区位置有标志。⑦电缆终端分相颜色和铭牌正确清楚。⑧技术资料完整正确。⑨装有外护层绝缘监视的电缆，要求动作正确、绝缘良好。

二级设备：仅能达到一级设备①～④项标准的。

三级设备：达不到二级设备标准的（一级设备①～④项）。

3. 电缆绝缘的评级

（1）电缆线路的绝缘评级等级划分，根据电力电缆线路的绝缘测试数据，结合运行中发现的缺陷，并分析缺陷对电缆线路安全运行的影响程度，对级划分。

（2）电缆线路绝缘评级划分是绝缘监督主要工作之计划，及时发现电缆线路中的绝缘薄弱环节，并消除隐患。

（3）绝缘等级的评级划分为三级，如表 8-1 所示。

（4）专责工程师应根据绝缘测试数据，并结合运行和检修中发现的缺陷，权衡该缺陷对安全运行的影响程度。

表 8-1   电缆线路绝缘等级划分

绝缘等级	绝缘测试数据	运行检修中发现缺陷情况
一级	试验项目齐全，数据合格	未发现（或已消除）绝缘缺陷
二级	重要试验项目合格，个别次要项目不合格	个别次要项目虽不合格但暂不影响安全运行
三级	一个及以上主要试验项目不合格，泄漏电流大且有升高现象，耐压时有闪络，预防性试验超周期	已发现威胁安全运行的绝缘缺陷

（5）绝缘监督工作应每年进行一次总结，同时制订下一年的年度工作计划和要求。

二、电缆缺陷范围

1. 电缆本体、电缆接头、接地设备

电缆本体、电缆接头和电缆终端、接地装置和接地线（包括终端支架）。

2. 电缆线路附属设备

电缆保护管、电缆分支箱、高压电缆交叉互联箱、接地箱、信号端子箱；电缆构筑物内的照明和电源系统、排水系统、通风系统、防火系统、电缆支架等各种装置设备；充油电缆供油系统压力箱及所有表计，报警系统信号及报警设备；其他附属设备，包括环网柜、隔离开关、避雷器。

3. 电缆线路上构筑物

电缆线路上的电缆沟、电缆排管、电缆工井、电缆隧道、电缆竖井、电缆桥、电缆架。

三、电缆缺陷性质

电缆设备缺陷根据性质可分为一般、重要和紧急三种类型。

1. 一般缺陷

情况轻微，近期对电力系统安全运行影响不大的电缆设备缺陷，可判定为一般缺陷。

2. 严重缺陷

情况严重，虽可继续运行，但在短期内将影响电力系统正常运行的电缆设备缺陷，可判定为重要缺陷。

3. 紧急缺陷

情况危急，随时会发生危及人身和造成设备停电的缺陷，可判定为紧急缺陷。

四、电缆线路缺陷处理周期

电缆缺陷从发现后到处理的时间段称为周期，其周期根据各类缺陷性质不同而定。

1. 电缆线路一般缺陷处理周期

（1）电缆设备一般缺陷可列入月度检修计划，在一个检修周期内进行处理。

（2）一般缺陷是指对安全运行影响较轻的缺陷（如：油纸电缆终端漏油、电缆金属护套和保护管严重腐蚀等），可通过编制下个月度的维修计划消除。

2. 电缆线路严重缺陷处理周期

(1) 重要缺陷应在一周内安排处理。

(2) 重要缺陷是指情况比较严重，对安全运行构成威胁，需要尽快消除的缺陷（如：接点发热、电缆出线金具有裂纹、塑料电缆终端表面闪络开裂、金属壳体胀裂并严重漏剂等）。这类缺陷应在一周内处理。

3. 电缆线路紧急缺陷处理周期

(1) 紧急缺陷必须 24h 内进行处理。

(2) 紧急缺陷是指情况特别严重，对安全运行已构成较大威胁（如：接点过热发红、终端套管断裂等），必须立即消除的缺陷。

(3) 在电缆缺陷管理制度中，应对电缆缺陷的发现，汇报，登录，安排处理，消缺信息反馈，缺陷消除规范流程，明确各部门的职责，建立缺陷处理闭环管理系统。

五、电缆缺陷处理技术原则

1. 电缆缺陷处理原则

(1) 对于已检修过的电缆设备不应留有缺陷。

(2) 在电缆设备事故处理中，不允许留下重要及以上性质缺陷。

(3) 在电缆线路缺陷处理中，因一些特殊原因有个别一般缺陷尚未处理的，必须填好设备缺陷单，做好记录，在规定周期内处理。

(4) 电缆缺陷处理应首先制定"缺陷检修作业指导书"，并在电缆线路缺陷处理中严格遵照执行。

(5) 设备运行责任人员应对电缆缺陷处理过程进行监督，并在处理完毕后按照相关的技术规程和验收规范进行验收签证。

(6) 电缆缺陷处理技术原则应遵循：

1）GB 50168—2018《电气装置安装工程电缆线路施工及验收标准》；

2）GB 50169—2016《电气装置安装工程接地装置施工及验收规范》；

3）GB 501150—2016《电气装置安装工程电气设备交接试验标准》；

4）DL/T 596—2005《电力设备预防性试验规程》。

2. 电缆缺陷处理技术

(1) 电缆"缺陷检修作业指导书"应根据不同性质的电缆绝缘处理技术和各种类型的缺陷处理方法详细制定检修施工步骤。

(2) 油浸纸绝缘电缆缺陷（如终端渗油、金属护套膨胀或龟裂等）应严格按照相关技术规程规定进行检查处理。

(3) 交联聚乙烯绝缘电缆缺陷（如终端温升、终端放电等）应严格按照相关技术规程规定进行检查处理。

第二节　电缆工程验收

电缆线路工程属于隐蔽工程，它的验收应贯穿在施工全过程中进行。认真地做好电缆线路验收，不仅是保证电缆线路施工质量的重要环节，也是电缆网络安全可靠运行的有力保障。所以，在各电压等级电缆安装过程中，运行部门必须对所管辖区域内新安装的电缆线路，严格按验收标准在施工现场进行全过程监控和投运前竣工验收。

一、电缆线路工程验收制度和方法

1. 电缆线路工程验收制度

电缆线路工程验收按自验收、预验收、过程验收、竣工验收四个阶段组织进行，每阶段验收必须填写验收记录单，并做好整改记录。

（1）自验收由施工部门自行组织进行，并填写验收记录单。自验收整改结束后，向本单位质量管理部门提交工程验收申请。

（2）预验收由施工单位质量管理部门组织进行，并填写预验收记录单。预验收整改结束后，填写工程竣工报告，并向上级工程质量监督站提交工程验收申请。

（3）过程验收是指在电缆线路工程施工中对敷设、接头、土建项目的隐蔽工程进行中途验收。施工单位的质量管理部门、运行部门要根据施工情况列出检查项目，由验收人员根据验收标准在施工过程中逐项进行验收，并填交工程验收单，签名认可。

（4）竣工验收由施工单位的上级工程质量监督站组织进行，并填写工程竣工验收签证书，对工程质量予以等级评定。在验收中个别不完善项目必须限期整改，由施工单位质量管理部门负责复验并做好记录。工程竣工报告完成后一个月内需对施工单位进行工程资料验收。

2. 电缆线路工程验收方法

（1）验收的手续和顺序。施工部门在工程开工前应将施工设计书、工程进度计划交给质监和运行部门，以便对工程进行过程验收。工程完工后，施工部门应书面通知质监、运行部门进行竣工验收。同时施工部门在大工程竣工一个月内将有关技术资料、文件、报表（含工井、排管、电缆沟、电缆桥等土建资料）一并移交给运行部门整理归档。对于工程资料不齐全的工程，运行部门可不予接收。

（2）电缆线路工程验收应按分部工程逐项进行。

（3）验收报告的编写。验收报告的内容主要分三个方面：工程概况说明、验收项目签证和验收综合评价。

1）工程概况说明。内容包括工程名称、起讫地点、工程开竣工日期以及电缆型号、长度、敷设方式、接头型号、数量、接地方式和工程设计、施工、监理、建设单位名称等。

2）验收项目签证。施工部门在工程验收前应根据实际施工情况编制好项目验收检查表，作为验收评估的书面依据。验收部门可对照项目验收标准对施工项目逐项进行验收签证和评分。

3）验收综合评价。通过对照验收标准去对工程质量作出评价。验收标准应根据有关国家标准和企业标准制定，验收部门应对过程验收和竣工验收中发现的情况与验收标准进行比较，得出对该工程施工的综合评价。并对整个工程进行打分，成绩分为优、良、及格、不及格四种。优，所有验收项目均符合验收标准要求；良，所有主要验收项目均符合验收标准，个别次要验收项目未达到验收标准，不影响设备正常运行；及格，个别主要验收项目不合格，不影响设备安全运行；不及格，多数主要验收项目不符合验收标准，将会影响设备正常安全运行。

二、电缆线路敷设工程验收

电缆敷设工程属于隐蔽工程，验收应在施工过程中进行，并且要求抽样率必须大于 50%。

1. 电缆敷设验收的内容和重点

电缆线路敷设验收的内容主要有：电缆沟槽开挖、牵引、支架安装、排管敷设、竖井敷设、直埋敷设、防火工程、墙洞封堵和分支箱安装，共计 9 项，其中前 6 个分项工程为关键验收项目，应重点加以关注。

2. 电缆线路敷设验收的标准及技术规范

(1) 电力电缆敷设规程。

(2) 该工程的设计书和施工图。

(3) 该工程的施工大纲和敷设作业指导书。

(4) 电缆排管和其他土建设施的质量检验和评定标准。

(5) 电缆线路运行规程和检修规程的有关规定。

3. 电缆线路敷设验收内容

(1) 电缆沟槽开挖

1) 施工许可文件齐全。

2) 电缆路径符合设计书要求。

3) 与地下管线距离符合《电力电缆运行规程》要求。

4) 开挖样洞充足，地下设施清晰。

5) 开挖深度按通道环境及线路电压等级均应符合《电力电缆运行规程》要求。

6) 堆土整齐，不影响交通。

7) 施工现场符合文明施工要求。

(2) 牵引

1) 电缆牵引车位置、人力配置、电缆输送机安放位置均符合作业指导书和施工大纲要求。

2) 如使用网套牵引，按金属护套截面计算，铅包电缆牵引力不大于 10S(N)，铜导体电缆牵引力不大于 20S(N)，其中 S 为金属护套截面。

3) 如使用牵引端牵引，按导体截面计算，铝导体电缆牵引力不大于 40S(N)，铜导体电缆牵引力不大于 70S(N)，其中 S 为导体截面。

4) 施工时电缆弯曲半径符合作业指导书及施工大纲要求。

(3) 墙洞封堵

变电站电缆穿越墙洞、工井排管口、开关柜、开关仓电缆穿越洞口，要求封堵材料符合设计要求，封堵密实良好。

(4) 对电缆直埋、排管、竖井与电缆沟敷设的施工现场验收要求的共同点

1）搁置电缆盘的场地应实行全封闭隔离，并设有警示标志。

2）电缆敷设前准备工作完善，完成校潮、制作牵引端、取油样等。

3）电缆盘制动装置可靠。

4）110kV 及以上电缆外护层绝缘应符合《110kV 及以上电力电缆护层绝缘测试标准》的要求。

5）电缆弯曲半径应符合《电力电缆运行规程》要求。

6）施工单位标准字迹清晰。

7）电缆线路铭牌字迹清晰，命名符合《电缆线路铭牌命名标准》，铭牌悬挂符合装置图要求。

8）施工资料整齐、正确、字迹清晰、完成及时。

（5）对直埋、排管、竖井敷设方式的特殊要求

1）直埋敷设：①滑轮设置合理、整齐；②电缆沟底平整，并铺以 5～10cm 软土或砂，电缆敷设后覆盖 15cm 软土或黄沙；③电缆保护盖板应覆盖在电缆正上方。

2）排管敷设：①排管疏通工具应符合《电力电缆运行规程》的规定，并双向畅通；②电缆在工井内固定应符合装置图要求，电缆在排管口应有一定"伸缩弧"。

3）竖井敷设：①竖井内电缆保护装置应符合《电力电缆运行规程》要求；②竖井内电缆固定应符合装置图要求。

（6）支架安装验收

1）支架应排列整齐，横平竖直。

2）电缆固定和保护。在隧道、工井、电缆层内，电缆都应安装在支架上，电缆在支架上应固定良好，无法上支架的部分应每隔 1m 间距用另攀方式固定，固定在金属支架上的电缆应有绝缘衬垫。

3）蛇形敷设应符合作业指导书要求。

（7）电缆防火工程验收

1）电缆防火槽盒验收应符合设计要求。上下槽安装平直，接口整齐，接缝紧密。槽盒内金具安装牢固，间距符合设计或装置图要求。端部应采用防火材料封堵，密封完好。

2）电缆防火涂料厚度和长度应符合设计要求，涂刷应均匀，无漏刷。

3）防火带应半搭盖绕包，平整，无明显突起。

4）电缆接头防火保护：电缆层内接头应加装防火保护盒，接头两侧 3m 内应绕包防火带保护。

5）其他防火措施验收应符合设计书及装置图要求。

（8）电缆分支箱验收

1）分支箱基础的上表面应高于地面 200～300mm，固定完好，横平竖直，分支箱门开启方便。

2）内部电气安装，接地极安装应符合设计和装置图要求。

3）箱体防水密封良好，分支箱底部应铺以黄沙，然后用水泥抹平符合作业指导书

要求。

4）分支箱铭牌书写规范，字迹清晰，命名符合《电缆线路铭牌命名标准》的要求，符合装置图要求。

5）分支箱内相位标识符合装置要求，相色宽度不小于 50mm。

三、电缆接头和终端工程验收

电缆接头及终端工程属于隐蔽工程，工程验收应在施工过程中进行。如采用抽样检查抽样率应大于 50%。电缆接头分为直通接头、绝缘接头、塞止接头、过渡接头和护层换位箱五个分项工程。电缆终端分为户外终端、户内终端、GIS 终端和终端接地箱等分项工程。

1. 电缆接头和终端验收

（1）施工现场应做到环境清洁，有防尘、防雨措施。

（2）绝缘处理、导体连接、增绕绝缘、密封防水处理、相间和相对距离应符合施工工艺设计和运行规程要求。

（3）施工单位标志和铭牌需做到字迹清晰、安装标准规范。铭牌命名应符合《电缆线路铭牌命名标准》的要求，相色清晰，宽度不小于 50mm。

（4）热缩管需热缩平整，无气泡。

（5）接头应加装保护盒起到机械保护及防火作用。接头和终端安防应符合设计书或装置图要求。

（6）需接地的金属护层应接地良好，符合设计及装置图要求。

2. 电缆终端接地箱验收

（1）接地箱安放符合设计书及装置图要求。

（2）终端接地箱内，电气安装符合设计要求。护层保护器符合设计要求，完整无损伤。螺栓连接符合标准。

（3）终端接地箱密封良好。

（4）终端换位箱铭牌书写规范、字迹清晰命名符合《电缆线路铭牌命名标准》要求。护层换位箱内同轴电缆相色符合装置图的要求，相色宽度应小于 50mm。

（5）接地箱箱体应采用不锈钢材料。

（6）护层竣工试验标准符合《电力电缆线路试验标准》。

四、电缆线路附属设备验收

电缆线路附属设备验收主要是接地系统。接地系统由终端接地、接头接地网、终端接地箱、护层换位箱几分支箱接地网组成。主要有以下几个验收项目。

（1）终端接地应符合装置图要求，接地电阻应 $\leqslant 0.5\Omega$。

（2）终端接地线连接应采用接线端子与接地排接连，接线端子应采用压接方式。

（3）35kV 及以下终端接地线截面采用 $35mm^2$ 镀锡软铜线，110～220kV、单芯电缆护层换位箱的连接线应采用内、外芯各为 $120mm^2$ 同轴绝缘铜线，并经直流耐压 10kV/1min 合格。

（4）接地网。接地电阻应 $\leqslant 4\Omega$，接地扁钢规格为 $40\times 5mm^2$，并经防腐处理，采用搭接焊，搭接长度必须是其宽度的 2 倍，而且至少要有 3 个棱边焊接。

第三节　电缆工程竣工资料管理

一、电缆线路工程竣工资料的种类
电缆线路工程竣工资料包括施工文件、技术资料和相关资料。

二、电缆工程施工文件
（1）电缆线路工程施工依据性文件：施工图设计书，经批准的线路管线执照和掘路执照，设计交底会议和工程协调会议纪要及有关协议，工程施工合同，工程概、预算书。

（2）施工指导性文件：施工组织设计，作业指导书。

（3）施工过程性文件：电缆敷设报表，接头报表，设计修改文件和修改图，电缆护层绝缘测试记录，换位箱、接地箱安装记录。

三、电缆工程技术资料
（1）由设计单位提供的整套设计图纸。

（2）由制造厂提供的技术资料：产品设计计算书、技术条件和技术标准、产品质量保证书及订货合同。

（3）由设计单位和制造厂商签订的有关技术协议。

四、电缆工程竣工验收相关资料
电缆线路工程属于隐蔽工程，电缆线路建设的全部文件和技术资料，是分析电缆线路在运行中出现的问题和需要采取措施的技术依据。故以下有关资料需收集整理后交给主管运行维护的单位。

1. 原始资料

电缆线路施工前的有关文件和图纸资料称为原始资料。它主要包括工程计划任务书、线路设计书、管线执照、电缆及附件出厂质量保证书、有关施工协议书等。

2. 施工资料

电缆和附件在安装施工中的所有记录和有关图纸称为施工资料。它主要包括电缆线路图、电缆接头和终端装配图、安装工艺和安装记录、电缆线路竣工试验报告。

（1）电缆敷设后必须绘制详细的电缆线路走向图，直埋电缆线路直向图的比例一般为 1∶500，地下管线密集地段应取 1∶100，管线稀少地段可用 1∶1000，平行敷设的线路应尽量合用一张图纸，但必须标明各条线路的相对位置，并绘出地下管线部面图。

（2）原始装置情况包括电缆长度、截面积、电缆额定电压、型号、安装日期、制造厂名、线路参数、电缆接头与终端型号、编号和装置日期。

3. 共同性资料

与电缆线路相关的技术资料为共同性资料。它主要包括电缆线路总图、电缆网络系统接线图、电缆断面图、电缆接头和终端的装配图、电缆线路土建设施的工程结构图等。

第四节　电缆线路的巡查

一、电缆线路巡查周期

1. 电缆线路及电缆线段的巡查

（1）对于敷设地下的每一根电缆线路或电缆线段通道上的路面，应根据电缆线路的必要性，制订护线巡查制度。

（2）电缆竖井内的电缆，每半年至少巡查一次。

（3）变电站内的电缆线路通道上的路面以及电缆线段等的检查，视情况定期进行巡查。

（4）对于供电可靠性要求较高的重要用户及其上级电源电线，每年应进行不少于一次的巡查。有特殊情况时，应按上级要求做好特巡工作。

（5）对于已暴露的电缆或电缆线路通道附近有施工的路面，应按照电缆线路沿线及保护区内施工的监护制度，酌情缩短巡查周期。

2. 电缆终端附件和附属设备的巡查

（1）对于污秽地区的主设备户外电线终端，应根据污秽地区的定级情况及清扫维护要求巡查。

（2）分支箱、换位箱、接地箱的巡查，视情况定期进行巡查。当系统保护动作造成110kV及以上电缆线路跳闸后，应立即对换位箱、接地箱进行特巡。

3. 电缆线路上构筑物的巡查

（1）电缆线路上的电缆沟、电缆排管、电缆工井、电缆隧道、电缆架应每 3 个月巡查一次。

（2）电缆竖井、电缆桥应每半年巡查一次。

二、电缆线路巡查内容

1. 电缆线路及线段的巡查

（1）对电缆线路及线段，应巡查察看路面是否正常，有无挖掘痕迹及路线标桩是否完整无缺等。

（2）敷设在地下的直埋电缆线路上，不应堆置瓦砾、矿渣、建筑材料、笨重物件、酸碱性排泄物或砌堆石灰坑等。

（3）在直埋电缆线路上的松土地段临时通行重车，除必须采取保护电缆措施外，应将该地段详细记入守护记录簿内。

（4）对多根并列电缆线路要检查负荷电流分配和电缆外皮的温度情况。

2. 对电缆线路设备连接点的巡查

（1）户内电缆终端巡查。

1）检查电缆终端有无电晕放电痕迹。

2）检查终端头引出线接触是否良好。

3）核对线路铭牌及相位颜色。

4) 检查接地线是否良好。

5) 测量单芯电缆护层绝缘。

（2）户外电缆终端巡查。

1) 检查终端盒壳体及套管有无裂纹，套管表面有无放电痕迹。

2) 检查终端头引出线接触是否良好，有无发热现象。

3) 核对线路铭牌及相位颜色。

4) 修理保护管，靠近地面段电缆是否被车辆撞碰。

5) 检查接地线是否良好。

6) 检查终端盒内绝缘胶（油）有无水分，绝缘胶（油）不满者应予以补充。

7) 测量单芯电缆护层绝缘。

（3）单芯电缆保护器巡查。

安装有保护器的单芯电缆，在通过短路电流后，或每年至少检查一次阀片或球间隙有无击穿或烧熔现象。

（4）地面电缆分支箱巡查。

1) 检查周围地面环境。

2) 检查通风及防漏情况。

3) 核对分支箱名称。

4) 检查门锁及螺丝。

5) 油漆铁件。

6) 对分支箱内电缆终端的检查内容与户内终端相同。

（5）电缆导线连接点巡查。

户内、外引出线连接点一般可用红外线测温仪或红外热像仪测量温度。

3. 对电缆线路构筑物的巡查

（1）工井和排管的巡查。

1) 抽取水样，进行化学分析。

2) 抽除井内积水，清除污泥。

3) 油漆电缆支架及挂钩等铁件。

4) 检查井盖和井内通风情况，井体有否沉降、裂缝。

5) 疏通备用管孔。

6) 检查工井内电缆及接头情况，应特别注意接头有无漏油。

7) 核对线路铭牌。

8) 检查有无电蚀，测量工井内电缆的电位、电流分布情况。

（2）电缆沟、隧道和竖井的巡查。

1) 检查门锁是否正常，进出通道是否畅通。

2) 检查隧道内有无渗水、积水，有积水要排除，并将渗漏处修复。

3) 隧道内的电缆要检查电缆位置是否正常，电缆有无跌落。

4) 检查电缆和接头的金属护套与支架间的绝缘垫层是否完好，在支架上有无硌伤。

支架有否脱落。

5）检查防火包带、涂料、堵料及防火槽盒等是否完好，防火设备、通风设备是否完善正常，并记录室温。

6）检查接地是否良好，必要时要测量接地电阻。

7）清扫电缆沟和隧道。

8）检查电缆和电缆接头有无漏油。

9）检查电缆隧道照明。

第五节　电缆线路防蚀防害

一、电缆线路化学腐蚀判断和防止

（1）判断化学腐蚀方法。

1）铅包腐蚀生成物，如：痘状及带淡黄或淡粉红的白色，一般可判定为化学腐蚀。

2）为了确定电缆的化学腐蚀，必须对电缆线路上的土壤作化学分析，并有专档记载腐蚀物及土壤等的化学分析资料。

3）根据化学分析结果，可以判断土壤和地下水的侵蚀程度，pH 值用 pH 计或 pH 试纸测定。有机物的数量，用焙烧试量（约 50g）的方法来确定。

（2）防止化学腐蚀方法。

1）电缆线路设计时收集路径土壤 pH 值资料，当发现土壤中有腐蚀溶液时，应立即调查腐蚀源，并采取适当改善措施和防护办法。选择电缆路径时应尽量避开有腐蚀源的地段。

2）更换电缆沟槽的回填土。用中性的土壤作电缆的衬垫及覆盖，并在电缆上涂以沥青等。

3）选用聚氯乙烯外护套的电缆。

4）将电缆穿在耐腐蚀的陶瓷管内。

（3）当发现土壤中有腐蚀电缆铅包的溶液时，应立即调查附近工厂排出的废水情况，并采取适当改善措施和防护办法。

二、电缆线路电解腐蚀判断和防止

（1）判断电解腐蚀方法

1）杂散电流从电缆周围的土壤中流入电缆金属护套的地带，叫作阴极地带；反之，当杂散电流由电缆金属护套流出至周围土壤的地带，叫作阳极地带。在阴极地带，如果土壤中不含碱性液体，电缆金属护套不会有腐蚀的危险，但是在阳极地带则铅护套一定会发生腐蚀。

2）腐蚀的化合物呈褐色的过氧化铅时，一般可判定为阳极地区杂散电流腐蚀；呈鲜红色（也有呈绿色或黄色）的铅化合物时，一般可判定为阴极地区杂散电流腐蚀。

3）运行经验表明，当从电缆金属护套流出的电流密度一昼夜的平均值达 $1.5\mu A/cm^2$ 时，金属护套就有腐蚀的危险。

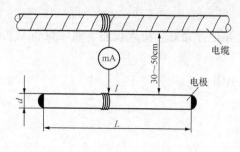

图 8-1　辅助电极法图

4）这里介绍一种测量杂散电流密度的方法——辅助电极法。辅助电极是用与被测试的电缆相似的一段电缆制成，其长度应使电极与大地的接触面不小于 $500cm^2$。剥除电极表面的外护层，并将铠装表面擦清，然后焊上连接线，并将焊点绝缘和电极两端浇上沥青或其他绝缘材料。如图 8-1 所示。当测得的电流为毫安时，电流密度可用下式计算出

$$\left.\begin{array}{l} J = \dfrac{J}{A} \\ A = 3.14dLK \end{array}\right\} \qquad (8\text{-}1)$$

式中　J——电流密度，mA/cm^2；

　　　A——电极与大地接触面积，cm^2；

　　　d——电极外皮的直径，cm；

　　　L——电极的长度，cm；

　　　K——电极表面与周围土壤接触系数（对钢带铠装电缆 K 可取 0.5）。

（2）防止电解腐蚀方法

1）为了监视有杂散电流作用地带的电缆腐蚀情况，必须测量沿电缆线路铅包流入土壤内杂散电流密度。阳极地区的对地电位差不大于 +1V 及阴极地区附近无碱性土壤存在时，可认为安全地区。但对阳极地区仍应严密监视。

2）加强电缆金属护套与附近巨大金属物体间的绝缘。装置排流或强制排流、极性排流设备，设置阴极站等。对于电解腐蚀严重的地区，应加装遮蔽管。

3）在杂散电流密集的地方安装排流设备时，应使电缆铠装上任何部位的电位不超过周围土壤的电位 1V 以上。在小的阳极地区采用吸回电极（锌极或镁极）来构成阴极保护时，被保护的电缆铅包电压不应超过 $-0.2\sim0.5V$。

三、防止电缆线路虫害

（1）直埋敷设电缆线路应防止来自昆虫白蚁虫害的侵蚀。

（2）在气候潮湿地区适宜白蚁繁殖，会侵蚀电缆的内、外护套，造成护套穿孔进潮。

（3）在白蚁活动频繁地区，电缆线路设计应选用防治白蚁的特殊护套。

（4）对已经投入运行的电缆线路，如发现沿线有白蚁繁殖，应立即报告当地白蚁防治部门灭蚁，采用集中诱杀和预防措施，以防运行电缆受到白蚁的侵蚀。

第六节　电缆技术资料管理

一、原始资料

原始资料是电缆线路施工前的有关文件和图纸资料。主要包括：工程计划任务书、

线路设计书、管线许可证、电缆及附件出厂质量保证书、有关施工协议书等。

（1）电缆线路必须有详细的敷设位置图样，比例尺一般为 1：500，地下管线密集地段为 1：100（甚至更大），管线稀少地段为 1：1000。

（2）平行敷设的直埋电缆线路，尽可能合用一张图纸，但必须标明各条线路相对位置和数条电缆同向平行的断面图，并标明地下管线剖面图。

二、施工资料

施工资料包括电缆和附件在安装施工中的所有记录和有关图纸。主要包括：电缆线路图、电缆接头和终端装配图、安装工艺和安装记录、电缆线路竣工试验报告。电缆线路必须有原始装置记录：准确的长度、截面积、电压、型号、安装日期、线路的参数、中间接头及终端头的型号、编号装置日期。

三、运行资料

运行资料是指电缆线路在运行期间逐年积累的各种技术资料。主要包括：运行维护记录、预防性试验报告、故障修理记录、电缆巡视以及发现缺陷记录等。

（1）电缆线路必须有运行记录：事故日期、地点及原因以及变动原有装置的记录。

（2）电缆线路所发生事故都必须做好调查记录：部位、原因、检修过程等，调查记录应逐年归入各条线路的运行档案。

（3）电缆线路上任何变动或修改，都应及时更正相应资料，保持资料正确性。

四、共同性资料

与电缆线路相关的技术资料统称为共同性资料。主要包括：电缆线路总图、电缆网络系统接线图、电缆断面图、电缆接头和终端装配图、电缆线路土建设施的工程结构图等。

（1）全部电缆线路的地形总图，比例尺一般为 1：5000，主要标明线路名称和相对位置，电缆网络的系统接线图，电缆线路路径的协议文件。

（2）各种型式电缆必须具备电缆截面图，并注明必要的结构和尺寸。

（3）电缆的中间接头和终端头的安装及检修，都应具有相应的工艺标准和设计装配总图；总图必须配有详细注明材料的分件图。

（4）电缆线路附属构筑物，如：桥梁、隧道、竖井、管道等应备有结构的图样。

第七节 电缆线路负荷、温度监视和运行分析

一、电缆线路负荷监视

电缆负荷的监视，可以掌握电缆负荷变化情况和过负荷时间长短，有利于电缆运行状况的分析。电缆线路负荷的测量可用配电盘式电流表或钳形电流表测定。对无人值班变电站电缆负荷测定，每年应进行 2～3 次，1 次安排在夏季，另 1～2 次则在秋冬季负荷高峰期间，根据预先选定的最有代表性的时间进行。根据测量结果，进行系统分析，以便采取措施，保证电缆安全经济运行。

二、电缆线路温度监视

（1）在电力电缆比较密集和重要的电缆线路上，可在电缆表面装设热电偶以便测试

电缆表面温度，通常电缆表面温度不应超过 50℃。直埋的 110kV 及以上电缆，当表面温度高于 50℃时，则可导致土壤中水分迁移，从而造成土壤热阻系数明显升高，应采取降低温度或改善回填土的散热性能等措施。

（2）运行部门除了经常测量负荷外，还必须检查电缆表面的实际温度，以确定电缆有无过热现象。应选择在负荷最大时、散热条件最差的线段（一般不少于 10m）进行检查。

（3）测温点的选择，应考虑能提供电缆在运行的允许载流量按周围不同温度变化而校正的依据，测温点的深度按该地区电缆实际埋设的情况而定，应选择电缆排列最密集处或散热情况最差处或有外界热源影响处。电缆敷设在人行道松软泥土内和敷设在坚硬车行道路面下散热条件不同，需要分别设立测温点。测温点一般选在该地区日照较长的地方。在电缆密集的地区和有外来热源的地方，可设点监视。每个测量地点应装有两个测温点。

（4）在测量电缆温度时，同时测量周围环境的温度，但必须注意测量周围环境温度的测温点应与电缆保持一定距离，测量土壤温度的热偶温度计的装置点与电缆间的距离不小于 3m，离土壤测量点 3m 半径范围内，应无其他外来热源的影响。电缆同地下热力管交叉或平行敷设时，电缆周围的土壤温度在任何时候不应超过本地段其他地方同样深度的土壤温度 10℃以上。

（5）运行电缆周围的土壤温度应按指定地点定期进行测量，夏季一般每两周一次。冬、夏负荷高峰期间每周一次。

三、电缆线路运行分析

1. 电缆线路运行分析

（1）对有过负荷运行记录或经常处于满负荷或接近满负荷运行的电缆线路，应加强监视。

（2）要注意电缆线路户内、户外终端所处环境状态，注意电缆线路上的运行环境和有无机械外力影响。

（3）积累电缆故障原因分析资料，调查故障的现场情况和检查故障实物，并收集安装和运行资料。

1）积累电缆户内、户外终端；中间连接头故障原因。

2）积累电缆本体故障原因。

3）运行线路名称及起讫地点。

4）故障发生的时间和确切地点。

5）电缆规范：如电压等级、型式、导体截面、绝缘种类、制造厂名、购置日期。

6）装置记录：如安装日期及气候，接头或终端设计型式。绝缘剂种类及加热的温度。

7）现场安装情况：如电缆弯曲半径大小、终端装置高度。三相单芯电缆的排列方式、接地情况，埋设方式、标高，盖板位置等。

8）周围环境：如临近故障点的地面情况，有无新的挖土、打桩或埋管等工程，泥土有无酸或碱的成分，是否夹杂有小石块，附近地区有无化学工厂等。

9）校验记录：包括试验电压、时间、泄漏电流及绝缘电阻的数值、历史记录。

2. 制定电缆事故举措

（1）使电缆适应电网和用户供电的需求。对不适应电网和用户供电需求的电缆线路，应有计划实施更新改造。

1）电缆线路事故频发，绝缘出现明显老化。

2）电缆导体截面较小，不能满足长期负荷电流和短路容量。

3）电缆和附件的绝缘水平低于电网的绝缘水平。

4）电缆的护层结构与电缆线路的运行环境不相适应等。

（2）改善电缆线路运行环境，消除对电缆线路运行构成威胁的各种环境影响和其他影响因素。

1）依法健全电缆护线制度，防止机械外力损伤。

2）防止户外和户内终端污闪或电晕放电。

3）防止电缆遭受热机械力、震动、地沉的损害。

4）防止电缆金属护套遭受化学腐蚀和电解腐蚀。

5）防止电缆终端和接头接点过热。

6）电缆密集处的整治，防止"交流电蚀"和避免故障时影响相邻电缆。

7）防止电缆外护套和金属护套虫害。

8）应用先进产品，淘汰落后产品。

第八节　电缆通道管理

电缆通道指电缆线路敷设路径沿线的附属设备，包括直埋、排管、电缆沟、隧道、桥梁及桥架等。本节对电缆通道的基本技术要求、验收与管理、巡视检查、隐患排查与治理、状态评价等工作进行介绍。

一、电缆通道的基本技术要求

（1）电缆路径应合法，满足安全运行要求。

（2）电缆通道形式应满足电缆敷设要求。电缆通道应满足电缆敷设时最小转弯半径的要求；220kV 及以上电压等级电缆排管不应采用非开挖拖拉管；应避免连续采用非开挖，非开挖不宜过长；排管路径尽量保持直线，减少转弯；应进行牵引力和侧压力计算，必要时加设直通接头。

（3）电缆通道断面占有率应合格，避免电缆密集敷设。密集敷设的电缆通道，原则上不允许新增电缆进入；中性点非有效接地方式且允许带故障运行的电力电缆线路不应进入隧道、密集敷设的沟道、综合管廊电力舱；6 回路及以上高压电缆线路以及电缆数量在 18 根及以上或局部电力走廊紧张情况宜采用隧道形式。

（4）电缆及附件选型应符合系统和环境要求。电缆导体和金属护套截面应满足输送容量及系统短路容量的要求；腐蚀性较强的区域应选用铅包电缆；隧道、沟道内应选用阻燃电缆；人流密集区域的电缆终端应选用复合材料套管。

（5）可研方案应充分考虑电缆安全运行及运检需求。应满足运行及检修作业时足够的安全距离；应充分考虑电缆交接试验的可行性；66kV 及以上电缆线路主绝缘交流耐压试验期间应同步开展局部放电检测。

（6）安防、辅控系统、监测（控）系统等附属设备设置应满足要求。隧道内高压电缆线路应配置测温、接地环流等监测装置；电缆终端站、隧道出入口、重要区域的工井井盖应设置视频监控、门禁、井盖监控等安防措施；隧道应设置消防报警、通风、排水、通信、气体监测等装置，宜配置视频监控、水位监控等装置；电缆隧道应配备无线通信系统；长隧道中宜每隔适当距离设置紧急出入口。

（7）防火设施应与主体工程同时设计。严禁在变电站电缆夹层、桥架和竖井等缆线密集区域布置电缆接头；密集区域（4 回及以上）的电缆接头应采用防火槽盒、隔板、防火毯、防爆壳等防火防爆隔离措施；电缆隧道应设立防火墙或防火隔断。

（8）电缆排列布置应符合设计规范标准。电缆的敷设断面（孔位）已经电缆运维部门同意并符合运行要求；三相单芯电缆应采用三角形或一字型布置；同一通道内的电缆按电压等级高低由下向上布置；排管的孔数应满足规划需要，并保留一定的裕度（预留检修孔）；隧道、沟槽和竖井内电缆应采取蛇形布置。

（9）电缆分段长度应满足要求。排管内电缆的单段长度不宜超过 600，隧道内不宜超过 700m；电缆的换位段设置应均衡，3 个换位小段长度差应满足要求；改接电缆线路应尽量减少中间接头的数量，中间接头的距离不宜过近。

（10）电缆通道的布置及埋深应符合要求。电缆通道宜布置在人行道、非机动车道及绿化带下方；电缆通道的埋设深度应不小于 700mm，如不能满足要求应采取保护措施。

（11）工作井的设计应满足运行、检修的要求。接头工井尺寸应满足接头作业、接头布置、敷设作业以及抢修的要求。

（12）隧道的设计应满足运行、检修的要求。隧道的出入口、通风口等宜高于地面 500mm，并设置防倒灌措施；隧道的排水泵、积水井有效容积是否满足最大排水泵 15～20min 的流量；隧道的总体标高应避免较大起伏造成局部容易积水。

（13）排管的设计应满足运行、检修的要求。排管与工井交接处应采用 1 米长混凝土包封以防顺排管外壁渗水。

（14）安防、辅控系统、监测（控）系统等附属设备设计应符合运行要求。电缆终端场站、隧道出入口、重要区域的工井井盖应有安防措施。

（15）电缆通道附属设施应符合施工及运行要求。通道防火及防水设施应与主体工程一同设计，满足国家电网运检〔2016〕1152 号文件要求；隧道内同通道敷设的通信光缆，应采取放入阻燃管或防火槽盒等防火隔离措施；110（66）kV 及以上高压电缆应采用金属支架，工作电流大于 1500A 的高压电缆应采用非导磁金属支架；户外金属电缆支架、电缆固定金具等应使用防盗螺栓。

二、电缆通道的验收管理

1. 验收前工作准备

（1）建设单位提供相应的设计图、工程竣工完工报告和竣工图等书面资料，包括验收申请、施工总结、路径图、管位剖面图、具体结构图、设计变更联系单等。

（2）监理单位应提供相应的工程监理报告。

（3）建设单位应做好有限空间作业准备工作，做好通风、杂物和积水清理，提前开井，确保验收工作顺利进行。

2. 中间验收

（1）运维单位根据施工计划参与隐蔽工程（如：电缆管沟土建等工程）和关键环节的中间验收。

（2）运维单位根据验收意见，督促相关单位对验收中发现的问题进行整改并参与复验。

3. 竣工验收

（1）竣工验收包括资料验收、现场验收及试验。

（2）电缆及通道验收时应做好下列资料的验收和归档。

1）电缆及通道走廊以及城市规划部门批准文件。包括建设规划许可证、规划部门对于电缆及通道路径的批复文件、施工许可证等。

2）完整的设计资料，包括初步设计、施工图及设计变更文件、设计审查文件等。

3）电缆及通道沿线施工与有关单位签署的各种协议文件。

4）工程施工监理文件、质量文件及各种施工原始记录。

5）隐蔽工程中间验收记录及签证书。

6）施工缺陷处理、记录及附图。

7）电缆及通道竣工图纸应提供电子版，三维坐标测量成果。

8）电缆及通道竣工图纸和路径图，比例尺一般为1∶500，地下管线密集地段为1∶100，管线稀少地段，为1∶1000。在房屋内及变电站附近的路径用1∶50的比例尺绘制。平行敷设的电缆，应标明各条线路相对位置，并标明地下管线剖面图。电缆如采用特殊设计，应有相应的图纸和说明。

9）电缆敷设施工记录，应包括电缆敷设日期、天气状况、电缆检查记录、电缆生产厂家、电缆盘号、电缆敷设总长度及分段长度、施工单位、施工负责人等。

10）电缆附件安装工艺说明书、装配总图和安装记录。

11）电缆原始记录：长度、截面积、电压、型号、安装日期、电缆及附件生产厂家、设备参数，电缆及电缆附件的型号、编号、各种合格证书、出厂试验报告、结构尺寸、图纸等。

12）电缆交接试验记录。

13）单芯电缆接地系统安装记录、安装位置图及接线图。

14）有油压的电缆应有供油系统压力分布图和油压整定值等资料，并有警示信号接线图。

15）电缆设备开箱进库验收单及附件装箱单。

16）一次系统接线图和电缆及通道地理信息图。

17）非开挖定向钻拖拉管竣工图应提供三维坐标测量图，包括两端工作井的绝对标高、断面图、定向孔数量、平面位置、走向、埋深、高程、规格、材质和管束范围等信息。

（3）现场验收包括电缆本体、附件、附属设备、附属设施和通道验收，依据本标准运维技术要求执行。

（4）对投入运行前的电缆试验项目应包括下列项目：

1）充油电缆油压报警系统试验。

2）线路参数试验，包括测量电缆的正序阻抗、负序阻抗、零序阻抗、电容量和导体直流电阻等。

3）接地电阻测量。

三、电缆通道的运行巡视管理

运维单位对所管辖电缆及通道，均应指定专人巡视，同时明确其巡视的范围、内容和安全责任，并做好电力设施保护工作。同时应编制巡视检查工作计划，计划编制应结合电缆及通道所处环境、巡视检查历史记录以及状态评价结果。对巡视检查中发现的缺陷和隐患进行分析，及时安排处理并上报上级生产管理部门。

1. 巡视分类

巡视检查分为定期巡视、故障巡视、特殊巡视三类。

定期巡视包括对电缆及通道的检查，可以按全线或区段进行。巡视周期相对固定，并可动态调整。电缆和通道的巡视可按不同的周期分别进行。

故障巡视应在电缆发生故障后立即进行，巡视范围为发生故障的区段或全线。对引发事故的证物证件应妥为保管设法取回，并对事故现场应进行记录、拍摄，以便为事故分析提供证据和参考。具有交叉互联的电缆跳闸后，应同时对电缆上的交叉互联箱、接地箱进行巡视，还应对给同一用户供电的其他电缆开展巡视工作以保证用户供电安全。

特殊巡视应在气候剧烈变化、自然灾害、外力影响、异常运行和对电网安全稳定运行有特殊要求时进行，巡视的范围视情况可分为全线、特定区域和个别组件。对电缆及通道周边的施工行为应加强巡视，已开挖暴露的电缆线路，应缩短巡视周期，必要时安装移动视频监控装置进行实时监控或安排人员看护。

2. 巡视周期的确定原则

（1）110（66）kV 及以上电缆通道外部及户外终端巡视：每半个月巡视一次。

（2）35kV 及以下电缆通道外部及户外终端巡视：每一个月巡视一次。

（3）发电厂、变电站内电缆通道外部及户外终端巡视：每二个月巡视一次。

（4）电缆通道内部巡视：每三个月巡视一次。

（5）电缆巡视：每三个月巡视一次。

（6）35kV 及以下开关柜、分支箱、环网柜内的电缆终端结合停电巡视检查一次。

（7）单电源、重要电源、重要负荷、网间联络等电缆及通道的巡视周期不应超过半个月。

（8）对通道环境恶劣的区域，如易受外力破坏区、偷盗多发区、采动影响区、易塌方区等应在相应时段加强巡视，巡视周期一般为半个月。

（9）水底电缆及通道应每年至少巡视一次。

（10）对于城市排水系统泵站供电电源电缆，在每年汛期前进行巡视。

（11）电缆及通道巡视应结合状态评价结果，适当调整巡视周期。

3. 电缆通道的地面巡视

电缆通道的地面巡视应重点查看：

（1）路径周边有无挖掘、打桩、拉管、顶管等施工迹象，检查路径沿线各种标识标志是否齐全。

（2）电缆通道上方有无违章建筑物，是否堆置可燃物、杂物、重物、腐蚀物等。

（3）地面是否存在沉降、埋深不够等缺陷。

（4）井盖是否丢失、破损、被掩埋。

（5）电缆沟盖板是否齐全完整并排列紧密。

（6）隧道进出口设施是否完好，巡检通道是否畅通，沿线通风口是否完好。

4. 隧道电缆通道的内部巡视

隧道电缆通道的内部巡视应重点查看：

（1）结构本体有无形变，支架、爬梯、楼梯等附属设施及标识、标志是否完好。

（2）是否存在火灾、坍塌、盗窃、积水等隐患。

（3）是否存在温度超标、通风不良、杂物堆积等缺陷，缆线孔洞的封堵是否完好。

（4）电缆固定金具是否齐全，隧道内接地箱、交叉互联箱的固定、外观情况是否良好。

（5）机械通风、照明、排水、消防、通信、监控、测温等系统或设备是否运行正常，是否存在隐患和缺陷。

（6）测量并记录氧气和可燃、有害气体的成分和含量。

四、电缆通道的隐患排查

电缆通道的隐患主要包括火灾、外力破坏、非法侵入、通道运行温度过高和渗漏水等。隐患排查的方式主要包括人工巡视、检测和在线监测。

消除电缆通道各类火灾隐患，应及时清除电缆通道沿线及内部的各类易燃物，保持通道整洁、畅通。对通道内非阻燃缆线、充油电缆应采取封、堵、涂、隔、包、埋沙等有效防火措施。

消除电缆通道外力破坏隐患，应及时评估老旧通道主体结构的承载能力，发现地面沉降、地下水冲蚀、承重过大等情况时，要检测通道周围土层的稳定性，发现异常应及时加固，必要时对通道进行改造或迁移。

消除电缆通道非法侵入隐患，应进一步加强电缆通道进出口和工井管理，及时修复或更换破损井盖、盖板等附属设施，完善电缆通道监控和报警措施，并及时撤除通道内退运缆线。

消除电缆通道运行温度过高隐患，应进一步改善电缆通道的通风散热条件或采取其他有效降温措施，重要通道及重点部位应配置温度监测及报警装置。

消除电缆隧道渗漏水和电缆沟积水隐患，应不断完善对通道沿线管口、渗漏点的防水封堵等措施，加强通道排水系统的运行管理，及时排除通道内积水。

五、电缆通道的状态评价

电缆通道的状态评价工作应每年进行一次，评价报告对电缆通道的运行状态、健康状况和设施性能进行综合性评价，主要内容包括：

（1）主体结构的安全性、防水性能、承载情况，通道的温升和通风效果。

（2）防火、防盗、通风等装置的运行情况。

（3）井盖、平台、支架、爬梯等附属设施的完好性。

（4）通道内缆线的规范排列，防火、防水隔离等情况。

（5）通道周边环境，包括周边土体状况、临近管线影响等。

第九节 高压电缆及通道的防护

一、高压电缆及通道的分类

1. 高压电缆的分类

高压电缆共分为三个级别：

一级高压电缆：330kV 及以上高压电缆线路；政治供电保障特级和一级客户直供线路所涉及的 110（66）kV 及以上高压电缆线路。

二级高压电缆：政治供电保障特级和一级客户相关线路所涉及的 110（66）kV 及以上高压电缆线路。

三级高压电缆：剩余 110（66）kV 及以上高压电缆线路。

2. 高压电缆通道的分类

高压电缆通道共分为三个级别：一级对应重要高压电缆通道，二、三级对应一般高压电缆通道。

一级高压电缆通道：正常方式下，因通道原因可造成 4 级及以上电网事件的高压电缆通道；正常方式下，因通道原因可造成 1 座 220kV 及以上变电站全站停电的高压电缆通道，或者造成 3 座及以上 110kV 变电站全停的高压电缆通道；一级高压电缆所在的通道。

二级高压电缆通道：正常方式下，因通道原因可造成 2 座及以下 110kV 变电站全停的高压电缆通道；二级高压电缆所在的通道。

三级高压电缆通道：剩余高压电缆通道。

二、高压电缆及通道的差异化巡检

一级高压电缆及通道：330kV 及以上高压电缆线路红外成像、接地电流检测周期不应超过 30 天，剩余一级高压电缆线路检测周期不应超过 45 天，每年应至少开展 1 次局部放电检测，针对冬季低气温、夏季大负荷等情况，宜根据实际情况缩短检测周期或采取 24 小时监测；通道内部巡视周期不应超过 45 天，地面巡视周期不应超过 15 天；危急、严重缺陷随时发现随时处理，一般缺陷 90 天内处理。

二级高压电缆及通道：高压电缆线路红外成像、接地环流检测周期不应超过 90 天，每年宜开展 1 次局部放电检测工作；通道内部巡视周期不应超过 90 天，地面巡视周期不应超过 15 天；危急、严重缺陷随时发现随时处理，一般缺陷 180 天内处理。

三级高压电缆及通道：巡视、检测和处缺等工作按照相关制度、标准要求执行。

三、提升高压电缆线路及通道规范化水平

随着我国经济的快速发展，输电电缆越来越广泛地应用，高压电缆线路运行长度逐年增加，然而在实际运行中，外力破坏、有害气体、着火、进水严重影响输电电缆安全运行，它们会导致电缆线路组部件老化、产生缺陷、造成电缆线路火灾，发生绝缘击穿故障和人身伤害，因此，应该将改善电缆线路通道运行环境、提升高压电缆线路安全运行水平作为输电电缆线路精益化管理的重要工作。

1. 防火

由于电力电缆线路存在制造质量不良、安装工艺不良、接地系统损坏、发生过负荷、短路、过电压、接触电阻过大及受到外部热源作用、通道内其他火源着火等问题，在防火措施不完善的情况下，可能导致电缆线路起火进而引发火灾。尤其是在通道内密集敷设区域，引起多根电缆火灾蔓延事故，导致事故扩大化。近年来，国家电网公司因局部网架结构薄弱、电缆防火措施落实不到位、隐患排查治理不彻底等问题，发生过几起事故，例如国网辽宁电力 66kV 海水右线 A 相 2 号接头击穿接地烧弧起火烧毁同隧道内 3 回 66kV 电缆线路；国网重庆电力共沟低压电源起火导致 4 回 110kV 电缆线路紧急停电避险；国网江西电力因拾荒人员焚烧的垃圾掉入电缆沟盖板缝隙烧损 2 回 110kV 电缆线路。

通常电缆的防火阻燃应采取下列措施：①采用耐火或阻燃型电缆；②设置报警和灭火装置；③防火重点部位的出入口，应设置防火门或防火卷帘；④改、扩建工程施工中，对于贯穿已运行的电缆孔洞、阻火墙，应及时恢复封堵。⑤电缆接头应加装防火槽盒；⑥变电站夹层宜安装温度、烟气监视报警器，重要的电缆隧道应安装温度在线监测装置；⑦通道路径应避开火灾爆炸危险区，电缆通道临近易燃管线时，应加强监视；⑧电缆通道中宜设置防火墙或防火隔断，电缆竖井中应分层设置防火隔离板；电缆通道与变电站和重要用户的接合处应设置防火隔断；⑨电缆夹层、电缆隧道宜设置火情监测报警系统和排烟通风设施；⑩采用排管、电缆沟、隧道、桥梁及桥架敷设的阻燃电缆，其成束阻燃性等级应不低于 C 类；⑪运检单位对电缆通道临近易燃易爆管线、加油站情况进行排查，与相关单位对接，建立隐患台账，对电缆通道采取差异化管控措施。

2. 防外力破坏

输电电缆线路外力破坏是人们有意或无意造成的线路部件的非正常状态，毁坏电缆线路设备及其附属设施、蓄意制造事故、盗窃电缆线路器材、工作疏忽大意或不清楚电力知识引起的故障，如建筑施工、通道塌方、船舶锚泊等。

电缆线路外力破坏分为盗窃及蓄意破坏、施工（机械）破坏、塌方破坏、船舶锚损、异物短路、非法取（堆）土共 6 种类型。

可采取的预防措施有：①同一负载的双路或多路电缆，不宜布置在相邻位置。②运维单位对易发生外力破坏、偷盗的区域和处于洪水冲刷区易坍塌等区域内的电缆及通

道，应加强巡视，并采取针对性技术措施。③在下列地点电缆应有一定机械强度的保护管或加装保护罩：电缆进入建筑物、隧道、穿过楼板及墙壁处；从沟道引至铁塔（杆）、墙外表面或屋内行人容易接近处，距地面高度 2m 以下的一段保护管埋入非混凝土地面的深度应不小于 100mm；伸出建筑物散水坡的长度应不小于 250mm。保护罩根部不应高出地面。④对自然灾害频发和外力破坏严重区域，应采取差异化巡视策略，并制定有针对性的应急措施。⑤对盗窃易发地区的电缆及附属设施应采取防盗措施，加强巡视等措施。

3. 防水

电缆线路水患是指电缆线路由于规划设计施工不当、运行检修不到位、自然灾害等各种原因导致电缆及附件进水，或电缆隧道、综合管廊、工井、排管等电缆通道渗水、积水等威胁电缆安全稳定运行的隐患。

根据 GB 50108《地下工程防水技术规范》，地下工程防水等级标准应符合表 8-2 的规定。

表 8-2 地下工程防水等级标准

防水等级	防水标准
一级	不允许渗水，结构表面无湿渍
二级	不允许渗水，结构表面可有少量湿渍。 湿渍总面积不应大于总防水面积的 0.2%；任意 100m² 防水面积上的湿渍不超过 3 处，单个湿渍的最大面积不大于 0.2m²；其中，隧道工程平均渗水量不大于 0.05L/(m²d)，任意 100m² 防水面积上的渗水量不应大于 0.15L/(m²d)
三级	有少量漏水点不得有线流和漏泥沙。 任意 100m² 防水面积上的漏水或湿渍点数不超过 7 处，单个漏水点的最大漏水量不大于 2.5L/d，单个湿渍的最大面积不大于 0.3m²
四级	有漏水点，不得有线流和漏泥沙。 整个工程平均漏水量不大于 2L/(m²d)，任意 100m² 防水面积上的平均漏量不大于 4L/(m²d)

电缆线路进水主要可以分为电缆本体及附件进水和电缆通道进水。

电缆本体及附件主要包括电缆本体进水、电缆接地系统进水、电缆中间接头进水、电缆终端进水和电缆线路避雷器进水五类。以上电缆水患的危害主要是进水后，造成电缆及附件等设备的性能受到损坏，进而影响电网安全稳定和用户的可靠供电。

电缆通道主要有电缆隧道、电缆沟、工作井、排管等几种形式，这些通道易产生积水隐患。电缆通道中积水，使电缆及其附件和监测系统浸泡在水中，可能产生的直接危害：

（1）使电缆通道的电源系统进水，会使运检人员产生触电危险，影响排水、通风及监控设备的正常使用。

（2）电缆本体浸没在水中运行，使电缆防护外套防护性能下降。

（3）使电缆排水、通风、监测系统，特别是其中的电子设备进水，影响这些系统正常使用。

（4）通道中的接地装置、支架等金属部件在水中运行会产生锈蚀，使接地电阻增大，金属支架性能降低。

（5）电缆通道长期积水，可能进而产生腐质物分解产生沼气，危害运检人员人身安全，还可能发生爆炸、火灾等严重情况。

（6）不利于电缆施工、运行、检修、测试等工作的开展，降低工作效率，增加工作成本。

可采取的预防措施有：①有防水要求的电缆应有纵向和径向阻水措施；电缆接头的防水应采用铜套，必要时可增加玻璃钢防水外壳；②重点变电站的出线管口、重点线路的易积水段定期组织排水或加装水位监控和自动排水装置；③电缆通道采用钢筋混凝土型式时，其伸缩（变形）缝应满足密封、防渗漏、适应变形、施工方便、检修容易等要求，施工缝、穿墙管、预留孔等细部结构应采取相应的止水、防渗漏措施；④电力隧道应有不小于0.5%的纵向排水坡度，沿排水方向适当距离设置集水井，电缆隧道底部应有流水沟，必要时设置排水泵，排水泵应有自动启停装置。

4. 防有害气体

高压电缆一般敷设在电缆隧道、工作井、电缆沟、排管等构筑物内，这些构筑物都属于有限空间，平时自然通风不良，人员出入极少，长期运行会产生有害气体。这些有害气体的存在对高压电缆运维人员构成了巨大的威胁。

由于高压电缆敷设在隧道、工作井等有限空间，长期自然通风不畅，长期运行后会导致空气中的各种气体含量发生变化。空气含量发生变化的主要原因有：

（1）地下渗漏：大量植物沉积埋藏在地下深处，在缺氧情况下经地层高温高压的作用下在进入煤的变质碳化过程中会产生的气体，其中主要成分是俗称沼气的甲烷、二氧化碳、一氧化碳、氮、重烃及其化合物。

（2）淤泥分解：在雨季，雨水会夹杂着泥土、垃圾等通过电缆通道上的窨井盖或者裂缝流入电缆构筑物中，若不及时处理，泥土越积越多最终形成淤泥。淤泥里面有很多腐烂了的有机质，由于淤泥中缺少氧气，淤泥里的微生物多是厌氧微生物，有机质在腐烂和被这些微生物分解时会产生沼气。

（3）电缆火灾：高压电缆组成成分中包含众多有机化合物，高压电缆主绝缘材料主要使用交联聚乙烯，外壳套主要由塑料、橡胶两大类有机化合物组成，在铝护套和外护套之间还存在电缆沥青成分，当电缆发生火灾或者击穿爆炸时，这些有机物会发生燃烧。燃烧时挥发物将进一步热氧化降解，产生更易燃烧的小分子可燃物。燃烧生成大量的热，并生成一系列的燃烧产物从燃烧区释放出来，这些产物有 H_2O、CO_2、烟和有毒气体（黑色颗粒、CO、HCl、HCN 和 SO_2 等）。

从气体可能产生的危险的角度上讲，有害气体一般可划分为以下三类：

（1）可燃气体：可能引起爆炸、燃烧的可燃性气体，如天然气、瓦斯等。

（2）有毒气体：可能引起人员中毒的无机和有机有毒气体，如一氧化碳等。

（3）窒息气体：可能由于存在量过大而引起氧气不足，造成人员窒息的气体，如二氧化碳等。

可采取的预防措施有：①现场作业严格执行"先通风、再检测、后作业"的基本要

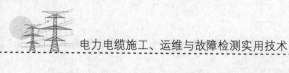

求，对有限空间作业采取防气体伤害措施；②有限空间的作业场所空气中的含氧量应满足地方政府安监部门的要求，有毒有害、可燃气体含量应符合其规定。作业过程中，要采取措施，保持有限空间空气良好流通，严禁使用氧气进行置换作业；③有限空间内气体含量检测主要包括氧气、一氧化碳、硫化氢、可燃性气体等。运检单位应配符合国家标准要求的检测设备，并明确保管专责人员和工作职责，建立台账和日常维护记录，按规定定期进行检验、维护；④各运检单位及时消除有限空间气体伤害隐患，进行通风改造或实时监测。

第九章

电力电缆相关作业指导书

第一节　0.6/1kV 电力电缆终端（中间）头制作作业指导书

1　适用范围

本指导书适用于 0.6/1kV 电力电缆终端（中间）头制作作业。

2　相关引用文件

- 《电力电缆线路运行规程》　Q/GDW 512—2010
- 《国家电网公司电力安全工作规程（线路部分)》

3　天气条件及作业现场要求

(1) 施工现场的环境温度应在 0℃以上，相对湿度在 70% 以下。

(2) 终端头施工现场应整洁，周围的空气不应含有粉尘或腐蚀性气体。

(3) 户外施工时应避免在潮湿和大风天进行，必要时应采取搭帆布篷等防尘、防潮措施。

(4) 电缆剖开后的工作，必须在短时间内连续进行，严禁电缆绝缘长时间暴露在空气中。

4　作业人员

工作负责人 1 人，工作班成员 4 人，需工时 1 天。要求了解电力生产的基本过程以及电力设备的原理及结构，熟悉相关检修技能，掌握现行的安规和工作现场的有关安全规定。工作负责人应通过年度安规考试并获得公司安监部认可，有较强的责任心和安全意识，并熟练地掌握所承担的工作项目和质量标准，应了解整个工程的施工概况、施工范围、线路走向、敷设方式、电缆规格、接头位置和数量以及施工期限等。工作班成员应通过年度安规考试；学徒工、实习人员、临时工，必须经过安全教育后，方可在师傅的指导下参加指定的工作；电焊工应持证上岗。学会触电急救法等紧急救护法。

5　主要设备及工器具

主要设备及工器具参见表 9-1。

表 9-1   工器具材料清册

序号	工具名称	规 格	单位	数量	备 注
1	0.6/1kV 电缆终端头		套	1	
2	液化气喷枪		套	1	
3	铁皮剪		把	1	
4	压接钳		套	1	
5	黄绿红三色 PVC 胶带		盘	3	各一盘
6	短路接地线		组	2	带绝缘棒
7	绝缘电阻表	500V 或 1000V	块	1	
8	高低压验电笔		只	2	各1只
9	施工标示牌		套	1	
10	锯弓		把	1	
11	万用表		块	1	
12	橡胶自粘带		套	3	

6 作业程序及质量要求

作业程序及质量要求见表 9-2。

表 9-2   作业程序及质量要求

序号	作 业 程 序	质 量 要 求	安全注意事项
1	**施工前的准备工作**		
1.1	工作负责人接受任务，熟知工作现场情况	所派工作负责人应熟悉工作现场情况，业务素质和精神状态良好，胜任该项工作	
1.2	召开班前会交代工作任务，人员分工，学习该作业项目标准化作业指导书，分析作业过程中存在的危险点		根据工作任务分工，每个人都要清楚自己如何进行作业，作业范围内存在的危险点及预控措施
1.3	需要停电工作的办理第一种工作票，不需要停电工作的办理第二种工作票	工作负责人必须到工作现场提前查看	工区及班组应严格把关，严禁无票或趁票作业
1.4	准备工作 准备好施工用的工器具、材料	准备施工工器具、材料必须由工作负责人和工作班成员共同参与。根据表9-1，结合实际补充，装车前进行认真检查和清点	不合格的工器具、材料、仪器、仪表不能带入工作现场

序号	作 业 程 序	质 量 要 求	安 全 注 意 事 项
1.5	开工前的交代与准备 1. 向全体工作人员宣读工作票的内容及注意事项 2. 任务分配及危险点分析 3. 准备完毕，工作负责人宣布开工	工作人员不齐不得宣读工作票。宣读工作票时，不在场的工作人员不得参加该项工作	1. 每个工作人员必须在场聆听，不清楚之处及时向工作负责人提问 2. 工作负责人必须向每一位工作人员交代清楚安全措施和安全注意事项及本次工作的危险点
2	**终端头制作**		
2.1	工作人员在施工现场作安全措施和准备工作 1. 在工作地点四周布置安全遮栏，安全文明生产警告牌向外展示 2. 清理做头施工现场 3. 将需要做头的电缆一端掰直，位置摆放好 4. 将做头需要的材料、工器具运至工作人员拿取方便的地方		
2.2	用 500V 或 1000V 绝缘电阻表对整条电缆进行绝缘检查		检查完电缆绝缘后，应在电缆线芯上接地放电，以防伤人
2.3	剥切电缆外护套 将电缆置于最终位置，擦洗干净电缆末端，按照实际需要长度从末端向电缆本体割一环型深痕，剥去外护套	剥切电缆外护套要严格按照生产实际要求的尺寸进行	用刀要稳，防止刀伤自己和他人
2.4	锯钢甲 距离外护套 20mm 处用细铁扎丝将电缆钢甲绑扎住，然后用钢锯切除电缆钢甲	锯钢甲时，锯痕不能超过钢甲厚度的 2/3，以免锯伤线芯	切除电缆钢甲后，不得留有锋利的毛边和钢甲尖，以免伤人
2.5	割除填充物，分开线芯		
2.6	包绕填充胶 用电缆填充胶填充并绕包分支处，使其外观呈橄榄状	绕包后的外径大于电缆本体 15mm	
2.7	套分支手套 1. 把分支手套套至电缆根部 2. 用布条勒住支分叉处向下用力拉 3. 用液化气喷枪加热固定	1. 保证三支分叉处与电缆线芯根部尽量靠紧 2. 应由外径最大处分别向两端加热，以便于气体的排出	

239

续表

序号	作 业 程 序	质 量 要 求	安全注意事项
2.8	安装接线端子（中间连接管） 　1. 结合现场实际条件确定引线长度 　2. 按接线端子孔深加 5mm 的尺寸切除电缆线芯顶部主绝缘 　3. 压接线端子	接线端子压接时要使用与线芯截面配套的模具，并确保压接到位，线端子压接后，如有毛刺，及时用板锉或砂纸打磨平	用刀要稳，防止刀伤自己和他人
2.9	安装密封管 　1. 套入密封管 　2. 加热收缩固定	加热收缩固定时，要按照从线芯端部向下的方向加热	
2.10	安装相色管 　1. 核对电缆两端相序 　2. 套入相色管 　3. 加热收缩固定	收缩时火焰要均匀	
3	**结尾工作**		
3.1	整理现场 　1. 整理工具和剩余材料 　2. 打扫施工现场卫生	仔细检查，确保无遗留杂物，清点工具	全体工作人员共同检查拆除所有地线和临时性安全措施，并确保相序无误
3.2	工作负责人自检 　1. 工作负责人全面检查工作完成情况 　2. 请运行值班人员到现场验收 　3. 向调度汇报并结束该工作票		
3.3	回到班内总结经验，做好记录	作为档案日后备查和一项制度坚持下来	

7 作业安全重点注意事项

（1）检查完电缆绝缘后，在电缆的接线端子（中间连接管）上挂短路接地线，对电缆进行充分放电。

（2）用绝缘电阻表测绝缘电阻时，要呼唱，避免电击伤人。

（3）调节喷枪火焰温度 110~120℃，将火焰调节为黄色柔和状，谨防高温蓝色火焰，以免烧伤热缩材料；喷枪在使用时应谨慎，防止烧伤他人或自己。火焰可能涉及的区域，禁止摆放易燃品，防止火灾事故的发生。

（4）终端（中间）头制作完毕后，应检查电缆两端的相位。

8 质量记录

0.6/1kV 电力电缆终端（中间）头制作记录。

第二节 10kV 电缆热缩终端头制作作业指导书

1 适用范围

本指导书适用于 10kV 交联及油浸电缆热缩式终端头制作作业。

2 相关引用文件

- 《电力电缆线路运行规程》 Q/GDW 512—2010
- 《电力设备预防性试验标准》 DL/T 596—2015
- 《国家电网公司电力安全工作规程（线路部分）》

3 天气条件及作业现场要求

(1) 施工现场的环境温度应在 0℃ 以上，相对湿度在 70% 以下。

(2) 周围的空气不应含有粉尘或腐蚀性气体。

(3) 户外施工时应避免在潮湿和大风天进行，必要时应采取搭帆布篷等防尘、防潮措施。电缆剖开后的工作，必须在短时间内连续进行，严禁电缆绝缘长时间暴露在空气中。

4 作业人员

工作负责人 1 人，工作班成员 2~4 人，需工时 1 天。要求了解电力生产的基本过程以及电力设备的原理及结构，熟悉相关检修技能，掌握现行的安规和工作现场的有关安全规定。工作负责人应通过年度安规考试并获得公司安监部认可，有较强的责任心和安全意识，并熟练地掌握所承担的工作项目和质量标准；工作班成员应通过年度安规考试；学徒工、实习人员、临时工，必须经过安全教育后，方可在师傅的指导下参加指定的工作；电焊工应持证上岗。学会触电急救法等紧急救护法。

5 主要设备及工器具

主要设备及工器具参见表 9-3。

表 9-3 工器具材料清册

序号	工 具 名 称	规 格	单 位	数 量	备 注
1	10kV 三芯交联电缆热缩式户外终端头		套	1	
2	液化气喷枪		套	1	
3	电烙铁	150W	把	1	

(续)

序号	工 具 名 称	规 格	单 位	数 量	备 注
4	铁皮剪		把	1	
5	压接钳		套	1	
6	焊锡膏		盒	1	
7	焊锡丝		卷	1	
8	黄绿红三色PVC胶带		盘	3	各一盘
9	直流高压试验器		套	1	
10	放电棒		个	1	
11	试验电源线		m	100	
12	试验用小型配电盘		个	1	
13	短路接地线		组	2	带绝缘棒
14	绝缘电阻表	2500V	块	1	
15	高低压验电笔		只	2	各1只
16	万用表		块	1	

6 作业程序及质量要求

作业程序及质量要求见表9-4。

表9-4　　　　　　　　　　　　作业程序及质量要求

序号	作 业 程 序	质量要求	安全注意事项
1	**施工前的准备工作**		
1.1	准备工作 1. 准备好施工用的工器具、材料等 2. 填写工作票		1. 不合格的工器具、材料不能带入工作现场 2. 严格按照《工作票填写管理规定》执行
1.2	工作许可制度 1. 工作负责人按有关规定办理工作票 2. 履行工作许可和开工手续		1. 未办理好工作票，工作人员不得进入工作现场 2. 工作负责人和工作许可人一同检查现场安全措施应和工作票一致，遮栏、标示牌应正确、清楚，无问题后双方签名
1.3	开工前的交代与准备 1. 工作负责人向全体工作人员宣读工作票的内容及注意事项 2. 任务分配及危险点分析		1. 每个人都应清楚工作范围、周围带电部位等事项 2. 每个人都清楚本项工作程序步骤及危险点控制方法

242

续表

序号	作　业　程　序	质　量　要　求	安　全　注　意　事　项
1.4	布置工作现场 1. 布置安全遮栏和安全警告牌 2. 摆放工器具和材料		1. 安全遮栏和安全警告牌的摆放要醒目，且给施工工作留有足够的活动范围 2. 工器具安装应有序、整齐，不妨碍交通。终端头等绝缘材料应放在清洁、干燥的地方。搬运时应防止碰伤设备
2	**电缆终端头制作前试验**	遵循 10kV 交联电缆高压试验作业指导书关于电缆交接试验的规定	
3	**电缆终端头的制作**		
3.1	剥切电缆外护套 1. 将电缆置于最终位置，擦洗干净末端 1m 范围内的电缆外护套 2. 一端电缆从末端向电缆本体量取 750mm 割一环型深痕，剥去外护套	剥切外护套时，要保证外护套被切割的边缘整齐	用刀要稳，防止刀伤自己和他人
3.2	锯钢甲 距离外护套 30mm 处用细铁扎丝将电缆钢甲绑扎住，然后用钢锯切除电缆钢甲	锯钢甲时，锯痕不能超过钢甲厚度的 2/3，以免锯伤内护套	切除电缆钢甲后，不得留有锋利的毛边和钢甲尖，以免伤人
3.3	剥内护套 1. 距离电缆钢甲 20mm 处割一环型深痕，剥除电缆的内护套 2. 在线芯顶部绕包 PVC 胶带，将铜屏蔽带固定 3. 割除填充物，分开线芯	1. 剥除内护套时，刀痕不能超过内护套厚度的 2/3，以免伤及铜屏蔽 2. 切断填充料时，刀刃要向外，避免伤及铜屏蔽	用刀要稳，防止刀伤自己和他人
3.4	焊接地线 1. 将镀锡编织铜接地线拆开分为三股，重新编织 2. 将重新编织好的接地线分别缠绕在各相 3. 用细铜丝将地线扎在钢甲上并焊牢 4. 将接地线与各相铜屏蔽带焊牢	1. 拆分的三股要均匀 2. 接地线的防潮段的锡要填满编织线的空隙长约 20mm，形成防潮段，以防止水汽沿接地线空隙渗入电缆头内部 3. 接地线与铜屏蔽焊接时，时间不可过长，以免烧坏主绝缘	进行焊接工作时，高温中的烙铁使用和放置时都要注意使烙铁端部与人和其他工具材料保持一定的距离，以防烫伤人和烫坏工具材料

续表

序号	作 业 程 序	质 量 要 求	安全注意事项
3.5	包绕填充胶 用电缆填充胶填充并绕包三芯分支处，使其外观呈橄榄状，并将电缆地线包在其中	绕包后的外径大于电缆本体 15mm	
3.6	套分支手套 1. 把分支手套套至电缆根部 2. 用布条勒住三支分岔处向下用力拉 3. 用液化气喷枪加热固定	1. 保证三支分岔处与电缆线芯根部尽量靠紧 2. 应由外径最大处分别向两端加热，以便于气体的排出	
3.7	剥切铜屏蔽 由分支套端口往上留 55mm 的铜屏蔽带，其余的切除	剥切铜屏蔽时，刀痕不可过深，以免伤及半导电屏蔽层，铜屏蔽被切断处要保持断面平整，无毛刺	用刀要稳，防止刀伤自己和他人
3.8	剥切半导电层 铜屏蔽带端口往上留 20mm 的半导电层，割一环型深痕，其余的半导电层全部剥除	剥除半导电屏蔽层时，刀痕不能超过半导电层厚度的 2/3，以免伤及主绝缘	用刀要稳，防止刀伤自己和他人
3.9	安装应力管 1. 用清洁纸擦拭清洁绝缘表面和铜屏蔽层表面 2. 套入应力管，搭接铜屏蔽 20mm 3. 加热收缩固定应力管	1. 擦拭时要按照从线芯端部到三岔口的方向，勿使溶剂触及半导电屏蔽层，确保绝缘表面无碳迹 2. 应从三岔根部开始向上均匀收缩	
3.10	安装绝缘管 1. 待应力管冷却后，再次用专用清洗剂清洗电缆主绝缘 2. 套入主绝缘套管至三岔根部 3. 加热收缩固定	1. 擦拭时要按照从线芯端部到三岔口的方向，勿使溶剂触及半导电屏蔽层，确保绝缘表面无碳迹 2. 应从三岔根部开始向上均匀收缩	
3.11	安装接线端子 1. 结合现场实际条件确定引线长度 2. 按接线端子孔深加 5mm 的尺寸切除电缆顶部主绝缘，端部削成"铅笔头"状 3. 压接线端子	1. 削铅笔头时，用刀要注意不能伤着线芯导体 2. 接线端子压接时要使用与线芯截面配套的模具，并确保压接到位，接线端子压接后，如有毛刺，及时用板锉或砂纸打磨平	用刀要稳，防止刀伤自己和他人

序号	作 业 程 序	质 量 要 求	安全注意事项
3.12	安装密封管 1. 用填充胶填充绝缘与接线端子之间的空隙和接线端子上的压坑 2. 套入密封管 3. 加热收缩固定	1. 填充胶与绝缘层和接线端子均匀搭接 10mm 左右，并使其平滑 2. 加热收缩固定时，要按照从线芯端部向下的方向加热	
3.13	安装防雨裙（户内终端头无此项内容） 1. 套入三孔防雨裙 2. 加热收缩固定 3. 套入第二层防雨裙 4. 加热收缩固定 5. 套入第三层防雨裙 6. 加热收缩固定	1. 上端口距三岔根部 100mm 2. 加热收缩时，要有人用螺丝刀等工具协助扶定防雨裙，保证其被收缩固定在正确的位置 3. 裙上端口距三孔防雨裙上端口 170mm 4. 裙上端口距第二层防雨上端口 60mm	
3.14	安装相色管 1. 核对电缆两端相序 2. 套入相色管 3. 加热收缩固定	收缩时火焰要均匀	
4	**电缆终端头制作后试验**	应遵循 10kV 交联电缆高压试验作业指导书关于电缆交接试验的规定。试验合格后，要再次核对电缆两端相序	
5	**结尾工作**		
5.1	拆除由本班负责加装的接地线和临时性安全措施		工作负责人要再次检查应拆除的地线和临时性安全措施
5.2	整理现场 1. 整理工具和剩余材料 2. 封电缆余留坑 3. 打扫施工现场卫生	1. 仔细检查，确保无遗留杂物，清点工具 2. 回填电缆余留坑内土时要夯实	
5.3	工作负责人自检 1. 工作负责人全面检查工作完成情况 2. 对照作业指导书核对各项工作完成情况 3. 如实填写一次设备检修记录		

续表

序号	作 业 程 序	质 量 要 求	安全注意事项
5.4	运行人员验收，验收结束后，清理现场，检修人员全部撤离工作现场		
5.5	办理工作票终结手续		
5.6	回到班内总结经验，做好记录	作为档案日后备查和一项制度坚持下来	

7 作业安全重点注意事项

（1）施工工具及试验设备应齐全、规范；放电棒必须合格、试验用电源线绝缘应完好。

（2）检查完电缆绝缘后，在户内端的接线端子（线鼻子）上挂短路接地线，对电缆进行充分放电。

（3）用绝缘电阻表测绝缘电阻时，要呼唱，避免电击伤人。

（4）调节喷枪火焰温度110～120℃，将火焰调节为黄色柔和状，谨防高温蓝色火焰，以免烧伤热缩材料；喷枪在使用时应谨慎，防止烧伤他人或自己。火焰可能涉及的区域，禁止摆放易燃品，防止火灾事故的发生。

（5）终端头制作完毕后，应检查电缆两端的相位。

（6）吊装时，终端头上要拴留绳，避免终端头主绝缘勒伤和擦伤，与线路连接时避免终端头分支套受伤。

8 质量记录

10kV三芯交联电缆热缩式户外终端头安装记录。

第三节　10kV电缆热缩中间头制作作业指导书

1 适用范围

本指导书适用于10kV三芯交联及油浸电缆热缩式中间接头制作作业。

2 相关引用文件

- 《电力电缆线路运行规程》　　Q/GDW 512—2010
- 《电力设备预防性试验标准》　　DL/T 596—2015
- 《国家电网公司电力安全工作规程（线路部分）》

3 天气条件及作业现场要求

（1）施工现场的环境温度应在0℃以上，相对湿度在70%以下。

（2）周围的空气不应含有粉尘或腐蚀性气体。

（3）户外施工时应避免在潮湿和大风天进行，必要时应采取搭帆布篷等防尘、防潮措施。电缆剖开后的工作，必须在短时间内连续进行，严禁电缆绝缘长时间暴露在空气中。

4　作业人员

工作负责人1人，工作班成员4～5人，需工时1天。要求了解电力生产的基本过程以及电力设备的原理及结构，熟悉相关检修技能，掌握现行的安规和工作现场的有关安全规定。工作负责人应通过年度安规考试并获得公司安监部认可，有较强的责任心和安全意识，并熟练地掌握所承担的工作项目和质量标准；工作班成员应通过年度安规考试；学徒工、实习人员、临时工，必须经过安全教育后，方可在师傅的指导下参加指定的工作；电焊工应持证上岗。学会触电急救法等紧急救护法。

5　主要设备及工器具

主要设备及工器具参见表9-5。

表9-5　　　　　　　　　　工器具材料清册

序号	工　具　名　称	规　格	单位	数　量	备　注
1	10kV三芯交联电缆热缩式中间接头		套	1	
2	液化气喷枪		套	1	
3	电烙铁	150W	把	1	
4	铁皮剪		把	1	
5	压接钳		套	1	
6	焊锡膏		盒	1	
7	焊锡丝		卷	1	
8	黄绿红三色PVC胶带		盘	3	各一盘
9	直流高压试验器		套	1	
10	放电棒		个	1	
11	试验电源线		m	100	
12	试验用小型配电盘		个	1	
13	短路接地线		组	2	带绝缘棒
14	绝缘电阻表	2500V	块	1	
15	高低压验电笔		只	2	各1只
16	万用表		块	1	

6 作业程序及质量要求

作业程序及质量要求见表 9-6。

表 9-6 作业程序及质量要求

序号	作 业 程 序	质 量 要 求	安 全 注 意 事 项
1	**施工前的准备工作**		
1.1	准备工作 1. 准备好施工用的工器具、材料等 2. 填写工作票		1. 不合格的工器具、材料不能带入工作现场 2. 严格按照《工作票填写管理规定》执行
1.2	工作许可制度 1. 工作负责人按有关规定办理工作票 2. 履行工作许可和开工手续		1. 未办理好工作票，工作人员不得进入工作现场 2. 工作负责人和工作许可人一同检查现场安全措施应和工作票一致，遮栏、标示牌应正确、清楚，无问题后双方签名
1.3	开工前的交代与准备 1. 工作负责人向全体工作人员宣读工作票的内容及注意事项 2. 任务分配及危险点分析		1. 每个人都应清楚工作范围、周围带电部位等事项 2. 每个人都清楚本项工作程序步骤及危险点控制方法
1.4	布置工作现场 1. 布置安全遮栏和安全警告牌 2. 摆放工器具和材料		1. 安全遮栏和安全警告牌的摆放要醒目，且给施工工作留有足够的活动范围 2. 工器具安置应有序、整齐，不妨碍交通，中间接头等绝缘材料应放在清洁、干燥的地方，搬运时应防止碰伤设备
2	**电缆中间接头制作前试验**	应遵循 10kV 电缆试验作业指导书关于电缆交接试验的规定	
3	**电缆中间接头的制作**		
3.1	确定接头中心位置 1. 将电缆顺直，按所需尺寸确定接头中心位置 2. 量好接头中心，留交叉电缆 200mm，多余锯去	锯断电缆时要保证锯缝垂直，线芯锯齐	锯割电缆时应戴手套，以防跑锯伤及扶电缆的左手
3.2	剥切电缆外护套 1. 擦洗干净两端各 2m 范围内的电缆外护套 2. 一端电缆从末端向电缆本体量取 800mm 割一环型深痕，剥去外护套；另一端电缆从末端向电缆本体量取 600mm 割一环型深痕，剥去外护套	剥切外护套时，要保证外护套被切割的边缘整齐。剥切电缆外护套要严格按照生产厂家提供的工艺要求的尺寸进行	用刀要稳，防止刀伤自己和他人

248

续表

序号	作 业 程 序	质 量 要 求	安全注意事项
3.3	锯钢甲 　　距离外护套 30mm 处用细铁扎丝将电缆钢甲绑扎住，然后用钢锯切除电缆钢甲	锯钢甲时，锯痕深度应为钢甲厚度的 2/3	切除电缆钢甲后，不得留有锋利的毛边和钢甲尖，以免伤人
3.4	剥内护套 　　1. 距离电缆钢甲 20mm 处割一环型深痕，剥除电缆的内护套 　　2. 在线芯顶部绕包 PVC 胶带，将铜屏蔽带固定 　　3. 割除填充物，分开线芯	1. 剥除内护套时，刀痕深度应为内护套厚度的 2/3 　　2. 切断填充料时，刀刃要向外，避免伤及铜屏蔽	用刀要稳，防止刀伤自己和他人
3.5	剥铜屏蔽层 　　按厂家说明书要求尺寸在两侧量取铜屏蔽层，其余剥除	剥切铜屏蔽时，刀痕不可过深，以免伤及半导电屏蔽层，铜屏蔽被切断处要保持断面平整，无毛刺	用刀要稳，防止刀伤自己和他人
3.6	剥切半导电层 　　铜屏蔽带端口往上留 20mm 的半导电层，割一环型深痕，其余的半导电层全部剥除	剥除半导电屏蔽层时，刀痕不能超过半导电层厚度的 2/3，以免伤及主绝缘	用刀要稳，防止刀伤自己和他人
3.7	套管工作 　　1. 将两根护套管分别套入两侧护套上 　　2. 将三组内外绝缘管及外导电管套在长端的线芯上 　　3. 三根内导电管及铜网套在另一端短线芯上	套管工作结束后要仔细检查剩余材料中有无遗漏需要套入的管材	
3.8	安装连接管 　　1. 核对电缆两端相序 　　2. 按连接管深 1/2 加 5mm 剥去线芯绝缘，端部削成"铅笔头"状 　　3. 压接连接管	1. 削铅笔头时，用刀要注意不能伤着线芯导体 　　2. 接线端子压接时要使用与线芯截面配套的模具，并确保压接到位；压接时，一端先压两点，另一端再压两点，后压中间两点，压点坑应用锡箔纸填平。线端子压接后，如有毛刺，及时用板锉或砂纸打磨平	用刀要稳，防止刀伤自己和他人
3.9	内导电管的安装 　　1. 用半导电胶带填充压坑和间隙，并包绕使其平滑过渡 　　2. 从一端拉出内导电管置正中加热收缩	加热收缩时，调节喷枪火焰温度 110～120℃，将火焰调节为黄色柔和状，谨防高温蓝色火焰，以免烧伤热缩材料	

序号	作 业 程 序	质 量 要 求	安全注意事项
3.10	应力管的安装 1. 从半导电末端起整个绝缘表面均匀沫一层硅脂膏，切勿涂到半导电屏蔽层上 2. 然后在屏蔽端部用应力管加热收缩压半导电屏蔽层 20mm	加热收缩时，调节喷枪火焰温度 110～120℃，将火焰调节为黄色柔和状，谨防高温蓝色火焰，以免烧伤热缩材料	
3.11	附件绝缘和端部密封处理 1. 从一端拉出内绝缘管，置于正中缓慢加热收缩 2. 用自粘胶带在两层绝缘管端部进行绕包，使之平滑过渡	加热收缩时，调节喷枪火焰温度 110～120℃，将火焰调节为黄色柔和状，谨防高温蓝色火焰，以免烧伤热缩材料	
3.12	屏蔽处理 1. 将外导电管置于正中，加热收缩 2. 在导电管两端用半导电胶带绕包 3. 将铜网与两端铜屏蔽带搭接焊牢	铜网与铜屏蔽焊接时，时间不可过长，以免烧坏主绝缘	
3.13	焊接地线 缠绕接地线在两端与钢铠焊接牢固，清洁两端护套	接地线的防潮段的锡要填满编织线的空隙长约 20mm，形成防潮段。以防止水汽沿接地线空隙渗入电缆头内部	进行焊接工作时，高温中的烙铁使用和放置都要注意使烙铁端部与人和其他工具材料保持一定的距离，以防烫伤人和烫坏工具材料
3.14	恢复外护套 1. 在一端护套端部绕包热熔胶带，拉出护套管置于热熔胶带上加热收缩 2. 清洁已收缩护套管的另一端，按同样方法处理另一端，在两端和护套中间搭接处，用自粘胶带缠绕包扎，以加强密封	一定要保证热熔胶的两个接触面清洁无灰尘，这样才能保证良好的密封性和耐久性	
3.15	清洁接头表面 接头安装完毕待冷却后，用清洁剂清洁表面炭黑		
4	**电缆中间接头制作后试验**	应遵循 10kV 电缆试验作业指导书关于电缆交接试验的规定。试验合格后，要再次核对电缆两端相序	

续表

序号	作 业 程 序	质 量 要 求	安 全 注 意 事 项
5	**结尾工作**		
5.1	拆除由本班负责加装的接地线和临时性安全措施		工作负责人要再次检查应拆除的地线和临时性安全措施
5.2	整理现场 1. 整理工具和剩余材料 2. 封电缆余留坑 3. 打扫施工现场卫生	1. 仔细检查，确保无遗留杂物，清点工具 2. 回填电缆余留坑内土时要夯实	
5.3	工作负责人自检 1. 工作负责人全面检查工作完成情况 2. 对照作业指导书核对各项工作完成情况 3. 如实填写一次设备检修记录		
5.4	运行人员验收，验收结束后，清理现场，检修人员全部撤离工作现场		
5.5	办理工作票终结手续		
5.6	回到班内总结经验，做好记录	作为档案日后备查和一项制度坚持下来	

7 作业安全重点注意事项

（1）施工工具及试验设备应齐全、规范；放电棒必须合格、试验用电源线绝缘应完好。

（2）检查完电缆绝缘后，在户内端的接线端子（线鼻子）上挂短路接地线，对电缆进行充分放电。

（3）用绝缘电阻表测绝缘电阻时，要呼唱，避免电击伤人。

（4）调节喷枪火焰温度 110～120℃，将火焰调节为黄色柔和状，谨防高温蓝色火焰，以免烧伤热缩材料；喷枪在使用时应谨慎，防止烧伤他人或自己。火焰可能涉及的区域，禁止摆放易燃品，防止火灾事故的发生。

（5）中间接头制作完毕后，应检查电缆两端的相位。

（6）中间接头制作完毕后，应平稳地摆放于电缆支架上，必要时可在接头下垫块木板。

（7）中间接头施工地段的电缆沟两侧，要留有走道，防止施工人员沿沟边通过时失足掉落。

8 质量记录

10kV 三芯交联电缆热缩式中间接头安装记录。

第四节　10kV 电力电缆敷设作业指导书

1 适用范围

本指导书适用于 10kV 电力电缆敷设作业。

2 相关引用文件

- 《电力电缆线路运行规程》 Q/GDW 512—2010
- 《电力设备预防性试验标准》 DL/T 596—2015
- 《国家电网公司电力安全工作规程（线路部分）》

3 天气条件及作业现场要求

（1）施工现场的环境温度应在0℃以上。
（2）户外施工时应避免在雨、雪和大风天进行。

4 作业人员

工作负责人1人，工作班成员5人以上，工人数依据敷设电缆的具体长度而定，至少需工时1天。要求了解电力生产的基本过程以及电力设备的原理及结构，熟悉相关检修技能，掌握现行的安规和工作现场的有关安全规定。工作负责人应通过年度安规考试并获得公司安监部认可，有较强的责任心和安全意识，并熟练地掌握所承担的工作项目和质量标准，应了解整个工程的施工概况、施工范围、线路走向、敷设方式、电缆规格、接头位置和数量以及施工期限等。工作班成员应通过年度安规考试；学徒工、实习人员、临时工，必须经过安全教育后，方可在师傅的指导下参加指定的工作；电焊工应持证上岗。学会触电急救法等紧急救护法。

5 主要设备及工器具

主要设备及工器具参见表9-7。

表9-7 工器具材料清册

序号	工 具 名 称	规 格	单 位	数 量	备 注
1	汽车、吊车		套	1	
2	起吊用的对绳（钢丝绳）		对	1	
3	紧线器		对	1	
4	放线支架、放线杠		套	1	
5	用于电缆盘止动的大撬杠		根	2	
6	牵引头		套	1	
7	卷扬机		台	1	
8	钢丝绳		盘	1	
9	滑轮		只	50	
10	施工标示牌		套	1	
11	麻绳		条	3	
12	铁丝		m	50	

续表

序号	工 具 名 称	规 格	单 位	数 量	备 注
13	黄油		筒	1	
14	电缆封头		个	2	
15	液化气喷灯		套	1	

6　作业程序及质量要求

作业程序及质量要求见表 9-8。

表 9-8　　　　　　　　　　作业程序及质量要求

序号	作 业 程 序	质 量 要 求	安 全 注 意 事 项
1	**施工前的准备工作**		
1.1	办理好开工的依据 开工前应与市政、交警等部门事先取得联系，办理有关手续，以免影响工期		
1.2	制订施工计划 根据工程设计要求与现场施工条件相结合，制定出详细周全的施工计划和安全技术措施		
1.3	准备工作 1. 根据电缆敷设方式，准备好施工用的工器具、材料等 2. 填写工作票		1. 不合格的工器具、材料不能带入工作现场 2. 严格按照《工作票填写管理规定》执行
1.4	工作许可制度 1. 工作负责人按有关规定办理工作票 2. 履行工作许可和开工手续		1. 未办理好工作票，工作人员不得进入工作现场 2. 和工作许可人一同检查现场安全措施应和工作票一致，遮栏、标示牌应正确、清楚，无问题后双方签名
1.5	开工前的交代与准备 1. 工作负责人向全体工作人员宣读工作票的内容及注意事项 2. 任务分配及危险点分析		1. 每个人都应清楚工作范围、周围带电部位等事项 2. 每个人都清楚本项工作程序步骤及危险点控制方法
1.6	布置工作现场 1. 布置安全遮栏和安全警告牌 2. 摆放工器具和材料		1. 安全遮栏和安全警告牌的摆放要醒目，且给施工工作留有足够的活动范围 2. 工器具安置应有序、整齐不妨碍交通
1.7	电缆就位 将电缆盘吊运至电缆敷设起始地点，电缆盘中心对准电缆敷设中心	电缆运输过程中，应用紧线器或棕绳向四个不同方向拉紧	电缆吊卸时，吊车臂下严禁站人，并由现场起重工指挥

续表

序号	作 业 程 序	质 量 要 求	安全注意事项
1.8	为即将敷设的电缆清理路障 1. 掀沟盖板 2. 清理电缆沟 3. 打开防火墙、洞口	打开洞口后，在电缆穿入前要有专人看护，防止小动物由洞进入高压室	沟盖板要两人配合一齐掀，避免沟盖板掉入沟内砸伤沟内电缆；掀时，两人应相互呼应，以免砸伤手脚
2	**敷设电缆**		
2.1	人员位置安排 在电缆敷设中的关键部位安排一定数量有经验的工作人员，要求在电缆敷设中听从统一指挥		敷设电缆时，电缆盘前严禁站人
2.2	主要施工机具的放置 根据敷设方式和要求将主要施工用具放置完好（如：滑轮、卷扬机等）	滑轮的间距保持在3～5m	
2.3	施放电缆 1. 将电缆从盘上松下放在滑轮上 2. 用绳子扣住向前移动 3. 当电缆全部放在滑轮上后，逐段将电缆提起，移去滑轮，放在沟底（或支架上）	电缆与热力管道接近时的净距为2m 电缆与热力管道交叉时的净距为0.5m 10kV及以下的电缆与操作缆之间为0.1m 10kV及以下的电缆与其他缆之间为0.25m 电缆相互交叉最小允许净距为0.5m 电缆应从电缆盘上端引出（即顺出头方向），不能让电缆在地上拖拉	敷设电缆时应匀速；敷设时，不得踩踏及撬动其他运行电缆
2.4	检查电缆是否受伤，如发现缺陷应做好标记，待放线结束后予以修补		
3	**结尾工作**		
3.1	现场绘制电缆线路草图		
3.2	固定好电缆	在电缆拐弯处，要将电缆牢固地绑扎在支架上	
3.3	封堵洞口、防火墙、恢复沟盖板、电缆沟土回填	封堵洞口、防火墙时，必须有运行人员在场；回填电缆余留坑内土时要夯实	

254

续表

序号	作 业 程 序	质量要求	安全注意事项
3.4	整理现场 1. 整理工具和剩余材料 2. 打扫施工现场卫生	仔细检查，确保无遗留杂物，清点工具	
3.5	工作负责人自检 1. 工作负责人全面检查工作完成情况 2. 对照作业指导书核对各项工作完成情况 3. 如实填写一次设备检修记录		
3.6	运行人员验收，验收结束后，清理现场，检修人员全部撤离工作现场		
3.7	办理工作票终结手续		
3.8	回到班内总结经验，做好记录	作为档案日后备查和一项制度坚持下来	

7　作业安全重点注意事项

（1）施工现场应有明显标志，以示警告，并有专人在交通要道把守。夜间施工时必须挂示警信号灯。现场应做好防火措施。

（2）施放电缆中应注意刹车。

（3）电缆拖动时，严禁用手搬动电缆，严禁触摸滑轮，以防压伤。

（4）电缆牵引时，所有人员严禁在牵引内角停留，施工人员应站在安全位置，精神集中地听从统一指挥。

（5）建立准确、可靠的安全通信系统。

（6）敷设范围内如有其他运行电缆，施工时要切实做好邻近运行电缆的保护措施。

8　质量记录

10kV 电力电缆敷设记录。

第五节　10kV 电力电缆试验作业指导书

1　适用范围

本指导书适用于 6～10kV 交联油浸电缆及油浸电缆交接、预试工作。

2 相关引用文件

- 《电力电缆线路运行规程》　　　Q/GDW 512—2010
- 《电力设备预防性试验标准》　　　DL/T 596—2015
- 《国家电网公司电力安全工作规程（线路部分)》

3 天气条件及作业现场要求

(1) 施工现场的环境温度应在 0℃ 以上，相对湿度在 70% 以下。
(2) 周围的空气不应含有粉尘或腐蚀性气体。
(3) 严禁在雨、雪、大雾天进行作业。

4 作业人员

　　工作负责人 1 人，工作班成员 3 人，需工时 1h。要求了解电力生产的基本过程以及电力设备的原理及结构，熟悉相关检修技能，掌握现行的安规和工作现场的有关安全规定。工作负责人应通过年度安规考试并获得公司安监部认可，有较强的责任心和安全意识，并熟练地掌握所承担的工作项目和质量标准；工作班成员应通过年度安规考试；学徒工、实习人员、临时工，必须经过安全教育后，方可在师傅的指导下参加指定的工作；学会触电急救法等紧急救护法。

5 主要设备及工器具

　　主要设备及工器具参见表 9-9。

表 9-9　　　　　　　　　　　　　工器具材料清册

序号	工 具 名 称	规 格	单 位	数 量	备 注
1	直流高压试验器		套	1	
2	放电棒		个	1	
3	试验电源线		m	100	
4	试验用小型配电盘		个	1	
5	短路接地线		组	1	带绝缘棒
6	短路接地线		组	1	带绝缘手柄
7	接地软铜线		m	若干	
8	绝缘电阻表	2500V	块	1	
9	高低压验电笔		只	2	各1只
10	万用表		块	1	
11	工具（扳手、螺丝刀）		套	1	
12	安全带		条	1	

6　作业程序及质量要求

作业程序及质量要求见表 9-10。

表 9-10　　　　　　　　　　　作业程序及质量要求

序号	作　业　程　序	质　量　要　求	安全注意事项
1	**施工前的准备工作**		
1.1	准备工作 1. 准备好工作需要的设备和工器具 2. 填写工作票		1. 不能正常使用的设备和工器具不能带入工作现场 2. 严格按照《工作票填写与管理规定》执行
1.2	工作许可制度 1. 工作负责人按有关规定办理工作票 2. 履行工作许可和开工手续		1. 未办理好工作票,工作人员不得进入工作现场 2. 工作负责人和工作许可人一同检查现场安全措施,应和工作票一致,遮栏、标示牌应正确、清楚,无问题后双方签名
1.3	开工前的交代与准备 1. 向全体工作人员宣读工作票的内容及注意事项 2. 任务分配及危险点分析		1. 每个人都应清楚工作范围、周围带电部位等事项 2. 每个人都清楚本项工作程序步骤及危险点控制方法
1.4	拆除电缆线路引线 1. 用相应电压等级的验电器验证电缆户外终端头的线路侧确已停电 2. 在电缆户外终端头的线路侧挂接地线 3. 将电缆终端头出线端子与线路架空引下线拆离,将架空引下线绑扎起来,使电缆终端头相与相、相对地、相与架空线之间满足足够的试验安全距离	绝缘子或线芯表面应擦拭干净	1. 验电器要先在带电的设备上试验后方可使用 2. 试验安全距离不小于 200mm
1.5	拆除户内头接线端子与电气设备的连接 1. 用相应电压等级的验电器验证电缆户内终端头确已停电 2. 拆除电缆户内头接线端子与电气设备的连接。保持电缆户内头相与相、相对地、相与其他电气设备之间满足足够的试验安全距离	绝缘子或线芯表面应擦拭干净	1. 验电器要先在带电的设备上试验后方可使用 2. 试验安全距离不小于 200mm

续表

序号	作 业 程 序	质 量 要 求	安全注意事项
1.6	摆放试验设备及部分接线的连接 1. 按照绝缘电阻的摇测和直流耐压试验的要求摆放试验设备 2. 接临时电源	绝缘电阻表的放置要平稳；试验变压器的位置距离试验人员不小于1m	接临时电源时，应戴绝缘手套，至少两人一起工作。临时电源应配有触电保护器
2	**电缆试验工作**		
2.1	直流耐压前绝缘电阻的测量 1. 空摇绝缘电阻表，检查绝缘电阻表的准确性 2. 绝缘电阻表的"E"接线柱与电缆的接地线连接 3. 电缆被试一相（A）的芯线接绝缘电阻表的"L"接线柱上 4. 在被试电缆芯线（A）相绝缘表面装设屏蔽环并将屏蔽环的一端接至绝缘电阻表的"G"接线柱上，将屏蔽环的另一端接（B）相线芯导体，同时在电缆户外头侧，在被试电缆芯线（A）相绝缘表面装设屏蔽环并将屏蔽环的一端接至（B）相线芯导体 5. 将（C）相与接地线连接 6. 以每分钟120转左右的速度对（A）相电缆摇测绝缘 7. 分别记录下摇测时间在15s和60s时电缆的绝缘电阻值，得其吸收比＝R60s/R15s 8. 待绝缘电阻值稳定后，记录下所测绝缘电阻值 9. 将接于（A）相的引线去下后，绝缘电阻表停止摇测 10. 用接地线对电缆（A）相放电 11. 按照以上操作顺序依次分别对（B）、（C）绝缘进行摇测	1. 空摇时绝缘电阻应指示"∞" 2. 必须先空摇绝缘电阻表，使其达到额定转速（每分钟120转）时，方可将"L"接线柱上的引线接至被测相。此时，被试电缆的另一端必须安排有专人看护 3. 摇测时要匀速，控制在每秒2下	1. 在绝缘电阻的整个测量过程中，测试人员必须做好"呼"—"唱"配合 2. 摇测绝缘电阻时，被试电缆的另一端必须安排有专人看护

续表

序号	作 业 程 序	质 量 要 求	安全注意事项
2.2	直流耐压及泄漏电流的测量 1. 布置试验现场，按要求接线 2. 检查试验接线正确与否、接地是否可靠，各表计、调压器应在零位 3. 经检查接线无误后（暂不接入被试电缆），首先对变压器进行空试，按0.25、0.5、0.75、1.0倍试验电压分段升压，记录相应的空载泄漏电流值 4. 接入被试电缆升压试验，按0.25、0.5、0.75、1.0倍试验电压分段升压，在各点试验电压下停留1min，在1.0倍试验电压下耐受时间为5min，同时记录每一分钟后的泄漏电流值 5. 每相试验完毕待调压器退至零位后按跳闸按钮，断开试验电源，用放电棒对高压部位进行放电，将高压输出端接地 6. 按照3、4条的操作顺序，分别对其他相进行试验，读记每分钟的泄漏电流 7. 记录温度、天气状况及试验中发生的异常现象	1. 试验标准参考本作业指导书的附录，在升压过程中，调压器升压要缓慢，均匀平稳，速度一般保持在1~2kV/s 2. 放电时先用100~200MΩ放电电阻放电，避免直接放电引起振荡产生过电压，然后将接地线挂在变压器高压输出端上，使储存的电荷充分放尽，一般要经过数分钟时间	1. 接入被试电缆升压试验时，在被试电缆的另一端必须设专人看护，应密切监视各种仪表，高压回路的工作情况，发现不正常现象，如电压表指针摆动很大，微安表指示急剧增加，绝缘有异常气味，发现烧焦冒烟现象，及电缆头内有不正常响声等，应立即将调压器调回零位，断开电源开关停止试验 2. 由于电缆的电容较大，有储存电荷的特性，每试完一相后，必须充分放电
2.3	直流耐压试验后绝缘电阻的测量 按照2.1的各操作程序，进行直流耐压试验后的绝缘电阻测量。并记录各测量结果		
3	**分析试验结果**		
3.1	绝缘电阻值的数值分析 1. 三相不平衡系数一般不应大于2.5 2. 与上次测试值换算到同一温度时绝缘电阻值不应下降30% 3. 吸收比的试验应合格	吸收比≥1.3为合格	

续表

序号	作 业 程 序	质 量 要 求	安全注意事项
3.2	直流耐压及泄漏电流试验结果分析 1. 电缆直流耐压试验在持续时间内不击穿为合格，反之为不合格 2. 电缆的泄漏电流测量发现有下列情况之一时，说明电缆有缺陷： a. 泄漏不平衡系数大于2，且泄漏电流值比前一次测量在相近温度下所测数值有显著增大 b. 泄漏电流很不稳定 c. 泄漏电流随试验电压增高而急剧上升 d. 泄漏电流随时间延长有上升现象	1. 电缆的泄漏电流测量值中扣除空试电流后进行分析。电缆的泄漏电流测量值只作为判断绝缘性能的参考，不作为电缆是否投入运行决定的标准。一般只提供参考值，要求与其原始记录或同类型设备历年测量值相比较，不应有显著变化，有怀疑时，应缩短试验周期 2. 泄漏电流突然变化，随时间增长或随试验电压不成比例急剧上升，应尽可能找出原因，加以消除。必要时，可视具体情况酌情提高试验电压或延长耐压持续时间	
4	**结尾工作**		
4.1	拆除试验接线 经过对直流耐压及泄漏电流试验结果分析确认没有重复试验的必要后，拆除试验接线，整理工作现场		
4.2	拆除由本班负责加装的接地线和临时性安全措施		工作负责人要再次检查应拆除的地线和临时性安全措施
4.3	打扫施工现场卫生	仔细检查，确保无遗留杂物，清点试验设备和工器具	
4.4	工作负责人自检 1. 工作负责人全面检查工作完成情况 2. 对照作业指导书核对各项工作完成情况 3. 如实填写一次设备试验记录		
4.5	运行人员验收，验收结束后，清理现场，检修人员全部撤离工作现场		
4.6	办理工作票终结手续		
4.7	回到班内总结经验，做好记录	作为档案日后备查和一项制度坚持下来	

7　作业安全重点注意事项

（1）施工工具及试验设备应齐全、规范；放电棒必须合格、试验用电源线绝缘应完好。

（2）检查完电缆绝缘后，在户内端的接线端子（线鼻子）上挂短路接地线，对电缆进行充分放电。

（3）用绝缘电阻表测绝缘电阻时，要呼唱，避免电击伤人。

（4）高压试验时，一定要看护好试验现场，严禁非试验人员进入高压试验现场，在升压试验过程中，任何人都必须与高压设备保持足够的安全距离。

8　质量记录

6～10kV 油浸电缆及交联电缆试验报告如下。

电力电缆试验报告

装设　　　　　　运行　　　　　　试验

地点_____　　编号_____　　日期_____　　天气_____　　气温_____

型　号	额定电压（kV）	截面积（mm²）	长度（m）

一、绝缘电阻测量（MΩ）　　　　　　　　　　　　　　　　温度　　℃

相　别	A/B、C 及地	B/A、C 及地	C/A、B 及地
耐压前			
耐压后			

二、直流耐压及泄漏电流试验　　　　　　　　　试验电压 $U_s=$　　kV

泄漏电流（μA）　时间　　相别	1min			5min	
A/B、C 及地					
B/A、C 及地					
C/A、B 及地					

三、试验结论：

四、使用仪器及编号：

五、备注：

试验负责人：　　　　　　试验人员：

审核_____　　校对_____　　　　　　　　年　月　日

9 电缆交接试验标准 （见表 9-11）

表 9-11   **电力电缆交接试验直流耐压标准**   单位：kV

额定电压（u_0/u）	6/6	6/10	8.7/10
橡塑绝缘电缆	25	25	37
纸绝缘电缆	30	40	47

注   1. 采用负极性接线，耐压时间为 5min。

     2. 耐压时，同时测量泄漏电流。

10 电缆预防性试验规定

电缆投运后，三年内应做一次全面试验，确定试验结果无异常后，方可进入状态检修。

10kV 电缆线路进入状态检修后，只对电缆进行绝缘测试，不再进行直流耐压试验。

运行 10 年以上的 10kV 油浸电缆，如发生故障及外力损伤后，应及时进行抢修。在进行抢修过程中，需对电缆进行直流耐压试验时，其试验电压应按原标准的 50%（23.5kV）进行试验。

第六节   10kV 电力电缆巡视作业指导书

1 适用范围

本指导书适用于 10kV 电力电缆巡视作业。

2 相关引用文件

- 《电力电缆线路运行规程》   Q/GDW 512—2010
- 《国家电网公司电力安全工作规程（线路部分）》

3 天气条件及作业现场要求

雷雨、大风大气不宜进行户外巡视工作。

4 作业人员

工作负责人 1 人，工作班成员 1 人，需工时 2～3h。要求了解电力生产的基本过程以及电力设备的原理及结构，熟悉相关检修技能，掌握现行的安规和工作现场的有关安全规定。工作负责人应通过年度安规考试并获得公司安监部认可，有较强的责任心和安全意识，并熟练地掌握所承担的工作项目和质量标准；工作班成员应通过年度安规考试；学徒工、实习人员、临时工，必须经过安全教育后，方可在师傅的指导下参加指定的工作；学会触电急救法等紧急救护法。

5 主要设备及工器具

主要设备及工器具参见表 9-12。

表 9-12 工器具材料清册

序号	工 具 名 称	规 格	单 位	数 量	备 注
1	红外线测温仪		台	1	
2	望远镜		台	1	

6 作业程序及质量要求

作业程序及质量要求见表 9-13。

表 9-13 作业程序及质量要求

序号	作 业 程 序	质量要求	安全注意事项
1	**施工前的准备工作**		
1.1	准备工作 1. 准备好工作需用的工器具 2. 填写工作票		1. 不合格的工器具不能带入工作现场 2. 严格按照《工作票填写管理规定》执行
1.2	工作许可制度 1. 工作负责人按有关规定办理工作票 2. 履行工作许可和开工手续		未办理好工作票，工作人员不得进入工作现场
1.3	开工前的交代与准备 1. 工作负责人向工作成员宣读工作票的内容及注意事项 2. 任务分配及危险点分析		1. 每个人都应清楚工作范围、周围带电部位等事项 2. 每个人都清楚本项工作程序步骤及危险点控制方法
2	**电缆巡视工作**		
2.1	电缆户内部分的巡视 1. 检查电缆隧道照明是否正常，隧道有无进水现象 2. 检查户内电缆头有无渗漏油现象 3. 检查户内电缆头引出线接触是否良好，是否发热	1. 敷设在土中及变电站的电缆沟、隧道、电缆井、电缆架及电缆线段等的巡查，至少每三个月一次 2. 通过用红外测温仪测温来发现发热点	

续表

序号	作 业 程 序	质 量 要 求	安全注意事项
2.2	电缆户外部分的巡视 1. 对于户外与架空线连接的电缆终端头,检查终端头是否完整,有无老化现象 2. 检查户外电缆头有无渗漏油现象 3. 检查户外电缆头引出线有无断股现象 4. 检查户外电缆头引出线接点接触是否良好,是否发热 5. 检查户外电缆保护管的完整情况,接地是否良好 6. 对敷设在地下的每一条电缆线路,应查看路面是否正常,有无挖掘痕迹及线路标桩是否完整无缺 7. 检查电缆线路上不应堆积瓦砾、矿渣、建筑材料、笨重物体、酸碱性排泄物或砌堆石灰坑等 8. 对于多根并列运行的电缆,检查电流分配和电缆外皮的温度情况 9. 巡视电缆线路的结果,记入电缆巡视记录	1. 敷设在土中及变电站的电缆沟、隧道、电缆井、电缆架及电缆线段等的巡查,至少每三个月一次 2. 通过用红外测温仪测温来发现发热点 3. 因故必须挖掘而暴露的电缆,应有电缆专业人员在场守护并告知施工人员注意事项,办理书面交底手续;对于挖掘而全部露出的电缆,应加护罩并悬吊。悬吊间的距离不应大于1.5m,多芯电缆用铁丝悬吊时,必须用托板衬护	
2.3	运行人员验收,验收结束后,电缆巡视人员撤离工作现场		
2.4	办理工作票终结手续		
2.5	回到班内将发现的缺陷记入10kV电缆线路巡视发现问题及处理情况记录,及时汇报	一般缺陷,记入记录本,作为编制季度设备维修计划的依据,重大缺陷需立即上报工区有关专工,安排停电,马上处理	

7 作业安全重点注意事项

与带电设备保持足够的安全距离。

8 质量记录

10kV电力电缆巡视记录及10kV电力电缆线路发现问题及处理情况记录见表9-14和表9-15。

表9-14 10kV电力电缆巡视记录

巡视时间	巡视地点	发现问题	巡视人

表9-15 10kV电力电缆线路巡视发现问题及处理情况记录

巡视时间	巡视地点	巡视电缆名称	发现问题	巡视人	处理意见	处理日期	工作负责人

第七节 10kV电力电缆故障查找作业指导书

1 适用范围

本指导书适用于6～10kV油浸电缆及交联电缆故障查找作业。

2 相关引用文件

- 《电力电缆线路运行规程》 Q/GDW 512—2010
- 《电力设备预防性试验标准》 DL/T 596—2015
- 《国家电网公司电力安全工作规程（线路部分）》

3 天气条件及作业现场要求

若故障电缆有户外终端头时，严禁在雨、雪、大雾天进行作业。

4 作业人员

工作负责人1人，工作班成员3～5人，需工时1天。要求了解电力生产的基本过程以及电力设备的原理及结构，熟悉相关故障查找技能，掌握现行的安规和工作现场的有关安全规定。工作负责人应通过年度安规考试并获得公司安监部认可，有较强的责任心和安全意识，并熟练地掌握所承担的工作项目和质量标准；工作班成员应通过年度安规考试；学徒工、实习人员、临时工，必须经过安全教育后，方可在师傅的指导下参加指定的工作；学会触电急救法等紧急救护法。

5 主要设备及工器具

主要设备及工器具参见表9-16。

表 9-16　　　　　　　　　　工器具材料清册

序号	工具名称	规格	单位	数量	备注
1	交直流高压试验器		套	1	
2	放电棒		个	1	
3	试验电源线		m	100	
4	试验用小型配电盘		个	1	
5	短路接地线		组	1	带绝缘棒
6	短路接地线		组	1	带绝缘手柄
7	接地软铜线		m	若干	
8	绝缘电阻表	2500V	块	1	
9	高低压验电笔		只	2	各1只
10	万用表		块	1	
11	工具（扳手、螺丝刀）		套	1	
12	安全带		条	1	
13	电缆故障测距仪	HT-TC001	套	1	
14	交流高压冲击设备		套	1	
15	定点仪		台	3	
16	路径仪		台	1	

6 作业程序及质量要求

作业程序及质量要求见表9-17。

表 9-17　　　　　　　　　　作业程序及质量要求

序号	作业程序	质量要求	安全注意事项
1	**作业前的准备工作**		
1.1	准备工作 1. 准备好工作需要的设备和工器具 2. 填写工作票		1. 不能正常使用的设备和工器具不能带入工作现场 2. 严格按照《工作票填写管理规定》执行

续表

序号	作 业 程 序	质 量 要 求	安 全 注 意 事 项
1.2	工作许可制度 1. 工作负责人按有关规定办理工作票 2. 履行工作许可和开工手续		1. 未办理好工作票，工作人员不得进入工作现场 2. 工作负责人和工作许可人一同检查现场安全措施应和工作票一致，遮栏、标示牌应正确、清楚，无问题后双方签名
1.3	开工前的交代与准备 1. 工作负责人向全体工作人员宣读工作票的内容及注意事项 2. 任务分配及危险点分析		1. 每个人都应清楚工作范围、周围带电部位等事项 2. 每个人都清楚本项工作程序步骤及危险点控制方法
1.4	拆除电缆线路引线 1. 用相应电压等级的验电器验证电缆户外终端头的线路侧确已停电 2. 在电缆户外终端头的线路侧挂接地线 3. 将电缆终端头出线端子与线路架空引下线拆离，将架空引下线绑扎起来，使电缆终端头相与相、相对地、相与架空线之间满足足够的试验安全距离		1. 验电器要先在带电的设备上试验后方可使用 2. 试验安全距离不小于 200mm。绝缘子或线芯表面应擦拭干净
1.5	拆除户内头接线端子与电气设备的连接 1. 用相应电压等级的验电器验证电缆户内终端头确已停电 2. 拆除电缆户内头接线端子与电气设备的连接。保持电缆户内头相与相、相对地、相与其他电气设备之间满足足够的试验安全距离	绝缘子或线芯表面应擦拭干净	1. 验电器要先在带电的设备上试验后方可使用 2. 试验安全距离不小于 200mm
1.6	摆放测试设备 1. 按照故障测试的要求摆放测试设备 2. 接临时电源		接临时电源时，应戴绝缘手套，至少两人一起工作。临时电源应配有剩余电流动作保护装置

序号	作 业 程 序	质 量 要 求	安全注意事项
2	**电缆故障查找工作**		
2.1	对故障电缆进行测试判明故障类型 1. 用绝缘电阻表或万用表在电缆一端测量各相对地及相与相之间的绝缘电阻 2. 当测的绝缘电阻较高时，应做导体的连接试验。即：在一端将三相导体短路接地，另一端重复测量以确定导体是否烧断	摇测时要匀速，控制在每秒 2 转。摇测时间为 60s	被试电缆的另一端必须安排有专人看护。在绝缘电阻的整个测量过程中，测试人员，必须做好"呼"—"唱"配合
2.2	按测试结果判断故障的性质 1. 低阻故障或短路故障：电缆的一芯或数芯对地绝缘电阻或芯与芯之间绝缘电阻低于 1kΩ 2. 断线故障：电缆的一芯或数芯导体不连续 3. 高阻故障：电缆有一芯或数芯对地绝缘电阻或芯与芯之间绝缘电阻低于正常值，但高于 1kΩ 4. 闪络故障：电缆的一芯或数芯对地绝缘电阻或芯与芯间绝缘电阻值较高，但当对电缆加直流电压至某一值时，出现击穿现象		
2.3	选择合适工作方式测试故障点距离 1. 根据以上测试数据分析比较，确定出电缆故障的性质，利用 HT-TC001 测距仪选择合适的工作方式测试出故障点的距离 2. 低压脉冲工作方式：可对电缆中出现的开路故障，相对地或相间低阻故障测量，同时也可以测量电缆全长及对仪器的波速整定等 3. 冲闪电流工作方式：适合查找电缆中出现的高阻或闪络故障		

序号	作 业 程 序	质 量 要 求	安全注意事项
3	**故障点粗测距**		
3.1	低阻、短路或断路故障点粗测距 1. 首先应将电缆充分放电，防止导体的残余电荷损坏仪器 2. 按脉冲法测试要求接线，经检查无误后方可开机 3. 按动相关键，使仪器进入低压脉冲工作方式，并选择相应的波速度和脉冲宽度 4. 按下采样键，采样出当前故障测试波形 5. 定起点、终点，得出故障点粗测距离 6. 打印故障测试波形	波速度的选择：油浸纸电缆160m/μs；聚氯乙烯绝缘电缆184m/μs；交联聚乙烯绝缘电缆172m/μs	
3.2	高阻或闪络性故障点粗测距 1. 首先应将电缆充分放电，防止导体的残余电荷损坏仪器 2. 冲闪电流工作方式要求接线，经检查无误后方可开机 3. 按动相关键，使仪器进入冲闪电流工作方式 4. 调节调压器，逐渐加大加在间隙上的电压，直至球形间隙击穿对电缆放电，按下采样键，显示出记录的波形 5. 逐步增大球形间隙距离，重复以上测试，直至故障点真正击穿，仪器显示出放电脉冲波形 6. 把零点定在故障放电脉冲的起始处。将可移光标移动到反射脉冲开始向正极变化的点，屏幕右上角显示出的距离即为故障点距离 7. 打印故障测试波形	1. 高压产生设备的接地线与测试仪器的接地线应分别接地，否则，当故障点击穿时，强大的瞬间电流在地线上形成的电位差，可能会击坏仪器和测试设备。测试时，在可能的条件下应尽可能使高压产生器用的电源与测试仪器所用的电源分开，最好不要用同一相电源 2. 冲击电压绝不能超过直流试验电压的4/5，以免损坏电缆	在做直流高压或冲击高压的试验中，一切设备都要有良好的接地线

续表

序号	作 业 程 序	质 量 要 求	安全注意事项
3.3	故障点定点工作 1. 将路径仪与被测电缆连接，用路径仪测量电缆走向和埋设深度 2. 按照冲击高压声测法的原理进行接线 3. 根据HT-TC001所测试的故障距离，将高压设备与被测电缆连接，用定点仪沿电缆走向测出故障点准确位置		在对电缆加冲击高压进行声测法定点前，禁止直接用手触摸电缆外皮或冒烟小洞，以免触电。一定要了解粗测出的故障点附近是否堆积有易燃易爆的化学药品，以免加压故障点对地放电时产生的火花引起火灾
4	**结尾工作**		
4.1	拆除由本班负责加装的接地线和临时性安全措施		工作负责人要再次检查应拆除的地线和临时性安全措施
4.2	打扫施工现场卫生	仔细检查，确保无遗留杂物，清点试验设备和工器具	
4.3	工作负责人自检 1. 工作负责人全面检查工作完成情况 2. 对照作业指导书核对各项工作完成情况 3. 如实填写一次设备试验记录		
4.4	运行人员验收，验收结束后，清理现场，检修人员全部撤离工作现场		
4.5	办理工作票终结手续		
4.6	回到班内总结经验，做好故障测试记录	作为档案日后备查和一项制度坚持下来	

7 作业安全重点注意事项

（1）施工工具及试验设备应齐全、规范；放电棒必须合格、试验用电源线绝缘应完好。

（2）检查完电缆绝缘后，在户内端的接线端子（线鼻子）上挂短路接地线，对电缆进行充分放电。

（3）用绝缘电阻表测绝缘电阻时，要呼唱，避免电击伤人。

（4）高压试验时，一定要看护好试验现场，严禁非试验人员进入高压试验现场，在升压试验过程中，任何人都必须与高压设备保持足够的安全距离。

8　质量记录

6～10kV 油浸电缆及交联电缆故障测试记录见表 9-18。

表 9-18　　　　　　　　　6～10kV 油浸电缆及交联电缆故障测试记录

故障电缆测试波形：		
电缆故障点粗测距离：		
使用的电缆故障测试仪型号：		
A. DLG-1	B. HT-TC001	C. SP-310
结论：		
测试人：	定点人：	填表人：

第八节　电力电缆运输和装卸作业指导书

1　适用范围

本指导书适用于电力电缆运输和装卸作业。

2　相关引用文件

- 《电力电缆线路运行规程》　　Q/GDW 512—2010
- 《国家电网公司电力安全工作规程（线路部分）》

3　天气条件及作业现场要求

（1）施工现场的环境温度应在 0℃以上，相对湿度在 70％以下。
（2）电缆运至现场后，应尽量放在预定的敷设位置，避免现场再次搬运。
（3）电缆外观无损伤，绝缘良好并经试验合格。
（4）运输车辆车况良好，吊车及吊车司机合格。

4　作业人员

工作负责人 1 人，工作班成员 3 人以上，需工时 2～3h。要求了解电力生产的基本过程以及电力设备的原理及结构，熟悉相关检修技能，掌握现行的安规和工作现场的有关安全规定。工作负责人应通过年度安规考试并获得公司安监部认可，有较强的责任心和安全意识，并熟练地掌握所承担的工作项目和质量标准，应了解整个工程的施工概况、施工范围、线路走向、敷设方式、电缆规格、接头位置和数量以及施工期限等。工作班成员应通过年度安规考试；学徒工、实习人员、临时工，必须经过安全教育后，方可在师傅的指导下参加指定的工作；电焊工应持证上岗。学会触电急救法等紧急救护法。

5 主要设备及工器具

主要设备及工器具参见表 9-19。

表 9-19   工器具材料清册

序号	工 具 名 称	规 格	单 位	数 量	备 注
1	卡车		辆	1	
2	吊车		辆	1	
3	放线支架、放线杠		套	1	
4	用于电缆盘止动的大撬杠		根	2	
5	起吊用的对绳（钢丝绳）		套	1	
6	紧线器		个	2	
7	枕木		m	2	
8	刹车绳（钢丝绳）		套	2	
9	施工标示牌		套	1	
10	口哨		个	1	
11	铁丝		m	3～10	
12	黄油		筒	1	
13	电缆封头		个	2	
14	液化气喷灯		套	1	

6 作业程序及质量要求

作业程序及质量要求见表 9-20。

表 9-20   作业程序及质量要求

序号	作 业 程 序	质 量 要 求	安全注意事项
1	**施工前的准备工作**		
1.1	工作负责人接受任务，必要时工作负责人到仓库查看电缆	所派工作负责人应熟悉工作现场情况，业务素质和精神状态良好，胜任该项工作	
1.2	召开班前会交代工作任务，人员分工，学习该作业项目标准化作业指导书。分析作业过程中存在的危险点		根据工作任务分工，每个人都要清楚自己如何进行作业，作业范围内存在的危险点及预控措施
1.3	准备工作 准备好施工用的工器具、材料等	准备施工工器具、材料必须有工作负责人和工作班成员共同参与；根据表 9-19，结合实际补充，装车前进行认真检查和清点	不合格的工器具、材料不能带入工作现场

续表

序号	作 业 程 序	质 量 要 求	安 全 注 意 事 项
1.4	开工前的交代与准备 1. 工作负责人向全体工作人员宣读工作票的内容及注意事项 2. 任务分配及危险点分析		1. 每个工作人员必须在场聆听，不清楚之处及时向工作负责人提问 2. 工作负责人必须向每一位工作人员交代清楚安全措施和安全注意事项及本次工作的危险点
2	**装载和运输电缆**		
2.1	1. 工作人员在施工现场做好工作和安全措施 2. 吊车与运输车辆停在最佳位置		
2.2	工作负责人检查电缆盘是否完好、各个螺丝是否有松动现象，统一指挥将电缆滚至最佳位置（需人工滚动电缆盘时）	工作负责人亲自检查核实	人工滚动电缆盘时，滚动方向必须顺着电缆缠紧的方向，力量要均匀，速度要缓慢平稳，有关人员不得站在电缆的前方并不得超过电缆盘的轴中心，以防被压伤
2.3	在工作负责人的统一指挥下，在电缆盘的轴中心穿放线杠，挂吊装绳起吊电缆盘，首先起吊电缆盘离地面 20～50cm，检查起吊绳以及电缆盘各个方向的受力，各个方向的受力，要均匀	工作负责人亲自检查核实	运输车辆两端均派人看守，起吊电缆盘时，吊车臂下严禁站人
2.4	电缆盘就位至运输车斗的前方合适位置，工作人员用紧线器固定电缆盘立放，前后设置垫木阻挡	电缆盘严禁平放运输	严禁运输过程中客货混载
3	**卸车**		
3.1	运输车辆到达卸车现场，吊车选择合适位置并固定，工作负责人指挥工作人员各就各位进行卸车		
3.2	松开紧线器、刹车绳，穿放线杠，挂起吊绳，工作负责人或者是有经验的专业人员指挥卸车		起吊电缆盘时，吊车臂下严禁站人
3.3	电缆存放的地点应干燥、地基结实、地面平整、容易排水并且容易施放	工作负责人亲自检查核实	

续表

序号	作 业 程 序	质 量 要 求	安全注意事项
3.4	电缆端头封堵	电缆端头必须封堵严密	
4	**结尾工作**		
4.1	整理现场 1. 整理工具和剩余材料 2. 打扫施工现场卫生	仔细检查,确保无遗留杂物,清点工具	
4.2	工作负责人自检 1. 工作负责人全面检查工作完成情况 2. 对照作业指导书核对各项工作完成情况		
4.3	回到班内总结经验,做好记录	作为档案日后备查和一项制度坚持下来	

7 作业安全重点注意事项

(1) 施工现场应有明显标志,以示警告,并有专人在交通要道把守。夜间施工时必须挂示警信号灯。现场应做好防火措施。

(2) 人工滚动电缆盘时,有关人员不得站在电缆盘的前方并不得超过电缆盘的轴中心,以防被压伤。

(3) 起吊电缆盘时,吊车臂下严禁站人。

8 质量记录

电力电缆运输和装卸记录。

第九节 电力电缆带电移位作业指导书

1 适用范围

本指导书适用于电力电缆带电移位作业。

2 相关引用文件

- 《电力电缆线路运行规程》 Q/GDW 512—2010
- 《国家电网公司电力安全工作规程(线路部分)》

3 天气条件及作业现场要求

(1) 施工现场的环境温度应在 0℃以上,相对湿度在 70% 以下。

274

（2）移动至新的电缆沟内必须整洁没有污物和腐蚀性物质。

（3）应避免在雨、雪和大风天进行。

4　作业人员

　　工作负责人 1 人，工作班成员 4 人以上，需工时 1 天。要求了解电力生产的基本过程以及电力设备的原理及结构，熟悉相关检修技能，掌握现行的安规和工作现场的有关安全规定。工作负责人应通过年度安规考试并获得公司安监部认可，有较强的责任心和安全意识，并熟练地掌握所承担的工作项目和质量标准，应了解整个工程的施工概况、施工范围、线路走向、敷设方式、电缆规格、接头位置和数量以及施工期限等。工作班成员应通过年度安规考试；学徒工、实习人员、临时工，必须经过安全教育后，方可在师傅的指导下参加指定的工作；电焊工应持证上岗。学会触电急救法等紧急救护法。

5　主要设备及工器具

　　主要设备及工器具参见表 9-21。

表 9-21　　　　　　　　　　　　工器具材料清册

序号	工 具 名 称	规 格	单 位	数 量	备 注
1	高压验电笔		支	1	
2	低压验电笔		支	1	
3	木棍		根	4	
4	撬杠		根	2	
5	铁锹		把	2	
6	安全文明生产警告牌		个	5	
7	安全遮栏		套	2	
8	对讲机		对	1	
9	棕绳		条	2	
10	铁丝		m	20	

6　作业程序及质量要求

　　作业程序及质量要求见表 9-22。

表 9-22　　　　　　　　　　　　作业程序及质量要求

序号	作 业 程 序	质 量 要 求	安全注意事项
1	**施工前的准备工作**		
1.1	工作负责人接受任务，熟知工作现场	所派工作负责人应熟悉工作现场情况，业务素质和精神状态良好，胜任该项工作。必要时工作负责人提前查看工作现场情况	

电力电缆施工、运维与故障检测实用技术

续表

序号	作业程序	质量要求	安全注意事项
1.2	召开班前会交代工作任务，人员分工，学习该作业项目标准化作业指导书，分析作业过程中存在的危险点		根据工作任务分工，每个人都要清楚自己如何进行作业，作业范围内存在的危险点及预控措施
1.3	工作负责人办理电缆线路工作第二种工作票	工作负责人必须到工作现场提前查看	工作票内要注明所有带电设备的范围和工作现场的安全措施
1.4	工器具及材料准备	准备施工工器具、材料必须由工作负责人和工作班成员共同参与 根据表9-21，结合实际补充，装车前进行认真检查和清点	不合格的工器具、材料不能带入工作现场
1.5	开工前的交代与准备 1. 向全体工作人员宣读工作票的内容及注意事项 2. 任务分配及危险点分析	工作人员不到齐不得宣读工作票。宣读工作票时，不在场的工作人员不得参加该项工作	1. 每个工作人员必须在场聆听，不清楚之处及时向工作负责人提问 2. 工作负责人必须向每一位工作人员交代清楚安全措施和安全注意事项及本次工作的危险点
2	**电缆带电移位工作**		
2.1	工作人员在施工现场做安全措施和准备工作： 1. 在电缆沟外围布置安全遮栏，安全文明生产警告牌向外展示 2. 清理电缆沟四周边沿的积土、杂物	1. 电缆沟四周必须布置安全遮栏和安全文明生产警告牌，防止行人上前围观造成杂物等掉落坑内并影响带电工作 2. 工作人员到达工作现场后必须清理工作现场	工作负责人必须首先检查电缆沟周围的安全措施和正在运行电缆的情况，避免造成行人和小孩跌落坑内情况的发生
2.2	工作负责人与有经验的工作人员一起再次确认需要带电移动的电缆并与该电缆图纸相符	必须完全正确的认定该电缆	必须完全正确的认定该电缆，避免触及其他运行电缆，影响安全
2.3	在工作负责人的统一指挥下，所有工作人员进入电缆沟内，统一抓住电缆并统一用力将带电电缆水平抓起，不能使整条电缆受到任何拉力的作用，特别是对接头更不能受力和弯曲；缓慢地将带电电缆放入新的电缆沟内，然后在电缆工作负责人的指导下，在电缆沟上面轻轻地铺沙、盖砖保护，进行封沟的工作	整个过程工作负责人要始终认真监护。电缆或电缆接头盒需要挖空时，应采取悬吊保护措施。电缆悬吊应每1～1.5m吊一道。若电缆接头无保护盒，则应在该接头下垫上加宽加长木板。在电缆悬吊时，不得用铁丝或钢丝，已防损伤电缆护层或绝缘	工作人员要互相监督，服从命令。严禁移动电缆时动作粗放、不统一。严防手、脚挤伤、压伤事故的发生

续表

序号	作 业 程 序	质 量 要 求	安 全 注 意 事 项
3	**结尾工作**		
3.1	工作负责人填写现场工作记录		
3.2	整理现场 1. 整理工具、材料 2. 打扫施工现场卫生 3. 拆除所有临时性安全措施	1. 仔细检查，确保无遗留杂物，清点工具 2. 全体工作人员共同检查拆除所有临时性安全措施	工作负责人要再次检查拆除所有临时性安全措施，确保万无一失
3.3	工作负责人自检 1. 工作负责人全面检查工作完成情况 2. 请运行值班人员到现场验收 3. 向调度汇报并结束该工作票		
3.4	回到班内总结经验，做好记录	作为档案日后备查和一项制度坚持下来	

7 作业安全重点注意事项

（1）电缆沟四周必须布置安全遮栏和安全文明生产警告牌，防止行人上前围观造成杂物等掉落坑内并影响带电工作。

（2）工作人员要互相监督，服从命令。严禁移动电缆时动作粗放、不统一。严防手、脚挤伤、压伤事故的发生。

（3）工作结束后要重点检查所有临时性安全措施是否已拆除。

8 质量记录

电力电缆带电移位记录。

第十节　10kV 电力电缆故障的挖掘及处理作业指导书

1 适用范围

本指导书适用于 10kV 电力电缆故障的挖掘及处理作业。

2 相关引用文件

● 《电力电缆线路运行规程》　　Q/GDW 512—2010

● 《国家电网公司电力安全工作规程（线路部分）》

3 天气条件及作业现场要求

(1) 施工现场的环境温度应在 0℃以上，相对湿度在 70％以下。

(2) 故障的处理工作必须在故障电缆与电力系统完全隔离后进行。

(3) 电缆故障的处理和恢复送电工作，必须在短时间内连续进行。

4 作业人员

工作负责人 1 人，工作班成员 4 人及以上，需工时 1 天。要求了解电力生产的基本过程以及电力设备的原理及结构，熟悉相关检修技能，掌握现行的安规和工作现场的有关安全规定。工作负责人应通过年度安规考试并获得公司安监部认可，有较强的责任心和安全意识，并熟练地掌握所承担的工作项目和质量标准，应了解整个工程的施工概况、施工范围、线路走向、敷设方式、电缆规格、接头位置和数量以及施工期限等。工作班成员应通过年度安规考试；学徒工、实习人员、临时工，必须经过安全教育后，方可在师傅的指导下参加指定的工作；电焊工应持证上岗。学会触电急救法等紧急救护法。

5 主要设备及工器具

主要设备及工器具参见表 9-23。

表 9-23　　　　　　　　　　　　　　　工器具材料清册

序号	工 具 名 称	规 格	单 位	数 量	备 注
1	接地线		组	2	
2	验电器		只	1	
3	洋镐		把	2	
4	撬杠		根	2	
5	铁锹		把	3	
6	直流高压试验器		套	1	
7	放电棒		根	1	
8	试验专用电源线		盘	1	
9	施工标示牌		套	1	
10	电缆头制作工具		套	1	
11	液化气喷灯		套	2	

6 作业程序及质量要求

作业程序及质量要求见表 9-24。

表 9-24　　　　　　　　　　　　　　　作业程序及质量要求

序号	作 业 程 序	质 量 要 求	安全注意事项
1	**施工前的准备工作**		
1.1	经主管部门履行相应报批手续后，工作负责人接受任务，熟知工作现场情况	所派工作负责人应熟悉工作现场情况，业务素质和精神状态良好，胜任该项工作	

序号	作 业 程 序	质 量 要 求	安全注意事项
1.2	召开班前会交代工作任务，人员分工，学习该作业项目标准化作业指导书，分析作业过程中存在的危险点		根据工作任务分工，每个人都要清楚自己如何进行作业，作业范围内存在的危险点及预控措施
1.3	办理电缆线路工作第一种工作票或第二种工作票	工作负责人必须到工作现场提前查看	工区及班组应严格把关，严禁无票或趁票作业
1.4	准备工作 准备好施工用的工器具、材料、仪器、仪表	准备施工工器具、材料、仪器、仪表必须由工作负责人和工作班成员共同参与。根据表9-23，结合实际补充，装车前进行认真检查和清点	不合格的工器具、材料、仪器、仪表不能带入工作现场
1.5	开工前的交代与准备 1. 向全体工作人员宣读工作票的内容及注意事项 2. 任务分配及危险点分析 3. 准备完毕，工作负责人宣布开工	工作人员不到齐不得宣读工作票。宣读工作票时，不在场的工作人员不得参加该项工作	1. 每个工作人员必须在场聆听，不清楚之处及时向工作负责人提问 2. 工作负责人必须向每一位工作人员交代清楚安全措施和安全注意事项及本次工作的危险点
2	**电缆故障的挖掘及处理**		
2.1	将电缆两端的连接断开，使其与其他电气设备完全脱离连接；电缆两端挂临时地线	工作人员在电缆两端应严格执行停电、验电、挂地线的工作程序。工作人员应在电缆两端接线鼻子处做临时相序标识	工作负责人要亲自监督工作人员在电缆两端验电、挂地线的整个过程
2.2	工作负责人组织人力开挖故障点并做好安全措施	工作负责人亲自监护开挖整个过程	工作人员要始终监守工作现场
2.3	开挖时应先挖一个探坑，看到电缆后顺着电缆继续扩大开挖面积，并不得伤及周围其他管线	开挖工作应由工作负责人或有经验的专业人员指导进行	工作负责人或有经验的专业人员要监护开挖的整个过程，严防伤及周围其他管线 使用小型机械设备进行硬路面面层破碎时，应加强监护，不得深入土层
2.4	挖出故障点后，仔细检查故障情况并向有关领导汇报		
2.5	对电缆进行终端或中间接头制作前试验	按《10kV电力电缆试验作业指导书》执行	电缆升压试验时，在被试电缆的两端必须设专人看护。在电缆试验现场做好临时安全措施
2.6	不间断地进行故障点的抢修恢复工作		

序号	作 业 程 序	质 量 要 求	安全注意事项
2.7	工作结束后,对接头采取加固措施,对整条电缆进行试验检查,合格后,拆除所有地线和临时性安全措施。电缆两端按相序接入	工作负责人要再次检查拆除所有地线和临时性安全措施,并确保相序无误	全体工作人员共同检查拆除所有地线和临时性安全措施,并确保相序无误
3	**结尾工作**		
3.1	整理现场 1. 整理工具和剩余材料 2. 打扫施工现场卫生	仔细检查,确保无遗留杂物,清点工具	
3.2	工作负责人自检 1. 工作负责人全面检查工作完成情况 2. 请运行值班人员到现场验收 3. 向调度汇报并结束该工作票		
3.3	回到班内总结经验,做好记录	作为档案日后备查和一项制度坚持下来	

7 作业安全重点注意事项

(1) 施工现场应有明显标志,以示警告,并有专人在交通要道把守。夜间施工时必须挂示警信号灯。现场应做好防火措施。

(2) 电缆升压试验时,在被试电缆的两端必须设专人看护。

(3) 工区及班组应严格把关,严禁无票或趁票作业。

8 质量记录

10kV 电力电缆故障的挖掘及处理记录。

第十一节　10kV 电缆沟的挖掘及过路管敷设作业指导书

1 适用范围

本指导书适用于 10kV 电缆沟的挖掘及过路管敷设作业。

2 相关引用文件

- 《电力电缆线路运行规程》　　Q/GDW 512—2010
- 《国家电网公司电力安全工作规程(线路部分)》

3 天气条件及作业现场要求

(1) 施工现场的环境温度应在 0℃以上，相对湿度 70％以下。
(2) 电缆沟的挖掘工作必须在明确电缆走向的情况下进行。
(3) 电缆沟的深度：城市道路地下不低于 0.7m。
(4) 开工前，应与交通、城建等部门联系，取得准许开挖证后再行施工。

4 作业人员

工作负责人 1 人，工作班成员 4 人以上，需工时 1 天。要求了解电力生产的基本过程以及电力设备的原理及结构，熟悉相关检修技能，掌握现行的安规和工作现场的有关安全规定。工作负责人应通过年度安规考试并获得公司安监部认可，有较强的责任心和安全意识，并熟练地掌握所承担的工作项目和质量标准，应了解整个工程的施工概况、施工范围、线路走向、敷设方式、电缆规格、接头位置和数量以及施工期限等。工作班成员应通过年度安规考试；学徒工、实习人员、临时工，必须经过安全教育后，方可在师傅的指导下参加指定的工作；电焊工应持证上岗。学会触电急救法等紧急救护法。

5 主要设备及工器具

主要设备及工器具参见表 9-25。

表 9-25　　　　　　　　　　工器具材料清册

序号	工 具 名 称	规 格	单 位	数 量	备 注
1	皮尺	50m	个	2	
2	铁丝		m	50	
3	洋镐		把	4	
4	撬杠		根	2	
5	铁锨		把	3	
6	切割机		套	1	
7	棕绳		根	3	
8	电源线		盘	1	
9	施工标示牌		套	1	

6 作业程序及质量要求

作业程序及质量要求见表 9-26。

表 9-26　　　　　　　　　　作业程序及质量要求

序号	作 业 程 序	质 量 要 求	安全注意事项
1	**施工前的准备工作**		
1.1	工作负责人接受任务，熟知工作现场情况	所派工作负责人应熟悉工作现场情况，业务素质和精神状态良好，胜任该项工作	

序号	作 业 程 序	质量要求	安全注意事项
1.2	召开班前会交代工作任务，人员分工，学习该作业项目标准化作业指导书，分析作业过程中存在的危险点		根据工作任务分工，每个人都要清楚自己如何进行作业，作业范围内存在的危险点及预控措施
1.3	办理第二种工作票，到现场查看，研究施工方案，深入了解地下管线的敷设情况	工作负责人必须到工作现场提前查看	工区及班组应严格把关，严禁无票或趁票作业
1.4	准备好施工用的工器具、材料	准备施工工器具、材料必须由工作负责人和工作班成员共同参与。根据表9-25，结合实际补充，装车前进行认真检查和清点	不合格的工器具、材料、仪器、仪表不能带入工作现场
1.5	开工前的交代与准备 1. 向全体工作人员宣读工作票的内容及注意事项 2. 任务分配及危险点分析	工作人员不齐不得宣读工作票。宣读工作票时，不在场的工作人员不得参加该项工作	1. 每个工作人员必须在场聆听，不清楚之处及时向工作负责人提问 2. 工作负责人必须向每一位工作人员交代清楚安全措施和安全注意事项及本次工作的危险点
2	**电缆沟的挖掘及过路管敷设**		
2.1	在全面开工之前，首先挖样洞；根据图纸和开挖样洞的资料决定电缆沟的走向，用石灰粉画出开挖线路的范围（测出宽度和长度）	一般情况下，敷设一根电缆的开挖宽度为 0.4～0.5m。施工地点处于交通道路附近和繁华地段时，在沟的周围设置遮栏和警告标志（白天挂旗，夜晚挂灯）	
2.2	开挖电缆沟要分两段进行。首先使用道路切割机沿白线切割出开挖的宽度并将路面切透；在过路处不能开挖的，请专业人员顶管	1. 人员在电缆沟挖土时，应垂直开挖，不可上窄下宽，更不能掏空开挖 2. 沟槽开挖时，应将路面铺设材料和泥土分别堆置，挖出的土和杂物放在距离沟边 0.3m 的两侧 3. 在过路处敷设双壁波纹管保护电缆并在管中预穿双根 8 号铁丝 4. 电缆沟拐弯处的开挖应符合电缆弯曲半径的要求	1. 监护开挖沟槽人员应由工作负责人或有经验的人员担任，监护开挖的整个过程，严防伤及周围其他管线 2. 在经常有人走动的地方开挖时，设置临时跳板 在不太坚固的建筑物基础附近开挖时，要事先采取加固措施 3. 沟槽开挖深度达到 1.5m 及以上，应采取措施防止土层塌方
2.3	开挖电缆沟工作完成后，应及时请施工监理部门前来验收		

序号	作 业 程 序	质 量 要 求	安全注意事项
2.4	施工监理部门确认本工程合格后，应尽快在过路处双壁波纹管上回填土，及时恢复路面平整		
2.5	拆除所设的临时性安全措施		
3	**结尾工作**		
3.1	整理现场 1. 整理工具和剩余材料 2. 打扫施工现场卫生	仔细检查，确保无遗留杂物，清点工具	
3.2	工作负责人自检 1. 工作负责人全面检查工作完成情况 2. 请运行值班人员到现场验收 3. 向调度汇报并结束该工作票		
3.3	回到班内总结经验，做好记录	作为档案日后备查和一项制度坚持下来	

7 作业安全重点注意事项

（1）施工现场应有明显标志，以示警告，并有专人在交通要道把守。夜间施工时必须挂示警信号灯。现场应做好防火措施。

（2）工作负责人或有经验的专业人员要监护开挖的整个过程，严防伤及周围其他管线。

（3）工区及班组应严格把关，严禁无票或趁票作业。

8 质量记录

10kV 电缆沟的挖掘及过路管敷设记录。

第十二节 10kV 电缆敷设用绞磨操作作业指导书

1 适用范围

本指导书适用于 10kV 电缆敷设用绞磨操作作业。

2 相关引用文件

- 《电力电缆线路运行规程》 Q/GDW 512—2010
- 《国家电网公司电力安全工作规程（线路部分）》

3 天气条件及作业现场要求

（1）施工现场的环境温度应在 0℃ 以上，相对湿度 70％ 以下。

（2）户外施工时应避免在潮湿和大风天进行，必要时应采取搭帆布篷等防尘、防潮措施。

（3）电缆剖开后的工作，必须在短时间内连续进行，严禁电缆绝缘长时间暴露在空气中。

4 作业人员

工作负责人 1 人，工作班成员 3 人，需工时 1 天。要求了解电力生产的基本过程以及电力设备的原理及结构，熟悉相关检修技能，掌握现行的安规和工作现场的有关安全规定。工作负责人应通过年度安规考试并获得公司安监部认可，有较强的责任心和安全意识，并熟练地掌握所承担的工作项目和质量标准，应了解整个工程的施工概况、施工范围、线路走向、敷设方式、电缆规格、接头位置和数量以及施工期限等。工作班成员应通过年度安规考试；学徒工、实习人员、临时工，必须经过安全教育后，方可在师傅的指导下参加指定的工作；电焊工应持证上岗。学会触电急救法等紧急救护法。

5 主要设备及工器具

主要设备及工器具参见表 9-27。

表 9-27 　　　　　　　　　　　　　　　　　　工器具材料清册

序号	工 具 名 称	规 格	单 位	数 量	备 注
1	绞磨		台	1	
2	U 型环		个	4	
3	钢丝绳		盘	1	
4	钢丝绳头		根	1	
5	汽油		升	20	
6	电缆牵引头		个	1	
7	电缆滑车		个	50	
8	铁丝		m	50	
9	施工标示牌		套	1	

6 作业程序及质量要求

作业程序及质量要求见表 9-28。

表 9-28 　　　　　　　　　　　　　　　　　　作业程序及质量要求

序号	作 业 程 序	质 量 要 求	安全注意事项
1	**施工前的准备工作**		
1.1	工作负责人接受任务，熟知工作现场情况	所派工作负责人应熟悉工作现场情况，业务素质和精神状态良好，胜任该项工作	

续表

序号	作业程序	质量要求	安全注意事项
1.2	召开班前会交代工作任务，人员分工，学习该作业项目标准化作业指导书，分析作业过程中存在的危险点		根据工作任务分工，每个人都要清楚自己如何进行作业，作业范围内存在的危险点及预控措施
1.3	现场布置绞磨 1. 根据牵引需要，选择适当位置放置绞磨 2. 在受力反方向侧设置地锚，用钢丝绳及 U 型环固定牢固绞磨		
1.4	检查机动绞磨各部机件，特别是刹车制动装置是否完好		有故障的机动绞磨严禁使用。严禁超负荷使用绞磨
1.5	磨绳在磨芯上缠绕后由 2 人拉紧尾绳	缠绕圈数不少于 3 圈。人距绞磨的距离不得小于 2m	
2	绞磨操作		
2.1	操作绞磨人员将绞磨挡位放在空挡位置，启动绞磨		
2.2	待机器运行平稳后，使用对讲机告知电缆盘及电缆敷设沿线工作人员，得到开始命令后，将挡位推至前进位，开始牵引工作		一定要使用对讲机告知电缆盘及电缆敷设沿线工作人员，得到开始命令方可启动绞磨，以防伤人
2.3	磨绳受力后，应先停止牵引，待检查各受力点完好无误后，方可继续牵引	在牵引过程中出现异常情况时，操作人员应立即刹车，并告知电缆盘及电缆敷设沿线工作人员，待查出问题，排除故障后，继续牵引	磨绳受力后，仔细检查各部受力情况。为防止电缆突然松脱，绞磨反弹伤及操作人员，应有防反弹措施加以保护
2.4	当需要松绞磨绳时，将绞磨挡位放在后退挡位，缓慢松绳		
2.5	操作完毕后，拆除作业工具，清理作业现场		

7　作业安全重点注意事项

（1）有故障的机动绞磨严禁使用。

（2）严禁超负荷使用绞磨。

（3）一定要使用对讲机告知电缆盘及电缆敷设沿线工作人员，得到开始命令方可启动绞磨，以防伤人。

（4）磨绳受力后，仔细检查各部受力情况。为防止电缆突然松脱，绞磨反弹伤及操作人员，应有防反弹措施加以保护。

（5）在使用绞磨牵引电缆的全过程，操作绞磨的工作人员使用对讲机，与电缆盘及电缆敷设沿线工作人员保持联系。

8 质量记录

10kV 电缆敷设用绞磨操作作业。

第十三节 电力电缆登高作业及缺陷处理作业指导书

1 适用范围

本指导书适用于电缆登高作业及缺陷处理。

2 相关引用文件

- 《电力电缆线路运行规程》 Q/GDW 512—2010
- 《国家电网公司电力安全工作规程（变电部分）》
- 《国家电网公司电力安全工作规程（线路部分）》

3 天气条件及作业现场要求

（1）施工现场的环境温度应在—10℃以上，相对湿度 70% 以下。

（2）登高作业时应规定使用安全带及其他安全工器具。

（3）应避免在雨、雪和大风天进行。

4 作业人员

工作负责人 1 人，工作班成员 2 人及以上，需工时 6h。要求了解电力生产的基本过程以及电力设备的原理及结构，熟悉相关检修技能，掌握现行的安规和工作现场的有关安全规定。工作负责人应通过年度安规考试并获得公司安监部认可，有较强的责任心和安全意识，并熟练地掌握所承担的工作项目和质量标准，应了解整个工程的施工概况、施工范围、线路走向、敷设方式、电缆规格、接头位置和数量以及施工期限等。工作班成员应通过年度安规考试；学徒工、实习人员、临时工，必须经过安全教育后，方可在师傅的指导下参加指定的工作；电焊工应持证上岗。学会触电急救法等紧急救护法。

5 主要设备及工器具

主要设备及工器具参见表 9-29。

表 9-29　　　　　　　　　　　　工器具材料清册

序号	工 具 名 称	规 格	单 位	数 量	备 注
1	高压验电笔		支	1	
2	低压验电笔		支	1	
3	接地线		组	1	
4	安全带		条	2	
5	工具绳		根	2	
6	安全文明生产警告牌		个	5	
7	安全遮栏		套	2	
8	定滑轮		个	1	
9	棕绳		根	2	

6　作业程序及质量要求

作业程序及质量要求见表 9-30。

表 9-30　　　　　　　　　　　　作业程序及质量要求

序号	作 业 程 序	质 量 要 求	安全注意事项
1	**施工前的准备工作**		
1.1	工作负责人接受任务，熟知工作现场	所派工作负责人应熟悉工作现场情况，业务素质和精神状态良好，胜任该项工作。必要时工作负责人提前查看工作现场情况	
1.2	召开班前会交代工作任务，人员分工，学习该作业项目标准化作业指导书，分析作业过程中存在的危险点		根据工作任务分工，每个人都要清楚自己如何进行作业，作业范围内存在的危险点及预控措施
1.3	工作负责人办理电缆线路工作第一种工作票	工作负责人必须到工作现场提前查看	工作票内要注明所有带电设备的范围和工作现场的安全措施
1.4	工器具及材料准备	准备施工工器具、材料必须由工作负责人和工作班成员共同参与。根据表 9-29，结合实际补充，装车前进行认真检查和清点	不合格的工器具、材料不能带入工作现场
1.5	开工前的交代与准备 1. 向全体工作人员宣读工作票的内容及注意事项 2. 任务分配及危险点分析	工作人员不齐不得宣读工作票。宣读工作票时，不在场的工作人员不得参加该项工作	1. 每个工作人员必须在场聆听，不清楚之处及时向工作负责人提问 2. 工作负责人必须向每一位工作人员交代清楚安全措施和安全注意事项及本次工作的危险点

287

续表

序号	作 业 程 序	质 量 要 求	安 全 注 意 事 项
2	**登高作业的安全技术措施**		
2.1	登高前的准备 1. 确认工作现场与工作票所列工作地点是否一致 2. 上杆塔作业前,应先检查根部、基础和拉线是否牢固 3. 对同杆架设的多层线路,其相邻线路必须停电 4. 安全工器具运至工作地点		防止误登其他杆塔。发现异常应立即停止工作
2.2	验电、装设接地线 1. 登高验电 2. 装设接地线	1. 作业人员应与被验设备保持足够的安全距离(10kV 及以下 0.7m;35kV——1.0m;110kV——1.5m);同杆架设的多层线路进行验电应先验低压,后验高压,先验下层,后验上层,先验近侧,后验远侧 2. 接地线应用透明护套的多股软铜线组成,截面不小于 25mm² ;装设接地线应先接接地端,后接导线端	1. 验电器使用前,应在有电设备上试验或用高压发生器确认验电器良好 2. 作业人员不得碰触接地线或未接地的导线
3	**电缆户外终端头固定、安装**		
3.1	安装电缆金具 1. 安装电缆保护管 2. 固定接地极 3. 安装爬梯	1. 电缆保护管应伸出地面上 2m,其根部应伸入地面下 0.1m 2. 接地极应垂直打入 3. 爬梯每 70mm 安装一个	
3.2	电缆户外终端头吊装 1. 固定定滑轮 2. 绑扎电缆户外终端头 3. 起吊电缆户外终端头 4. 固定电缆户外终端头	1. 固定定滑轮位置应在电缆头横担上方 1~1.5m 处 2. 电缆户外终端头相序应与线路保持一致	1. 固定定滑轮位置应固定牢固,以防坠落伤人 2. 吊绳应满足吊装电缆户外端头所承担的拉力要求,且完好无断股观象,以防坠落伤人 3. 起吊电缆户外终端头时,应在统一指挥下进行
4	**避雷器安装及更换**		
4.1	安装避雷器横担	安装避雷器横担应与电缆户外终端头保持足够安全距离(10kV——200mm,35kV——400mm)	

续表

序号	作 业 程 序	质 量 要 求	安全注意事项
4.2	安装避雷器		
4.3	安装避雷器引线及接地线	避雷器引线导线的绑扎长度应不小于 250mm；避雷器接地线应与主地线连接牢固	
5	**电缆引下线安装及更换**		
5.1	丈量电缆引下线长度		
5.2	按所丈量电缆引下线长度分别截断导线		
5.3	安装电缆引下线	清洁导线表面；所用并沟线夹每相应采用 2 只	
6	**结尾工作**		
6.1	整理现场 1. 整理工具和剩余材料 2. 打扫施工现场卫生	仔细检查，确保无遗留杂物，清点工具	
6.2	工作负责人自检 1. 工作负责人全面检查工作完成情况 2. 对照作业指导书核对各项工作完成情况		
6.3	回到班内总结经验，做好记录	作为档案日后备查和一项制度坚持下来	

7　作业安全重点注意事项

（1）任何人进入工作现场应戴安全帽，上下传递物品应用绳索拴牢传递，严禁上下抛掷。

（2）作业人员不得站在高空作业处的垂直下方，在行人道口或人口密集区从事高空作业，工作点下方应设围栏或其他保护措施。

（3）在气温低于零下 10℃时，不宜进行高处作业。确因工作需要应采取保暖措施，连续工作时间不宜超过 1h。

（4）工作结束后要重点检查所有临时性安全措施是否已拆除。

8　质量记录

电力电缆登高作业及缺陷处理记录。

第十四节　电力电缆一般缺陷处理作业指导书

1　适用范围

本指导书适用于电力电缆一般缺陷处理工作。

2　相关引用文件

- 《电力电缆线路运行规程》　　Q/GDW 512—2010
- 《国家电网公司电力安全工作规程（变电部分）》
- 《国家电网公司电力安全工作规程（线路部分）》

3　天气条件及作业现场要求

（1）施工现场的环境温度应在0℃以上，相对湿度在70%以下。

（2）周围的空气不应含有粉尘或腐蚀性气体。

（30 应避免在雨、雪和大风天进行。

4　作业人员

工作负责人1人，工作班成员1人及以上，需工时4h。要求了解电力生产的基本过程以及电力设备的原理及结构，熟悉相关检修技能，掌握现行的安规和工作现场的有关安全规定。工作负责人应通过年度安规考试并获得公司安监部认可，有较强的责任心和安全意识，并熟练地掌握所承担的工作项目和质量标准，应了解整个工程的施工概况、施工范围、线路走向、敷设方式、电缆规格、接头位置和数量以及施工期限等。工作班成员应通过年度安规考试；学徒工、实习人员、临时工，必须经过安全教育后，方可在师傅的指导下参加指定的工作；电焊工应持证上岗。学会触电急救法等紧急救护法。

5　主要设备及工器具

主要设备及工器具参见表9-31。

表9-31　　　　　　工器具材料清册

序号	工具名称	规格	单位	数量	备注
1	高压验电笔		支	1	
2	汽油或其他清洗剂		kg	2	
3	砂纸	120号	张	2	
4	胶带		盘	3	
5	导电脂		盒		
6	绝缘带		盘	1	

序号	工　具　名　称	规　格	单　位	数　量	备　注
7	棉纱		kg	1	
8	白布		匹	0.1	
9	堵漏胶		盒	1	

6　作业程序及质量要求

作业程序及质量要求见表9-32。

表 9-32　　　　　　　　　　　　　作业程序及质量要求

序号	作　业　程　序	质　量　要　求	安全注意事项
1	**施工前的准备工作**		
1.1	工作负责人接受任务，熟知工作现场	所派工作负责人应熟悉工作现场情况，业务素质和精神状态良好，胜任该项工作。必要时工作负责人提前查看工作现场情况	
1.2	召开班前会交代工作任务，人员分工，学习该作业项目标准化作业指导书，分析作业过程中存在的危险点		根据工作任务分工，每个人都要清楚自己如何进行作业，作业范围内存在的危险点及预控措施
1.3	工作负责人办理电缆线路工作第一种工作票或第二种工作票（根据现场工作情况）	工作负责人必须到工作现场提前查看	工作票内要注明所有带电设备的范围和工作现场的安全措施
1.4	工器具及材料准备	准备施工工器具、材料必须由工作负责人和工作班成员共同参与。根据表9-31，结合实际补充，装车前进行认真检查和清点	不合格的工器具、材料不能带入工作现场
1.5	开工前的交代与准备 1. 向全体工作人员宣读工作票的内容及注意事项 2. 任务分配及危险点分析	工作人员不齐不得宣读工作票。宣读工作票时，不在场的工作人员不得参加该项工作	1. 每个工作人员必须在场聆听，不清楚之处及时向工作负责人提问 2. 工作负责人必须向每一位工作人员交代清楚安全措施和安全注意事项及本次工作的危险点
2	**油浸电缆终端头渗漏缺陷处理**		
2.1	清理油浸电缆终端头渗漏	不应使用对电缆绝缘有损害的清洗材料；使用工具对积油点清理时，不得伤及电缆绝缘	严防清洗材料滴入眼中
2.2	查明电缆渗漏点		
2.3	使用堵漏胶进行堵漏	清理渗漏点表面，使堵漏胶与渗漏点表面充分粘合	
2.4	检查渗漏点是否堵漏良好		

续表

序号	作 业 程 序	质 量 要 求	安全注意事项
3	**电缆终端头发热缺陷处理**		
3.1	根据红外测温报告或运行部门反馈缺陷记录,初步分析判断发热部位及发热原因		
3.2	对发热部位进行处理,清除氧化层	应判明发热原因(接线螺丝是否紧固;接触面是否接触良好;接触面是否有腐蚀现象等)	清理发热部位时小心被烫伤;松动螺丝时防止出线线梗断裂
3.3	根据发热原因,采取相应措施	常用措施,如:紧固接线螺丝;在接触面涂导电脂;对腐蚀表面砂光清理等	
4	**电缆终端头放电缺陷处理**		
4.1	在未停电时,观察电缆终端头放电现象,判明放电原因		工作人员应与带电体保持足够的安全距离,严防触电事故发生
4.2	根据放电原因,采取相应措施	常用措施,如:清理电缆表面污垢;增大电缆相间距离;在各相绝缘表面包一段金属带,并互相连接;将附加绝缘包成一个应力锥;改善通风,保持空气干燥	
5	**结尾工作**		
5.1	整理现场 1. 整理工具和剩余材料 2. 打扫施工现场卫生	仔细检查,确保无遗留杂物,清点工具	
5.2	工作负责人自检 1. 工作负责人全面检查工作完成情况 2. 对照作业指导书核对各项工作完成情况		
5.3	回到班内总结经验,做好记录	作为档案日后备查和一项制度坚持下来	

7 作业安全重点注意事项

(1) 在设备不停电工作时,工作人员应注意与带电设备保持足够安全距离。

(2) 工作结束后要重点检查所有临时性安全措施是否已拆除。

8　质量记录

电力电缆一般缺陷处理记录。

第十五节　橡塑绝缘电力电缆绝缘试验方案

一、范围

本作业指导书适用于 6kV 及以上橡塑绝缘电力电缆线路，其目的是检验电缆线路的绝缘性能是否满足有关标准的要求，规定了交接验收、预防性试验、检修过程中的试验项目的引用标准、仪器设备要求、作业程序、试验结果判断方法和试验注意事项等。制定本作业指导书的目的是规范操作、保证试验结果的准确性，为设备运行、监督、检修提供依据。

二、规范性引用文件

《额定电压 110kV 铜芯、铝芯交联聚乙烯绝缘电力电缆》GB 11017

《额定电压 35kV 及以下铜芯、铝芯塑料绝缘电力电缆》GB 12706

三、试验项目

橡塑绝缘电力电缆的绝缘试验包括以下试验项目：

（1）绝缘电阻。

（2）交流耐压。

四、安全措施

（1）保证人身和设备安全，要求必须在试验现场周围设围栏，被试电缆两端均应专人监护，且通信畅通，负责升压的人要随时注意周围的情况，一旦发现异常应立刻断开电源停止试验，查明原因并排除后方可继续试验。

（2）在试验过程中，如果发现电压表指针摆动很大，电流表指示急剧增加，发出绝缘烧焦气味或冒烟或发生响声等异常现象时，应立即降低电压，断开电源，被试品进行接地放电后再对其进行检查。

（3）进行绝缘电阻和交流耐压试验后，应对电缆充分放电。

（4）工作中如需使用梯子等登高工具时，应做好防止高空坠落的安全措施。

五、工作程序

1. 绝缘电阻试验

（1）设备清单和要求。

1）温度计（误差±1℃）、湿度计；

2）500V 绝缘电阻表 1 块、2500V 或 5000V 绝缘电阻表 1 块。

（2）作业程序。

1）测试方法。

测量电缆的绝缘电阻是检查其绝缘状态的最基本和最简便的方法。用绝缘电阻表来测量设备的绝缘电阻，由于受到介质吸收电流的影响，绝缘电阻表的指示值随时间逐步增大，对电缆而言，通常读取稳定值，作为工程上电缆的绝缘电阻值。一般电缆的线芯对外屏蔽（即主绝缘）、外屏蔽对地（即外护套）及护层保护器都应进行绝缘电阻试验。

2）试验步骤。

a. 测量并记录环境温度和湿度。

b. 将所有被试部分充分放电。

c. 将绝缘电阻表地线端子用接地线和接地体连接好，用绝缘把手将绝缘电阻表相线接触被测量部位的引出端头上，稳定后，记录绝缘电阻值。拆离绝缘电阻表相线，关闭绝缘电阻表。

d. 将被测回路对地放电。

e. 测量其他部分。

（3）注意事项。

在试验中读取绝缘电阻数值后，应先断开接至被试品的连接线，然后再将绝缘电阻表停止运转，注意：电缆一般电容量较大，绝缘电阻表最初读数可能为零。

（4）试验结果判断依据。

1）对于 110kV 及以上电缆进行外护套绝缘电阻测试（必须在有外电极的条件下进行），每千米绝缘电阻值不低于 $0.5\text{M}\Omega$（使用 1000V 绝缘电阻表）。

2）$0.6/1\text{kV}$ 以上等级电缆主绝缘的绝缘电阻测量采用 2500V 或 5000V 绝缘电阻表，绝缘电阻标准自行规定。

2. 交流耐压

（1）设备清单和要求。

交流耐压试验可选用工频耐压试验设备、工频串联谐振耐压试验设备或变频串联谐振耐压试验设备，设备电压及容量由所试电缆的情况确定。

1）工频耐压试验设备。

试验变压器：额定电流 I_n 大于试品所需电流 I_x（估算公式为 $I_x = U\omega C$）；高压侧额定电压 U_n 应大于试验所需电压的 1.2 倍。

2）工频串联谐振耐压设备。

a. 串联电抗器：耐压应高于试验电压 U_r(kV)；电感量应近似等于 $I/(\omega^2 C_x)$ 和额定电流应近似等于 $U\omega C$。

b. 试验变压器：额定电流 I_n 大于试品所需电流 I_x（估算公式为 $I_x = U\omega C$）；容量和高压侧额定电压 U_n 可用下式估算

$$S > I_x U_x / Q \text{(kVA)（完全补偿时）}$$

$$U_n = S / I_n \text{(kV)}$$

$$U_n > \left| \omega L - \frac{1}{\omega C_x} \right| \cdot I_x \text{（非完全补偿时）}$$

$$S_n = U_n I_n (\text{kVA})$$

式中 Q——电抗器的品质因数。

c. 调压器：容量与试验变压器匹配。

3）变频串联谐振耐压试验设备。

a. 串联电抗器：耐压应高于试验电压 $U_x(\text{kV})$；电感量和额定电流估算同工频串联谐振。

b. 试验变压器：额定电流 I_n 大于试品所需电流 I_x（估算公式同并联谐振）；容量和高压侧额定电压 U_n 可用下式估算

$$S > I_x U_x / Q (\text{kVA})$$

$$U_n = S / I_n (\text{kV})$$

c. 调压器：容量与试验变压器匹配。

4）其他通用设备。

a. 限流电阻：通常取 $0.2 \sim 1\Omega/\text{V}$。对于谐振回路可不使用限流电阻。

b. 过电压保护球隙：按高压电气设备绝缘试验电压和试验方法规定选择球隙和球径。

c. 球隙保护电阻：通常取 $1\Omega/\text{V}$。也可近似计算值为

$$R_g \geq 2 \frac{U_s \sqrt{2}}{2a C_x}$$

式中 a——允许波头的陡度，取 $a = 5\text{kV}/\mu\text{s}$。

d. 交流电压测量设备：根据试验电压选择合适变比的分压器（或电压互感器）和合适量程的电压表（如果采用谐振方法可使用普通电压表），要求整体测量精度 1.5 级以上。

e. 2 级毫安表 1 块，量程大于 I_x。

（2）作业程序。

1）测试方法。

a. 根据相关规程或制造厂家的规定值确定试验电压，并根据试验电压和所试电缆的电容及长度选择合适电压等级的电源设备、测量仪表和保护电阻。工频耐压试验接线图如图 9-1 所示。工频串联谐振耐压试验接线图和变频串联谐振耐压试验接线图分别如图 9-2 和图 9-3 所示。如试验电压较高，则推荐采用串联谐振以降低试验电源的容量，试验前应根据相关数据计算电抗器、变压器的

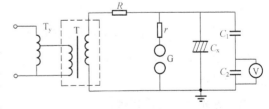

图 9-1 工频耐压试验接线图

T_y—调压器；T—试验变压器；R—限流电阻；r—球隙保护电阻；G—球间隙；C_x—被试品；C_1、C_2—电容分压器；V—电压表

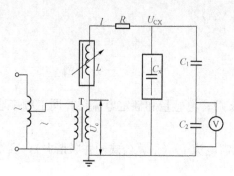

图 9-2 工频串联谐振耐压试验接线图

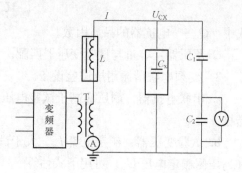

图 9-3 变频串联谐振耐压试验接线图

参数，以保证谐振回路能够匹配谐振以达到所需的试验电压和电流。

b. 试验前先进行主绝缘电阻和交叉互联、外护套的试验，各项试验合格后再进行本项试验。

2）试验步骤。

a. 检查试验电源、调压器和试验变压器正常。按接线图准备试验，保证所有试验设备、仪表仪器接线正确、指示正确。

b. 一切设备仪表接好后，在空载条件下调整保护间隙，其放电电压为试验电压的 110%～120%范围内（如采用串联谐振，需要另外的变压器调整保护间隙）。并调整试验电压在高于试验电压 5%下维持 2min 后将电压降至零，拉开电源。

c. 经过限流电阻 R 在高压侧短路，调整过流保护跳闸的可靠性。

d. 电压和电流保护调试检查无误，各种仪表接线正确后，即可将高压引线接到被试绕组上进行试验。

e. 升压必须从零开始，升压速度在 40%试验电压以内可不受限制，其后应均匀升压，速度约每秒 3%的试验电压。升至试验电压后维持规程所规定时间。

f. 将电压降至零，拉开电源，该试验结束。

3）试验结果判断依据。

如果试验中未发生击穿放电现象，则认为试验通过。

4）注意事项。

a. 试验前应明确耐压值按制造厂的规定还是按规程规定。

b. 电缆交流耐压时间较长，试验期间应注意试验电流的变化，试验前后应测量主绝缘的绝缘电阻。

六、原始记录与正式报告

1. 对原始记录与正式报告的要求

（1）原始记录的填写要字迹清晰、完整、准确，不得随意涂改，不得留有空白，并在原始记录上注明使用的仪器设备名称及编号。当记录表格出现某些"表格"确无数据记录时，可用"/"表示此格无数据。

（2）若确属笔误，出现记录错误时，允许用"单线划改"，并要求更改者在更改旁边签名。

（3）原始记录应由记录人员和审核人员二级审核签字；试验报告应由拟稿人员、审核人员、批准人员三级审核签字。

（4）原始记录的记录人与审核人不得是同一人，正式报告的拟稿人与审核/批准人不得是同一人。

（5）原始记录及试验报告应按规定存档。

2. 试验原始记录的内容及格式

试验原始记录的内容及格式参考表 9-33。

表 9-33　　　　　　　　　　　试验原始记录的内容

标识与编号		试验日期	
单　位		安装地点	
运行编号		试验负责人	
试验参加人			
审　核		记　录	
铭　牌			
型　号		额定电压（kV）	
制造厂			
出厂日期		备　注	
1. 绝缘电阻 MΩ			
试验项目	A 相	B 相	C 相
主绝缘（耐压前）			
主绝缘（耐压后）			
外护套			
护层保护器			
使用仪器		试验日期	
环境温度	℃	环境湿度	%
备　注			
2. 交流耐压试验			
相　别	电压（kV）	时间（min）	结　论
A 相主绝缘			
B 相主绝缘			
C 相主绝缘			
使用仪器		试验日期	
环境温度	℃	环境湿度	%
备　注			

附　　录

附录 A　电力电缆敷设施工方案样本

一、本工程电缆敷设说明

（一）工程说明

本工程为××××工程，将进行电缆入地电缆管线敷设，合计电缆路径全长为×× km。电缆采用××××型电缆，中间接头×××处。

（二）编制说明

在编制施工方案时，首先要考虑的是施工安全，同时也要考虑施工质量，电缆工作最关键的质量环节是敷设过程避免对电缆造成伤害。所以我们编制施工方法重点对以上两点采取措施。

二、电缆敷设前准备

（一）本次敷设的×××线电缆在×××段和×××段

在本次电缆敷设前必须做好对已有电缆的保护措施；在电缆敷设前施工技术人员或施工负责人必须交代施工人员应注意以下问题。

（1）电缆敷设时，电缆输送机与已有电缆之间必须用复合防火隔离板隔离。

（2）在电缆井清理或疏通中应避免触及井内已有电缆。

（3）在取出电缆井内砂袋时应保留井内已有电缆的砂袋支护。

（4）电缆输送机安放必须做好相应的预防措施，施工人员将输送机放入井时，在抬动的过程中，应设专人监护，并用绳索控制抬动输送机的缆绳，避免输送在抬动的过程晃动而伤及井内已有电缆。

（5）电缆输送机在井内安放时应保持与井内已有电缆足够距离。

（6）井内施工人员不得随意无故碰触井内已有运行电缆。

（7）电缆原则上按本次工程施工图纸所示的相序排列方式在导管中敷设。

（8）在电缆敷设前施工技术人员或施工负责人必须交代施工人员应注意的上述问题。

（二）电缆沟及工井的准备

（1）打开工井盖，若工井中有水应对工井进行排水处理。

（2）电缆沟及工井旁设置安全警告牌，交通路段夜间悬挂安全灯。

（3）明确电缆所穿排管的位置以及相位分布情况。

（4）对电缆沟及工井进行清理，并对电缆所穿排管用刮泥器进行清理，确保电缆排管畅通无阻，杂物清理要彻底。

（三）电缆盘的准备

（1）放置电缆盘的地方应平整，地面坚实，防止电缆盘倾斜和移动，并应注意线盘上标明的放线方向。保证电缆出线从电缆盘的上端引出。

（2）核对电缆长度、出厂许可证等，应符合设计要求，检查电缆外观及电缆外护套应无损伤，并做好记录。

（3）电缆放线架应放置稳妥，钢轴的长度和强度应与电缆盘重量和宽度相配合，电缆盘设置放线架在距离第一台输送机 15～30m 为宜。

（4）电缆盘上放线架应可靠，用千斤顶升降电缆盘，保证电缆敷设时，电缆从盘的上端引出。

（5）人工拉出 15～30m，在第一台输送机与电缆盘之间每隔 2～3m（间隔距离以电缆不触及地面为准）设置地面直线滑车。

（6）每盘电缆施放前应用绝缘电阻表进行外护套绝缘电阻测试，合格后进行施放。

（7）电缆盘旁设置安全警告牌，夜间悬挂安全灯。

（四）电缆输送机的准备

（1）施工人员熟悉掌握输送机的使用方法和操作程序。

（2）施工前对每台电缆输送机进行一次绝缘测试，合格后才能投入使用，做好测试记录。施工使用前所有的带电设备必须完好接地。

（3）电缆输送机放入工井、电缆沟后，为使电缆能平行进入输送机应用道木调整输送机的高度，道木放置采用"井"字形。

（4）第一台输送机应距离电缆盘 15～30m 为宜，应用拉绳对输送机进行固定，以防输送机工作时前后移动。

（5）工井内输送机应放置在离电缆排管出口 20cm 左右，并在排管与输送机之间用道木垫实，以防输送机敷设电缆时输送机往后移动。

（6）电缆沟内的输送机，应用拉绳对输送机进行固定，以防输送机工作时前后移动。

三、电缆输送机使用方案

（一）电缆输送机布置安放

1. 电缆直线段敷设时的输送机布置

（1）电缆在直线段敷设时，各台输送机的布置间隔距离应在 50～70m 为宜。

（2）在明沟处，输送机之间应设置直线滑车，每只间距 4～8m（以电缆不接触地面为准）。

2. 电缆转弯段敷设时的输送机布置

（1）电缆转弯时，输送机应布置在电缆转弯前的直线段，离转弯 2m 处放置为宜。

（2）转弯处应放置转角滑转。

3. 电缆穿排管时的输送机的布置

（1）电缆穿排管时，输送机应设置在排管两端的工井或直线处，两台输送机的距离不宜超过 60m。

（2）电缆穿排管前，应事先清理管道内的杂物，并在排管的出口端加装喇叭口，涂滑石粉，以减少摩擦。在工井内电缆有转角或上下高差较多的排管口应加装电缆孔保护滑车。

（3）在排管两端的出口处，需调整好输送机的高度，使电缆能处于悬空状态进入。

（二）电缆输送机操作方法

（1）按输送机的正确输送方向放置输送机。

（2）电缆敷设时，一般每隔30～50m串联一台电缆输送机，两台输送机之间的距离不能拉得太开，以防止输送机牵引力不足，影响使用。两台输送机之间布置若干电缆滑车，确保电缆不拖地以减少摩擦阻力。电缆若需转向，则需配电缆转角滑车。转弯半径必须足够，使用时必须保证各台电缆输送机同步运行。

（3）电缆输送机接好后，必须进行试运行，其步骤如下：

1）按主控箱正转按钮，听到接触器吸合声后，检查主控箱和分控箱电压正常，分控箱上四个指示灯全亮。

2）把电缆输送机电源线插到分控箱上，转动电缆输送机上倒顺开关，使电缆输送机运行方向与实际相符后，输送机上开关位置不能转动。

3）各输送机运行方向调定后，按主控制箱上停止、正转、反转按钮，电缆输送机应能同时停止，正转启动，反转启动。

4）启动电缆输送机，按动任何一个分控箱上停止按钮都可使全线停止工作。

5）使用时，未用到的电缆输送机可用分控箱上倒顺开关停机，但一旦投入使用就不能单机停止，以免失去同步。

（4）导辊组的位置确定：电缆放入的导辊可以放倒，以不影响电缆的出入，使用前应根据电缆的直径调整好各导辊对电缆中心的距离。

（5）为了防止盲目夹紧，针对不同的电缆护套，应设定不同的夹紧力。交联聚乙烯绝缘波纹铝护套中密度乙烯护套电力电缆的允许最大侧压力为 $5kN/m^2$，当上侧履带靠紧表面后，手柄（用 $10''$ 活扳手）宜向顺时针方向转动，使手柄转不动为止，此时约可达到额定牵引力要求。使用时应避免打滑引起输送履带的急剧磨损。

（三）电缆输送机电缆敷设方法

（1）指定专人负责，统一指挥。各分控箱上按钮由现场指挥启动将要动作的输送机。每台输送机工作后必须有一人操作和看护，总控制系统操作人员始终不能离开，并随时保持联络和注意观察。现场指挥、总控制系统操作人员和每台输送机看护人员都应配置报话机，保证线路畅通。

（2）第一台输送机启动时，电缆盘应有人工协助转动，使电缆松弛，防止受强制力而损坏电缆。

（3）施工人员应根据电缆的直径调整输送机左右两边的滚筒间距，使电缆能位于履带中部，同时将外侧滚筒放下，将履带松开，做好电缆进入输送机的准备。

（4）电缆牵引头穿过输送机1m左右以后，开动本输送机，再将电缆放在输送机履带中间，然后将外侧滚筒固定。

（5）电缆放入后，把输送机履带夹紧电缆后输送运行，夹紧力可根据实际情况自行调整，施工人员可以目测履带和电缆不相对移动为宜。

（6）在施放过程中，电缆头要有人牵引，保证电缆头处于拉直状态，并要有专人观察各个电缆输送机和滑车的运行情况，以防止施放中电缆跳出而损坏电缆外护套。另外，要随时观察电缆在通过排管、明沟后的摩擦情况，若有外护套损伤应找出原因，及时处理。

（7）输送机在运行中发生故障，应立即停机，待查明原因并修复后才可以启动，必须保证各台运行输送机和牵引机的同步。

四、电缆敷设方案

电缆井中多条电缆敷设应按由上至下、由内到外的方法逐条电缆敷设施工。该工程从×××变电站终端构架至×××线、××××号塔处电缆共分××回×××段进行敷设。

×××变电站终端构架至××号中间头处：××线电缆长度 A：×××m、B：×××m、C：×××m；×××线电缆长度 A：×××m、B：×××m、C：××m。

（1）电缆的起至位置：×××变电站→1号中间头。

（2）电缆盘放置位置：×××变电站墙外。

（3）电缆沟沟体形式：工井、排管。

（4）电缆施放方式：从×××变电站，采用电缆输送机将电缆输送到1号中间头处。每电缆工井放置一台电缆输送机，在一定位置放置地面直线滑车，各转弯处布置转角滑车，在施放过程中，电缆头要有人牵引，保证电缆头处于拉直状态，并要有专人观察各个电缆输送机和滑车的运行情况，以防止施放中电缆跳出而损坏电缆外护套。另外，要随时观察电缆在通过明沟后的摩擦情况，若有外护套损伤应找出原因，及时处理。

五、电缆敷设后处理

（1）电缆全线输送完毕后，为使敷设的电缆留有余度，必须将电缆逐一退出输送机。确保所有输送机都已拿出电缆后才能进行第2根电缆敷设。

（2）每根电缆施放后，两端应及时做好线路的相位标记。

（3）电缆敷设后进行外护套绝缘测试。

（4）施工完成后，在确认工井内无人的情况下盖好工井盖。

六、电缆敷设质量要求

（1）电缆敷设前应核对电缆长度、出厂许可证等；并进行外护套绝缘电阻测试；电缆敷设后再进行外护套绝缘电阻测试。

（2）电缆沟、工井、排管内杂物清理要彻底。

（3）电缆敷设时，不应损坏电缆沟、电缆井和工井的防水层。

（4）电缆敷设过程中对电缆生产质量检查（主要检查电缆有无损伤、电缆外径有无明显变化），电缆的施工质量检查（主要检查电缆有无损伤）。

（5）电缆敷设时的转弯半径应大于 2500mm。

（6）电缆敷设后电缆在电缆沟内应作 2% 的蛇形敷设。

（7）电缆敷设时，不宜交叉，并及时装设标志牌。

七、电缆敷设安全注意事项

（1）施工人员必须严格执行《电业安全工作规程》。

（2）施工人员进入施工现场必须戴安全帽，着装要规范。工作井内施工人员工作服应扎紧以防输送机夹住，发生人身伤害事故。

（3）严格执行工作票制度。

（4）工作前，须对全体工作人员开好站班会及做好现场安全措施和技术措施。

（5）施工前应对每台输送机、牵引机进行一次绝缘测试，合格后才能投入使用。并做好测试记录。用电设备应做好接地措施。

（6）电缆盘定点的场地要平整、宽敞，易于展开工作，特别是在要倒余线的时候。

（7）电缆的放线架应可靠，千斤顶应升降自如。

（8）施工人员要避免站在已敷设的电缆上施工作业。

（9）施工时，旁边如有电缆，输送机、滑车与电缆之间须用绝缘护垫隔开。

（10）在电缆敷设时，要加强沿线的巡视，防止滑车、输送机摩擦和碰撞已敷设的电缆。

（11）电缆施放时，一定要派专人跟随及巡视，有情况应及时与工作负责人联系，防止电缆在敷设中损坏。

（12）在施工中，电缆盘放置处、道路交叉口、每个工作井周围应设置安全隔离栏，夜间悬挂安全灯。

（13）在倒余线及电缆上架时，工作人员应听从指挥，统一行动，防止电缆外护套损坏以及工作人员手指压伤。

（14）在变电站内施工时，必须严格执行工作票上所列安全措施，在规定的区域内施工；特别是施工人员搬运工器具、较长的工器具时，注意不要损坏变电设备。在电缆层施工时应注意电缆支架对人的损伤；在运行区与施工区间的安全隔离围栏上挂设安全标志牌，字面朝向施工区。

（15）现场施工用电严格执行《现场施工安全用电管理标准》。

（16）在工井中过夜的输送机应保证不能使水浸没，否则输送机应从工井中抬出。

（17）在施工过程中，施工人员要注意交通安全。

（18）夜间应设专人看管电缆和施工机具，并且全路段要进行不间断巡逻，做好电缆和施工机具的防盗工作。

（19）使用吊机时，要严格遵守吊机使用的有关规定，要注意吊机使用场所旁边的电力线路。不能满足条件的应采取措施，在保证安全的前提下经有关部门同意后才能操作。

（20）施工完成后，在盖工井盖之前应保证工井内无人。

（21）电缆终端安装时严格执行高空作业的有关规定，并注意煤气中毒和用火安全。在变电站内施工时要保证施工安全距离，并做好防感应电伤人。

附录 B　电力电缆敷设前的技术交底案例

技 术 交 底 记 录		编　号	
工 程 名 称		交底日期	
施 工 单 位		分项工程名称	
交 底 提 要			

交底依据：

《建筑工程施工质量验收统一标准》GB 50300—2013

《建筑电气工程施工质量验收规范》GB 50303—2015

本工艺标准适用于 10kV 及以下一般工业与民用建筑电气安装工程的电力电缆敷设。

一、准备工作

1. 设备及材料要求

(1) 所有材料规格型号及电压等级应符合设计要求，并有产品合格证。

(2) 每轴电缆上应标明电缆规格、型号、电压等级、长度及出厂日期。电缆轴应完好无损。

(3) 电缆外观完好无损，铠装无锈蚀、无机械损伤，无明显皱褶和扭曲现象。油浸电缆应密封良好，无漏油及渗油现象。橡套及塑料电缆外皮及绝缘层无老化及裂纹。

(4) 各种金属型钢不应有明显锈蚀，管内无毛刺。所有紧固螺栓，均应采用镀锌件。

(5) 其他附属材料：电缆盖板、电缆标示桩、电缆标志牌、油漆、汽油、封铅、硬脂酸、白布带、橡皮包布、黑包布等均应符合要求。

2. 主要机具

(1) 电动机具、敷设电缆用支架及轴、电缆滚轮、转向导轮、吊链、滑轮、钢丝绳、大麻绳、千斤顶。

(2) 绝缘摇表、皮尺、钢锯、手锤、扳手、电气焊工具、电工工具。

(3) 无线电对讲机（或简易电话）、手持扩音喇叭（有条件可采用多功能扩大机作通信联络）。

3. 作业条件

(1) 土建工程应具备下列条件：

1) 预留孔洞、预埋件符合设计要求、预埋件安装牢固，强度合格。

2) 电缆沟、隧道、竖井及人孔等处的地坪及抹面工作结束，电缆沟排水畅通，无积水。

3) 电缆沿线模板等设施拆除完毕。场地清理干净、道路畅通，沟盖板齐备。

4) 放电缆用的脚手架搭设完毕，且符合安全要求，电缆沿线照明照度满足施工要求。

5) 直埋电缆沟按图挖好，电缆井砌砖抹灰完毕，底砂铺完，并清除沟内杂物。盖板及砂子运至沟旁。

(2) 设备安装应具备下列条件：

1) 变配电室内全部电气设备及用电设备配电箱柜安装完毕。

2) 电缆桥架、电缆托盘、电缆支架及电缆过管、保护管安装完毕，并检验合格。

二、施工工艺及要求

1. 工艺流程（见附图 B-1）

技术交底记录	编号	

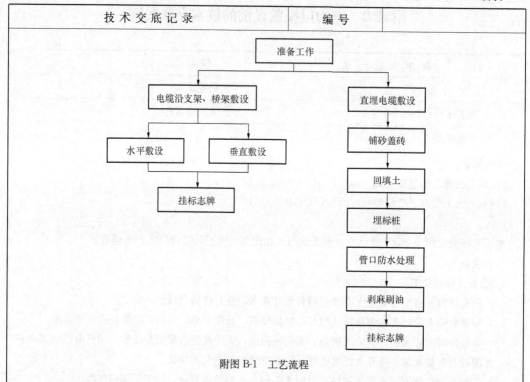

附图 B-1　工艺流程

2. 准备工作

(1) 施工前应对电缆进行详细检查；规格、型号、截面、电压等级均符合设计要求，外观无扭曲、坏损及漏油、渗油等现象。

(2) 电缆敷设前进行绝缘摇测或耐压试验。

1) 1kV 以下电缆，用 1kV 绝缘电阻表摇测线间及对地的绝缘电阻应不低于 $10M\Omega$。

2) 3～10kV 电缆应事先作耐压和泄漏试验，试验标准应符合国家和当地供电部门规定。必要时敷设前仍需用 2.5kV 绝缘电阻表测量绝缘电阻是否合格。

3) 纸绝缘电缆，测试不合格者，应检查芯线是否受潮，如受潮，可锯掉一段再测试，直到合格为止。检查方法是：将芯线绝缘纸剥下一块，用火点着，如发出叭叭声，即电缆已受潮。

4) 电缆测试完毕，油浸纸绝缘电缆应立即用焊料（铅锡合金）将电缆头封好。其他电缆应用橡皮包布密封后再用黑包布包好。

(3) 放电缆机具的安装，采用机械放电缆时，应将机械选在适当位置安装，并将钢丝绳和滑轮安装好。人力放电缆时将滚轮提前安装好。

(4) 临时联络指挥系统的设备：

1) 线路较短或室外的电缆敷设，可用无线电对讲机联络，手持扩音喇叭指挥。

2) 高层建筑内电缆敷设，可用无线电对讲机作为定向联络，简易电话作为全线联络，手持扩音喇叭指挥（或采用多功能扩大机，它是指挥放电缆的专用设备）。

(5) 在桥架或支架上多根电缆敷设时，应根据现场实际情况，事先将电缆的排列用表或图的方式划出来，以防电缆的交叉和混乱。

技 术 交 底 记 录	编 号	

（6）冬季电缆敷设，温度达不到规范要求时，应将电缆提前加温。

（7）电缆的搬运及支架架设：

1）电缆短距离搬运，一般采用滚动电缆轴的方法。滚动时应按电缆轴上箭头指示方向滚动。如无箭头时，可按电缆缠绕方向滚动，切不可反缠绕方向滚运，以免电缆松弛。

2）电缆支架的架设地点应选好，以敷设方便为准，一般应在电缆起止点附近为宜。架设时，应注意电缆轴的转动方向，电缆引出端应在电缆轴的上方（见附图 B-2）。

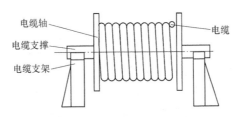

附图 B-2　电缆支架架设示意图

3. 直埋电缆敷设

（1）清除沟内杂物，铺完底沙或细土。

（2）电缆敷设。

1）电缆敷设可用人力拉引或机械牵引。采用机械牵引可用电动绞磨或托撬（旱船法）（见附图 B-3 和附图 B-4）。电缆敷设时，应注意电缆弯曲半径应符合规范要求。

2）电缆在沟内敷设应有适量的蛇型弯，电缆的两端、中间接头、电缆井内、过管处、垂直位差处均应留有适当的余度。

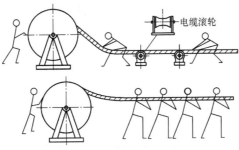

附图 B-3　电动绞磨牵引

附图 B-4　托撬牵引

（3）铺砂盖砖：

1）电缆敷设完毕，应请建设单位、监理单位及施工单位的质量检查部门共同进行隐蔽工程验收。

技 术 交 底 记 录	编　号	

2）隐蔽工程验收合格，电缆上下分别铺盖 10cm 砂子或细土，然后用砖或电缆盖板将电缆盖好，覆盖宽度应超过电缆两侧 5cm。使用电缆盖板时，盖板应指向受电方向。

（4）回填土。回填土前，再做一次隐蔽工程检验，合格后，应及时回填土并进行夯实。

（5）埋标桩：电缆的拐弯、接头、交叉、进出建筑物等地段应设明显方位标桩。直线段应适当加工工业设标桩。标桩露出地面以 15cm 为宜。

（6）直埋电缆进出建筑物，室内过管口低于室外地面者，对其过管按设计或标准图册做防水处理（附图 B-5）。

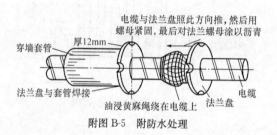

附图 B-5　附防水处理

（7）有麻皮保护层的电缆，进入室内部分，应将麻皮剥掉，并涂防腐漆。

4. 电缆沿支架、桥架敷设

（1）水平敷设。

1）敷设方法可用人力或机械牵引。

2）电缆沿桥架或托盘敷设时，应单层敷设，排列整齐。不得有交叉，拐弯处应以最大截面电缆允许弯曲半径为准。

3）不同等级电压的电缆应分层敷设，高压电缆应敷设在上层。

4）同等级电压的电缆沿支架敷设时，水平净距不得小于 35mm。

（2）垂直敷设。

1）垂直敷设，有条件最好自上而下敷设。土建未拆吊车前，将电缆吊至楼层顶部。敷设时，同截面电缆应先敷设低层，后敷设高层。要特别注意，在电缆轴附近和部分楼层应采取防滑措施。

2）自下而上敷设时，低层小截面电缆可用滑轮大绳人力牵引敷设。高层、大截面电缆宜用机械牵引敷设。

3）沿支架敷设时，支架距离不得大于 1.5m，沿桥架或托盘敷设时，每层最少加装两道卡固支架。敷设时，应放一根，立即卡固一根。

4）电缆穿过楼板时，应装套管，敷设完后应将套管用防火材料封堵严密。

5. 挂标志牌

（1）标志牌规格应一致，并有防腐性能，挂装应牢固。

（2）标志牌上应注明电缆编号、规格、型号及电压等级。

（3）直埋电缆进出建筑物、电缆井及两端应挂标志牌。

（4）沿支架桥架敷设电缆，在其两端、拐弯处、交叉处应挂标志牌，直线段应适当增设标志牌。

三、敷设安装

1. 基本规定

技 术 交 底 记 录	编　号	

(1) 一般规定。

1) 建筑电气工程施工现场的质量管理，除应符合现行国家标准《建筑工程施工质量验收统一标准》GB 50300—2001 的 3.0.1 规定外，尚应符合下列规定。

2) 安装电工、焊工、起重吊装工和电气调试人员等，按有关要求持证上岗。

3) 安装和调试用各类计量器具，应检定合格，使用时在有效期内。

(2) 主要设备、材料、成品和半成品进场验收。

1) 主要设备、材料、成品和半成品进场检验结论应有记录，确认符合本规范规定，才能在施工中应用。

2) 因有异议送有资质试验室进行抽样检测，试验室应出具检测报告，确认符合本规范和相关技术标准规定，才能在施工中应用。

3) 电线、电缆应符合下列规定。

a. 按批查验合格证，合格证有生产许可证编号，按 GB 5023.1～GB 5023.7《额定电压 450/750V 及以下聚氯乙烯绝缘电缆》标准生产的产品有安全认证标志。

b. 外观检查：包装完好，抽检的电线绝缘层完整无损，厚度均匀。电缆无压扁、扭曲，铠装不松卷。耐热、阻燃的电线、电缆外护层有明显标识和制造厂标。

c. 按制造标准，现场抽样检测绝缘层厚度和圆形线芯的直径；线芯直径误差不大于标称直径的 1%；常用的 BV 型绝缘电线的绝缘层厚度不小于附表 B-1 的规定。

附表 B-1　　　　　　　　　BV 型绝缘电线的绝缘层厚度

序号	1	2	3	4	5	6	7	8	9	10	11	12	13	14	15	16	17
电线芯线标称截面积（mm）	1.5	2.5	4	6	10	16	25	35	50	70	95	120	150	185	240	300	400
绝缘层厚度规定（mm）	0.7	0.8	0.8	0.8	1.0	1.0	1.2	1.2	1.4	1.4	1.6	1.6	1.8	2.0	2.2	2.4	2.6

d. 对电线、电缆绝缘性能、导电性能和阻燃性能有异议时，按批抽样送有资质的试验室检测。

4) 型钢和电焊条应符合下列规定：

a. 按批查验合格证和材质证明书；有异议时，按批抽样送有资质的试验室检测。

b. 外观检查：型钢表面无严重锈蚀，无过度扭曲、弯折变形；电焊条包装完整，拆包抽检，焊条尾部无锈斑。

5) 镀锌制品（支架、横担、接地极、避雷用型钢等）和外线金具应符合下列规定。

a. 按批查验合格证或镀锌厂出具的镀锌质量证明书。

b. 外观检查：镀锌层覆盖完整、表面无锈斑，金具配件齐全，无砂眼。

c. 对镀锌质量有异议时，按批抽样送有资质的试验室检测。

6) 电缆桥架、线槽应符合下列规定。

a. 查验合格证。

技 术 交 底 记 录	编 号	

b. 外观检查：部件齐全，表面光滑、不变形；钢制桥架涂层完整，无锈蚀；玻璃钢制桥架色泽均匀，无破损碎裂；铝合金桥架涂层完整，无扭曲变形，不压扁，表面不划伤。

7）封闭母线、插接母线应符合下列规定。

a. 查验合格证和随带安装技术文件。

b. 外观检查：防潮密封良好，各段编号标志清晰，附件齐全，外壳不变形，母线螺栓搭接面平整、镀层覆盖完整、无起皮和麻面；插接母线上的静触头无缺损、表面光滑、镀层完整。

（3）工序交接确认。

1）电缆桥架安装和桥架内电缆敷设应按以下程序进行。

a. 测量定位，安装桥架的支架，经检查确认，才能安装桥架。

b. 桥架安装检查合格，才能敷设电缆。

c. 电缆敷设前绝缘测试合格，才能敷设。

d. 电缆电气交接试验合格，且对接线去向、相位和防火隔堵措施等检查确认，才能通电。

2）电缆在沟内、竖井内支架上敷设应按以下程序进行。

a. 电缆沟、电缆竖井内的施工临时设施、模板及建筑废料等清除，测量定位后，才能安装支架。

b. 电缆沟、电缆竖井内支架安装及电缆导管敷设结束，接地（PE）或接零（PEN）连接完成，经检查确认，才能敷设电缆。

c. 电缆敷设前绝缘测试合格，才能敷设。

d. 电缆交接试验合格，且对接线去向、相位和防火隔堵措施等检查确认，才能通电。

3）电线、电缆穿管及线槽敷线应按以下程序进行。

a. 接地（PE）或接零（PEN）及其他焊接施工完成，经检查确认，才能穿入电线或电缆以及线槽内敷线。

b. 与导管连接的柜、屏、台、箱、盘安装完成，管内积水及杂物清理干净，经检查确认，才能穿入电线、电缆。

c. 电缆穿管前绝缘测试合格，才能穿入导管。

d. 电线、电缆交接试验合格，且对接线去向和相位等检查确认，才能通电。

2. 电缆沟内和电缆竖井内电缆敷设

（1）主控项目。

1）金属电缆支架、电缆导管必须接地（PE）或接零（PEN）可靠。

2）电缆敷设严禁有绞拧、铠装压扁、护层断裂和表面严重划伤等缺陷。

（2）一般项目。

电缆支架要装应符合下列规定。

1）当设计无要求时，电缆支架最上层至竖井顶部或楼板的距离不小于150～200mm，电缆支架最下层至沟底或地面的距离不小于50～100mm。

2）当设计无要求时，电缆支架层间最小允许距离符合表4.2.2.2的规定：

技 术 交 底 记 录	编　号	

表 4.2.2.2　　　　　　　　电缆支架层间最小允许距离　　　　　　　　单位：mm

电缆种类	支架层间最小距离
控制电缆	120
10kV 及以下电力电缆	150～200

3）支架与预埋件焊接固定时，焊缝饱满；用膨胀螺栓固定时，选用螺栓适配，连接紧固，防松零件齐全。

（3）电缆在支架上敷设，转弯处的最小允许弯曲半径应符合 GB 50303—2002 表 12.2.1.1 的规定。电缆敷设固定应符合下列规定：

1）垂直敷设或大于 45°。倾斜敷设的电缆在每个支架上固定。

2）交流单芯电缆或分相后的每相电缆固定用的夹具和支架，不形成闭合铁磁回路。

3）电缆排列整齐，少交叉；当设计无要求时，电缆支持点间距，不大于表 4.2.3.3 的规定。

附表 B-2　　　　　　　　　　　电缆支持点间距　　　　　　　　　　单位：mm

电缆种类		敷设方式	
		水平	垂直
电力电缆	全塑型	400	1000
	除全塑型外的电缆	800	1500
控制电缆		800	1000

4）当设计无要求时，电缆与管道的最小净距，符合 GB 5030—2002 的规定，且敷设在易燃易爆气体管道和热力管道的下方。

5）敷设电缆的电缆沟和竖井，按设计要求位置，有防火隔堵措施。电缆的首端、末端和分支处应设标志牌。

四、敷设注意事项

（1）直埋电缆施工不宜过早，一般在其他室外工程基本完工后进行，防止其他地下工程施工时损伤电缆。如已提前将电缆敷设完，其他地下工程施工时，应加强巡视。

（2）直埋电缆敷设完后，应立即铺砂、盖板或砖及回填夯实，防止其他重物损伤电缆。并及时划出竣工图，标明电缆的实际走向方位坐标及敷设深度。

（3）室内沿电缆沟敷设的电缆施工完毕后应立即将沟盖板盖好。

（4）室内沿桥架或托盘敷设电缆，宜在管道及空调工程基本施工完毕后进行，防止其他专业施工时损伤电缆。

（5）电缆两端头处的门窗装好，并加锁，防止电缆丢失或损毁。

（6）直埋电缆铺砂盖板或砖时应防止不清除沟内杂物、不用细砂或细土、盖板或砖不严、有遗漏部分。施工负责人应加强检查。

（7）电缆进入室内电缆沟时，防止套管防水处理不好，沟内进水。应严格按规范和工艺要求施工。

（8）油浸电缆要防止两端头封铅不严密、有渗油现象。应对施工操作人员进行技术培训，提高操作水平。

（9）沿支架或桥架敷设电缆时，应防止电缆排列不整齐，交叉严重。电缆施工前须将电缆事先排列好，划出排列图表，按图表进行施工。电缆敷设时，应敷设一根，整理一根，卡固一根。

续表

技术交底记录	编号	

(10) 有麻皮保护层的电缆进入室内，防止不作剥麻刷油防腐处理。

(11) 沿桥架或托盘敷设的电缆应防止弯曲半径不够。在桥架或托盘施工时，施工人员应考虑满足该桥架或托盘上敷设的最大截面电缆的弯曲半径的要求。

(12) 防止电缆标志牌挂装不整齐，或有遗漏。应由专人复查。

(13) 质量保证资料

1) 电缆产品合格证。

2) 电缆绝缘摇测记录或耐压试验记录。

3) 隐蔽工程验收记录。

4) 各种金属型钢材质证明、合格证。

(14) 施工记录

1) 自互检记录。

2) 电缆工程分项质量检验评定记录。

3) 分项工程验收记录。

(15) 在脚手架上作业，脚手板必须满铺，不得有空隙和探头板。使用的料具，应放入工具袋随身携带，不得投掷。

(16) 在平台、楼板上用人力弯管器煨弯时，应背向楼心，操作时面部要避开。大管径管子灌沙煨管时，必须将沙子用火烘干后灌入。用机械敲打时，下面不得站人，人工敲打上下要错开，管子加热时，管口前不得有人停留。

(17) 管子穿带线时，不得对管口呼唤、吹气，防止带线弹出。二人穿线，应配合协调，一呼一应。高处穿线，不得用力过猛。

(18) 钢索吊管敷设，在断钢索及卡固时，应预防钢索头扎伤。绷紧钢索应用力适度，防止花篮螺栓折断。

(19) 使用套管机、电砂轮、台钻、手电钻时，应保证绝缘良好，并有可靠的接零接地。漏电保护装置灵敏有效。

(20) 竖直敷设电缆，必须有预防电缆失控下溜的安全措施。电缆放完后，应立即固定、卡牢。

(21) 人工滚运电缆时，推轴人员不得站在电缆前方，两侧人员所站位置不得超过缆轴中心。电缆上、下坡时，应采用在电缆轴中心孔穿铁管，在铁管上拴绳拉放的方法，平稳、缓慢进行。电缆停顿时，将绳拉紧，及时"打掩"制动。人力滚动电缆路面坡度不宜超过15°。

(22) 汽车运输电缆时，电缆应尽量放在车头前方（跟车人员必须站在电缆后面），并用钢丝绳固定。

(23) 在已送电运行的变电室沟内进行电缆敷设时，电缆所进入的开关柜必须停电。并应采用绝缘隔板等措施。在开关柜旁操作时，安全距离不得小于 1m（10kV 以下开关柜）。电缆敷设完如剩余较长，必须捆扎固定或采取措施，严禁电缆与带电体接触。

(24) 挖电缆沟时，应根据土质和深度情况按规定放坡。在交通道路附近或较繁华地区施工电缆沟时，应设置栏杆和标志牌，夜间设红色标志灯。

(25) 在隧道内敷设电缆时，临时照明的电压不得大于36V。施工前应将地面进行清理，积水排净。

审核人		交底人		接受交底人	

附录 C　电力电缆敷设记录

一、电缆敷设记录（一）

电 缆 敷 设 记 录							
单位（子单位）工程名称							
子部分（系统）工程名称							
验收部位、区、段							
安装单位					项目经理（负责人）		
施工执行标准名称及编号							
回路编号	敷设区间		型号截面电压等级	全长（m）	支架、托盘托架	沟内排列位置	备　注
	始端	终端					
安装单位检查结果	专业工长（施工员）				测试人员		
	项目专业质量检查员				年 月 日		
监理（建设）单位检查							
结论							
	专业监理工程师（建设单位项目专业技术负责人）				年 月 日		

二、电缆敷设记录（二）

工程名称		线路名称								
施工负责人		施工单位								
电缆编号	质保书编号	相别	电缆规格	生产厂家	电缆盘长（m）	敷设长度（m）	敷设日期	电缆绝缘外径（mm）	电缆线芯直径（mm）	备注
							起点 终点		主/护层绝缘	

说明：1. 电缆头编号依次从电源侧（线路起点）向受电侧（线路终点）编号为终端头 T1，中间接头 J1、J2，以此类推，末段电缆终端头编号为 T2。

2. 电缆编号用电缆头编号从电源侧（线路起点）向受电侧（线路终点）编号为 T1—J1、J1—J2，以此类推。

3. 敷设单芯电缆时需主明相别。

参 考 文 献

［1］ 史传卿．电力电缆．北京：中国电力出版社，2006.

［2］ 李光辉，孟遂民．电力电缆．北京：中国三峡出版社，2000.

［3］ 李宗延．电力电缆施工．北京：水利电力出版社，1993.

［4］ 刘子玉．电气绝缘结构设计原理（电力电缆）．北京：机械工业出版社，1981.

［5］ 卓金玉．电力电缆设计原理．北京：机械工业出版社，1999.

［6］ 山西省电力工业局．供电线路（电缆）施工、运行、检修．北京：中国电力出版社，1998.

［7］ 中国电力企业家协会供电分会．电力电缆．北京：中国电力出版社，1998.

［8］ 刘惠民．电力工业标准汇编（电气卷8）．北京：中国电力出版社，1999.

［9］ 门汉文，等．电力电缆及电线．北京：中国电力出版社，2001.

［10］ 王春江．电力电缆手册．北京：机械工业出版社，2005.

［11］ 王伟，等．交联聚乙烯绝缘电力电缆．西安：西北工业大学出版社，1999.

［12］ 韩伯锋．电力电缆试验及检测技术．北京：中国电力出版社，2007.

［13］ 国家经济贸易委员会电力司．电力技术标准汇编］电气部分第9册电力电缆．北京：中国电力出版社，2002.

［14］ 李宗延，等．电力电缆施工手册．北京：中国电力出版社，2002.

［15］ 江日洪．交联聚乙烯绝电力电缆线路．北京：中国电力出版社，2009.

［16］ 徐丙垠，等．电力电缆故障探测技术．北京：机械工业出版社，2001.

［17］ 河南电力技师学院．电力电缆工．北京：中国电力出版社，2007.